University Fundamental Mathematics

대학 기초 수학

박영자 · 정민석 · 최승회 지음

KYOWOO

P·R·E·F·A·C·E 머리말

2021년 도쿄올림픽(Tokyo Olympics)에서 2m 35cm를 성공하고 2m 39cm를 성공하지 못한 우상혁선수의 웃는 모습이 코로나로 지친 국민들의 마음에 큰 즐거움을 주었다. 비록 메달을 획득하지는 못하였지만, 우상혁선수의 긍정적인 모습에 국민들은 큰 박수를 보냈다.

중계화면에서 고개를 돌리면서 학생들에게 자주 이야기하는 '막삼'을 생각하였다. 수업 첫 시간, 학생들에게 주제와 상관없이 막걸리를 마시면서 30분 동안 곁에 있는 사람들의 눈과 귀를 집중하게 할 수 있는 이야깃거리가 있어야 한다고 말한다. 높이뛰기를 막삼의 주제로 생각할 학생이 있으면 좋을 것 같았다.

도움닫기 발구름 공중동작(바 넘기) 그리고 착지 순으로 진행되는 "높이뛰기에서 수학은 무엇을 설명할 수 있을까?" 하고 생각을 하여본다. 높이뛰기에서 제일 중요한 것은 신체 중심을 최대한 높이는 것이다. 높이뛰기에서 생각할 수 있는 수학적인 문제는 신체의 중심을 높이기 위한 최적의 도움닫기의 거리와 속도, 그리고 최적의 발구름 위치를 계산하는 것이다.

수학의 목적은 움직이는 물체의 패턴(pattern)을 찾고, 그 제안된 패턴의 성질을 연구하는 것이라고 할 수 있다. 패턴을 찾고 연구하는 것이 주관적인 생각에서 출발하여 객관적인 설명으로 발전하는 것이므로 수학에는 엄밀성이 요구된다고 할 수 있다. 수학적인 엄밀성을 위해 수학에 기본이 되는 성질들을 대학생들이 학습할 필요가 있다.

이 책은 대학생들이 학습할 기본적인 수학 내용을 정리하였다. 미분적분학과 선형대수학 그리고 통계학을 중심으로 저술된 책을 통하여 학생들은 움직이는 물체의 에너지 변화와 물체의 이동 형태, 그리고 물체의 변화된 모습을 예측하는 수학적인 방법을 학습할 수 있을 것이다.

코로나와 더위로 자유롭지 못한 시간에 이 책을 함께 준비한 박영자교수와 정민석교수, 그리고 통계학에 필요한 자료를 공유하여 준 송용규교수(한국항공대학교 비행제어연구실)에게 감사를 드립니다. 그리고 이 책의 출간을 위해 도움을 주신 교우사 사장님과 수정과 편집을 도와준 교우사 편집팀에게도 감사함 마음을 드립니다.

저자 일동

CONTENTS 목차

"수학의 기초
(Fundamentals of Mathematics)"

수학은 집합과 관계에 대한 학문이다. 다른 것과 구별되는 모임인 집합을 잘 정의하고 그 집합 안의 구성원들 간의 관계를 살피며, 집합과 집합 간의 관계를 살핀다. 이런 모든 과정은 논리적 추론과 검증을 통해 짐작되고 확인된다. 이렇게 밝혀진 사실들은 증명할 수 있는 명제로 서술되고 그 명제는 정확하고 탄탄한 논리로 설명할 수 있다.

수학은 오래전부터 집합과 논리의 개념을 가지고 서술되고 연구되었지만 정작 집합에 대해서는 체계적으로 서술되고 연구되지 못했다. 이러한 집합을 체계적으로 서술하고 연구하기 시작한 것은 19세기 칸토어(Georg Cantor, 1845-1918)에 의해서이다.

본 장에서는 집합에 대한 정의와 집합이 가지고 있는 성질들에 대해 살펴보고, 수학의 서술의 근본인 명제와 논리에 대해 이야기하고자 한다.

◦ 제 1 장 ◦

집합과 명제

1.1 집합

1.1.1 집합이란?

여러 개의 대상(object)에 대하여, 이들 각각의 성질을 살펴 같은 성질끼리 대상을 모아 모임을 만든다면 이 모임에 들어 있지 않은 대상과 차별되는 대상들을 모은 특별한 모임이 될 것이다. 이와 같이 대상들의 특별한 성질을 살펴, 객관적으로 파악되는 사실을 기반으로 모은 대상들의 모임을 집합이라고 한다. 집합은 다음과 같이 간결하며 명확하게 정의할 수 있다.

정의 1.1 어떤 모임에 속하는 구성원과 속하지 않는 구성원을 객관적으로 구별할 수 있는 경우, 그 모임을 **집합**(set)이라고 한다.

예제 1.1 다음에 제시되는 모임은 집합이 아니다.

(1) 아름다운 꽃들의 모임

(2) 공부 잘하는 학생들의 모임

(3) 키가 큰 사람들의 모임

'아름답다', '공부를 잘한다', '키가 크다'라는 기준은 주관적이므로 사람마다 그 기준을 다르게 정할 수 있다. 그러므로 이러한 기준으로 모임을 구성하면 유일하게 결정되지는 않는다. 따라서 집합이 아니다.

집합은 객관적 기준에 의해 모임의 구성원이 결정된다. 그러므로 집합은 누가 보더라도 항상 같은 구성원을 갖는 모임이 된다.

예제 1.2 다음에 제시되는 모임은 집합이다.

(1) 10보다 작은 소수의 모임

(2) 정수의 모임

(3) 2, 7, 12, 13, 29, 37, 110의 모임

정의 1.2 집합을 구성하는 구성원을 **원소**(element)라고 한다.

집합과 원소는 다음과 같은 기호를 이용하여 나타낸다.

(1) 집합은 보통 영어의 대문자로, 집합의 원소는 보통 영어의 소문자로 표시한다.

(2) 집합 A의 원소 a를 기호로 $a \in A$로 표시하고, 'a는 집합 A에 속한다' 또는 'a는 집합 A의 원소이다' 라고 읽는다.

(3) b가 집합 A의 원소가 아닐 때엔 $b \notin A$로 표시하고, 'b는 집합 A에 속하지 않는다' 또는 'b는 집합 A의 원소가 아니다' 라고 읽는다.

1.1.2 집합의 표현

집합의 원소를 밝혀 집합을 나타낼 때에는 { 와 } 사이에 원소 또는 집합에 속할 수 있는 조건을 표시한다. 이때, 집합과 그 원소를 나타내는 방법은 크게 두 가지가 있다.

(1) **원소나열법**(roster form): 집합에 속한 원소를 모두 나타내는 방법이다. 집합의 원소가 너무 많아 이를 모두 나타낼 수 없을 때에는 줄임표(...)를 이용하여 나타내기도 한다.

(2) **조건제시법**(set builder form): 집합의 원소가 될 수 있는 조건 또는 기준을 제시하여 집합을 나타내는 방법이다.

예제 1.3 다음은 원소나열법으로 집합을 나타낸 예이다.

(1) $A = \{1, 2, 3, 4\}$　　(2) $B = \{1, 2, 3, \ldots\}$

다음은 집합을 조건제시법으로 나타낸 예이다.

(3) $C = \{x \mid x$는 108의 약수$\}$　　(4) $D = \{x \mid x$는 짝수$\}$

집합을 원소나열법으로 나타내는 경우와 조건제시법으로 나타내는 경우는 각각 장단점이 있다. 상황에 맞는 표현법을 현명하게 선택하는 것이 좋을 것이다.
집합을 기학적으로 표현하는 벤 다이어그램(Venn diagram)이 있지만, 이 방법을 통해 집합의 원소까지 나타낼 때엔 원소나열법 혹은 조건제시법을 함께 사용해야 한다. 벤 다이어그램은 집합들 간의 논리적 관계를 시각적으로 손쉽게 나타낼 수 있는 장점이 있지만, 나타내야할 집합의 수가 셀 수 없이 많은 경우에는 사용에 불편함이 따른다.

1.1.2 집합의 포함관계

집합 중 가장 작은 집합은 원소를 하도 갖지 않은 집합이다. 이 집합을 **공집합**(empty set)이라고 하고, $\varnothing$로 나타낸다. 이제 두 개의 집합 A와 B의 포함관계를 생각해보자. 다음은 두 집합 서로 간의 포함하고 포함되는 관계를 정의한 것이다.

정의 1.3 두 집합 A와 B에 대하여, 집합 B의 모든 원소가 집합 A의 원소이면 '집합 B는 집합 A에 포함된다', 또는 '집합 A는 집합 B를 포함한다'고 한다. 이를 기호로 나타내면

$$\mathrm{B} \subseteq \mathrm{A} \text{ 또는 } \mathrm{A} \supseteq \mathrm{B}$$

이다. 이때 집합 B를 집합 A의 **부분집합**(subset)이라고 한다.

원소가 하나도 없는 공집합은 모든 집합의 부분집합임은 자명하다. 이제 두 집합이 같다는 것은 포함관계를 이용해서 다음과 같이 정의한다.

정의 1.4 두 집합 A와 B에 대하여, $\mathrm{A} \subseteq \mathrm{B}$이고 $\mathrm{B} \subseteq \mathrm{A}$이면, $\mathrm{A}=\mathrm{B}$이다.

집합 A의 부분집합 중 A와 같지 않은 부분집합을 집합 A의 **진부분집합**(proper subset)이라고 하고, 기호로 나타내면 $\mathrm{B} \subsetneq \mathrm{A}$로 나타낸다.

1.1.3 집합의 연산

두 집합 A와 B를 이용하여 새로운 집합을 만드는 방법에 대하여 생각해 보자.

정의 1.5 (1) 두 집합 A와 B에 대하여, 집합 $\{x | x \in \mathrm{A} \text{ 또는 } x \in \mathrm{B}\}$를 집합 A와 B의 **합집합**(union)이라고 하고, 기호로는 $\mathrm{A} \cup \mathrm{B}$와 같이 나타낸다.

(2) 두 집합 A와 B에 대하여, 집합 $\{x|x \in A$ 그리고 $x \in B\}$를 집합 A와 B의 **교집합**(intersection)이라고 하고, 기호로는 $A \cap B$와 같이 나타낸다.
두 집합 A, B에 대하여, $A \cap B \subseteq A$, $B \subseteq A \cup B$인 관계가 항상 성립한다. 두 집합의 교집합의 유무는 두 집합 사이의 공통점의 유무를 나타낸다. 두 집합이 서로 교집합이 공집합일 때, 즉 공통된 원소를 가지고 있지 않다면 두 집합을 **서로소**(relative prime)라고 한다.

집합 U와 그 부분집합들만을 다루고자 할 때, 집합 U를 **전체집합**(universal set)이라고 한다. 전체집합 U와 그 부분집합 A에 대하여 다음과 같은 집합을 정의하자.

정의 1.6 전체집합 U와 그 부분집합 A에 대하여, 집합 $\{x \in U | x \notin A\}$를 집합 A의 **여집합**(complement set)이라 하고, A^C로 나타낸다.

정리 1.1 전체집합 U와 그 부분집합 A와 B에 대하여 다음이 성립한다.
(1) $(A^C)^C = A$ (2) $U^C = \varnothing$, $\varnothing^C = U$ (3) $A \subseteq B$이면 $B^C \subseteq A^C$

전제집합에 대한 관심을 전체집합 U의 두 부분집합 A와 B에 두도록 하자. 집합 A의 원소 중 집합 B에는 속하지 않는 원소의 모임은 집합이 되고 이 집합은 다음과 같은 이름으로 정의한다.

정의 1.7 두 집합 A와 B에 대하여, 집합 $\{x \in A | x \notin B\}$를 집합 A에서 집합 B의 **차집합**(difference set)이라고 하고, $A - B$로 나타낸다.

차집합 $A - B$의 원소는 집합 A의 원소 중 집합 B의 원소가 아닌 원소이므로 $(A - B) \subseteq A$이고 $(A - B) \cap B = \varnothing$임은 자명하고, $A - B = A \cap B^C$와 같이 여집합과 교집합으로도 나타낼 수 있다.

두 집합의 합집합, 교집합, 차집합, 그리고 집합의 여집합을 집합의 연산이라고 한다. 집합의 연산은 다음과 같은 성질을 만족한다.

정리 1.2 전체집합 U의 세 부분집합 A, B, C에 대하여 다음이 성립한다.

(1) [결합법칙(Associative law)] $(A\cap B)\cap C = A\cap(B\cap C)$,

$(A\cup B)\cup C = A\cup(B\cup C)$

(2) [교환법칙(Commutative law)] $A\cap B = B\cap A$, $A\cup B = B\cup A$

(3) [분배법칙(Distributive law)] $A\cap(B\cup C) = (A\cap B)\cup(A\cap C)$,

$A\cup(B\cap C) = (A\cup B)\cap(A\cup C)$

(4) [멱등성(Idempotency)] $A\cup A = A$, $A\cap A = A$

(5) [항등원(Identity)] $A\cup\varnothing = A$, $A\cap U = A$

(6) $A\cup U = U$, $A\cap\varnothing = \varnothing$

(7) $A\cup A^C = U$, $A\cap A^C = \varnothing$

(8) [드 모르간의 법칙(De Morgan's law)] $(A\cup B)^C = A^C\cap B^C$,

$(A\cap B)^C = A^C\cup B^C$

1.1.4 유한집합과 무한집합

적당한 자연수 n에 대하여, 집합 A의 각 원소가 집합 $\{1,2,\dots,n\}$의 각 원소와 정확히 하나씩 대응하는 관계를 만들 수 있다면 집합 A를 **유한집합**(finite set)이라고 하고, 이러한 자연수 n이 존재하지 않으면 집합 A를 **무한집합**(infinite set)이라고 한다. 유한집합의 경우, 그 집합의 원소의 개수를 말할 수 있다. 집합 A의 원소의 개수를 $|A|$로 나타낸다. 유한집합에 관하여 다음과 같은 성질이 성립한다.

정리 1.3 두 유한집합 A와 B에 대하여,

$$|A\cup B| = |A| + |B| - |A\cap B|$$

이다.

k개의 집합 A_1, A_2, …, A_k에 대하여, 이들 집합 모두에 대한 합집합과 교집합도 생각할 수 있다. 이는 다음과 같은 방법으로 나타낸다.

(1) $A_1\cup A_2\cup\cdots\cup A_k = \bigcup_{i=1}^{k} A_i$

(2) $A_1\cap A_2\cap\cdots\cap A_k = \bigcap_{i=1}^{k} A_i$

이러한 집합 연산은 무수히 많은 집합들에 대해서도 가능하다.

정리 1.3의 결과를 얻는 과정을 좀 더 심화하면 다음과 같은 결과도 얻을 수 있다.

정리 1.4 [포함배제의 원리(Inclusion-exclusion principle)] k개의 유한집합 A_1, A_2, …, A_k에 대하여,

$$\left|\bigcup_{i=1}^{k} A_i\right| = \sum_{i=1}^{k}(-1)^{i+1}\left(\sum_{1 \le j_1 < \cdots < j_i \le k}\left|A_{j_1} \cap \cdots \cap A_{j_i}\right|\right)$$

이다.

유한집합의 경우, 그 집합에 포함되는 서로 다른 부분집합의 개수를 간단한 조합적 방법을 이용하면 쉽게 구할 수 있다.

정리 1.5 유한집합 A에 대하여, $|A| = n$이라고 하자. 이 때, 집합 A는 2^n개의 서로 다른 부분집합을 갖는다.

1.1.5 증명들

정리 1.1 전체집합 U와 그 부분집합 A와 B에 대하여 다음이 성립한다.

(1) $(A^C)^C = A$ (2) $U^C = \varnothing$, $\varnothing^C = U$

(3) $A \subseteq B$이면 $B^C \subseteq A^C$

증명 (1) 여집합의 정의에 의해 A^C의 원소가 아닌 것들은 모두 A의 원소이다. 따라서 $(A^C)^C = A$이다.

(2) 전체집합의 정의에 의해 전제집합에 속하지 않는 원소는 없다.

(3) (1)과 (2)의 결과를 이용하여 얻을 수 있다.

(4) x를 B^C의 원소라고 하자. 여집합의 정의에 의해 x는 B의 원소가 아니다. 그런데 $A \subseteq B$이므로 x는 A에도 속하지 않는다. 여집합의 정의에 의해 $x \in A^C$이다. 따라서 $B^C \subseteq A^C$이다.

정리 1.3 두 유한집합 A와 B에 대하여,

$$|A \cup B| = |A| + |B| - |A \cap B|$$

이다.

증명 유한집합의 경우, 집합의 기수는 원소의 개수가 되고, 합집합의 원소의 개수를 세어보면 집합 A의 원소의 개수와 집합 B의 원소의 개수를 각각 세면 된다. 하지만 이 때 두 집합의 교집합의 원소의 개수는 중복되어 세어지므로 전체 개수에서 제외해야 한다. 그러므로

$$|A \cup B| = |A| + |B| - |A \cap B|$$

이 성립한다.

정리 1.5 유한집합 A에 대하여, $|A| = n$이라고 하자. 이 때, 집합 A는 2^n개의 서로 다른 부분집합을 갖는다.

증명 집합 A는

$$A = \{a_1, a_2, \cdots, a_n\}$$

이라고 하자. 그러면 A의 부분집합은 a_i를 갖거나 혹은 갖지 않는다. 각각의 원소에 대하여 이 경우를 세어보면 모두 2^n가지 다른 경우가 있다. 따라서 집합 A는 2^n개의 서로 다른 부분집합을 갖는다.

1.1.6 요약

1.1절의 내용을 요약하면 다음과 같다.

➔ 집합은 객관성이 뒷받침되어 포함여부가 판단되는 모임이며 수학은 집합을 그 연구 대상으로 한다.

➔ 집합은 합집합과 교집합에 대하여 결합법칙, 교환법칙, 분배법칙 등의 연산 법칙이 성립하고 이를 이용하여 새로운 집합을 만들 수도 있다.

정리 1.2 전체집합 U의 세 부분집합 A, B, C에 대하여 다음이 성립한다.

(1) [결합법칙(Associative law)] $(A \cap B) \cap C = A \cap (B \cap C)$,

$(A \cup B) \cup C = A \cup (B \cup C)$

(2) [교환법칙(Commutative law)] $A \cap B = B \cap A$, $A \cup B = B \cup A$

(3) [분배법칙(Distributive law)] $A \cap (B \cup C) = (A \cap B) \cup (A \cap C)$,

$A \cup (B \cap C) = (A \cup B) \cap (A \cup C)$

(4) [멱등성(Idempotency)] $A \cup A = A$, $A \cap A = A$

(5) [항등원(Identity)] $A \cup \varnothing = A$, $A \cap U = A$

(6) $A \cup U = U$, $A \cap \varnothing = \varnothing$

(7) $A \cup A^C = U$, $A \cap A^C = \varnothing$

(8) [드 모르간의 법칙(De Morgan's law)] $(A \cup B)^C = A^C \cap B^C$,

$(A \cap B)^C = A^C \cup B^C$

➔ 집합의 원소에 개수에 따라 유한집합과 무한집합으로 나뉘어지며, 포함배제의 원리를 이용하여 여러 집합의 합집합의 원소의 개수를 구할 수 있다.

정리 1.4 [포함배제의 원리(Inclusion-exclusion principle)] k개의 유한집합 A_1, A_2, …, A_k에 대하여,

$$\left|\bigcup_{i=1}^{k} A_i\right| = \sum_{i=1}^{k} (-1)^{i+1} \left(\sum_{1 \le j_1 < \cdots < j_i \le k} \left| A_{j_1} \cap \cdots \cap A_{j_i} \right| \right)$$

이다.

연습문제 1.1

1. 다음을 증명하시오.

   (1) $A \subseteq B$이면 $A \cap B = A$이고, 또한 $A \cap B = A$이면 $A \subseteq B$이다.

   (2) $A \subseteq B$이면 $A - B = \varnothing$이고, 또한 $A - B = \varnothing$이면 $A \subseteq B$이다.

   (3) $A \subseteq B \cap C$이면 $A \subseteq B$이고 $A \subseteq C$이다.

   (4) $B \cup C \subseteq A$이면 $B \subseteq A$이고 $C \subseteq A$이다.

   (5) $A - B = (A \cup B) - B = A - (A \cap B)$.

   (6) $A \cap B = A - (A - B)$.

   (7) $A - (B - C) = (A - B) \cup (A \cap C)$.

2. 다음 문장이 참인지 거짓인지 확인하고, 참이면 증명하고 거짓이면 반례를 제시하시오.

   (1) $A - B = B - A$

   (2) $A \cap B \subsetneq A$

   (3) $A \subseteq B \cup C$이면 $A \subseteq B$이거나 $A \subseteq C$이다.

   (4) $B \cap C \subseteq A$이면 $B \subseteq A$이거나 $C \subseteq A$이다.

   (5) $A \subseteq C$이고 $B \subseteq C$이면 $(A \cup B) \subseteq C$이다.

3. 집합 A의 부분집합들의 집합을 $\wp(A)$라고 하고, A의 **멱집합**(power set)이라고 한다. $A \subseteq B$이면 $\wp(A) \subseteq \wp(B)$이 성립함을 증명하시오.

4. 집합 A와 B에 대하여, $(A - B) \cup B = A$이면 $B \subseteq A$이고, 또한 $B \subseteq A$이면 $(A - B) \cup B = A$임을 증명하시오.

5. 집합의 연산법칙을 이용하여 다음의 등식이 성립함을 보이시오.

   (1) $(A - C) \cup (B - C) = (A \cup B) - C$

   (2) $(A - C) \cap (B - C) = (A \cap B) - C$

6. 집합 A와 B에 대하여,

$$(A - B) \cup (B - A) = (A \cup B) - (A \cap B)$$

임을 보이시오.

7. 집합 $S=\{a,b,c\}$의 부분집합을 원소로 갖는 집합 X가 다음 두 조건을 만족한다.

(i) $A \in X$ 이면 $S-A \in X$

(ii) $A \in X$, $B \in X$ 이면 $A \cup B \in X$

이 때, 집합 X의 개수를 구하시오.

8. 러셀은 "모든 집합을 포함하는 집합은 없다"고 함으로써 20세기 초 수학계에 충격을 안겨주었다. 다음 두 문장이 참임을 밝히므로써 러셀의 주장이 옳음을 증명하시오.

(1) 모든 집합을 원소로 하는 집합 U가 존재한다고 가정하자. 집합 R을

$$R=\{S \in U \mid S \notin S\}$$

라고 하면 $R \notin R$ 이다.

(2) 모든 집합을 원소로 하는 집합 U가 존재한다고 가정하자. 집합 R을

$$R=\{S \in U \mid S \notin S\}$$

라고 하면 $R \in R$ 이다.

(3) 모든 집합을 포함하는 집합은 없다.

9. 전체집합 $U=\{x \in \mathbb{N} \mid 1 \le x \le 12\}$의 두 부분집합 $A=\{1,2\}$, $B=\{2,3,5,7\}$에 대하여 다음 조건을 만족시키는 U의 부분집합 X의 개수를 구하시오.

(i) $A \cup X = X$

(ii) $(B-A) \cap X = \{5,7\}$

10. 어느 해 4월에 감기 바이러스 감염이 의심되어 H병원을 찾은 환자 90명은 고열, 기침, 목통증 중 한 가지 이상의 증세를 보였다. 고열 증세가 있는 환자는 45명, 기침을 하는 환자는 37명, 목통증을 호소하는 환자는 29명, 기침과 목통증이 있는 환자는 6명이었다. 보건 당국은 고열과 기침 증세가 동시에 있거나 고열과 목통증이 동시에 있는 환자를 감기 바이러스 감염 대상자로 일차 분류한다. 일차 분류된 환자의 수를 구하시오.

1.2 명제

1.2.1 명제란?

참과 거짓이 객관적으로 구별되며 참과 거짓이 동시에 성립하지 않는 문장을 **명제**(statement)라고 한다. 이때, '참' 또는 '거짓'을 명제의 **진릿값**(truth value)이라고 한다.
명제라고 해서 반드시 참과 거짓을 쉽게 알아낼 수 있는 것은 아니다. 어떤 명제는 참인지 거짓인지에 대한 결론에 도달하는 것이 불가능할 수도 있다.

예제 1.4 다음 문장은 참과 거짓을 객관적으로 결정할 수 있기 때문에 명제이다.

(1) 서울은 한국의 수도이다. (2) $2+1$은 5이다.

(3) $\sqrt{3}$의 소수점 아래 105번째 수는 7이다.

하지만 다음 문장은 참, 거짓을 말할 수 없기 때문에 명제가 아니다.

(4) 놀러가자. (5) 하늘은 풍성하다.

(6) 오늘 어때? (7) 잘 가.

예제 1.4의 명제들은 모두 하나의 사실을 이야기하고 있다. 이런 명제를 **단순명제**(simple statement)라고 하고, 두 개 이상의 단순명제가 연결되어 만들어진 명제를 **복합명제**(compound statement)라고 한다. 예를 들자면,

'서울은 한국의 수도이다. 그리고 $\sqrt{3}$의 소수점 아래 105번째 수는 7이다.'

는 '서울은 한국의 수도이다'라는 명제와 '$\sqrt{3}$의 소수점 아래 105번째 수는 7이다'라는 명제가 '그리고'라는 접속사로 연결된 새로운 명제이다. 이처럼 명제와 명제를 연결해 주는 단어를 **연결자**(connective)라고 한다.

정의 1.8 (1) 명제 p에 대하여, 명제 $\neg p$를 p의 **부정**(negation)이라고 하고, 'p가 아니다' 또는 'not p'라고 읽는다.

(2) 두 명제 p와 q에 대하여, 명제 $p \wedge q$를 p와 q의 **논리곱**(conjuction)이라고 하고, 'p 그리고 q' 또는 'p and q'라고 읽는다.

(3) 두 명제 p와 q에 대하여, 명제 $p \vee q$를 p와 q의 **논리합**(disjunction)이라고 하고, 'p 또는 q' 혹은 'p or q'라고 읽는다.

두 명제 p와 q의 논리곱 $p \wedge q$에 대하여, 명제 $p \wedge q$가 참이 되는 경우는 명제 p와 q가 모두 참일 경우 뿐이다. 그리고 명제 $p \vee q$가 참이 되는 경우는 명제 p 또는 q 중 적어도 하나가 참인 경우, 명제 $p \vee q$는 참이다.

정의 1.9 두 명제 p와 q에 대하여, 두 명제의 진릿값이 모든 경우에 대하여 같은 값을 가질 때, 두 명제 p와 q는 **논리적 동치**(logical equivalence)라고 하고, '$p \equiv q$'라고 나타낸다.

예제 1.5 두 명제 p와 q에 대하여, p와 q가 모두 거짓인 경우에만 논리합 $p \vee q$가 거짓이다. 따라서 p 또는 q가 참이라면 $p \vee q$는 참이다. 그리고 p 또는 q가 참이라면 $\neg p$ 또는 $\neg q$는 거짓이고 $(\neg p) \wedge (\neg q)$도 거짓이므로 $\neg[(\neg p) \wedge (\neg q)]$는 참이다. 결국, $p \vee q$이 참인 경우는 $\neg[(\neg p) \wedge (\neg q)]$는 참인 경우로 설명할 수 있다. 따라서

$$p \vee q \equiv \neg[(\neg p) \wedge (\neg q)]$$

이다.

정의 1.10 두 명제 p와 q에 대하여, 명제 $p \to q$를 p와 q의 **조건명제**(conditional statement)라고 하고, 'p이면 q이다' 또는 'p일 때 q이다'라고 읽는다. 이 때, 명제 p를 **가정**(hypothesis **또는** assumption)이라고 하고 q를 **결론**(conclusion)이라고 한다.

두 명제 p와 q에 대하여 조건명제 $p \to q$는 p는 참이지만, q가 거짓일 때에만 거짓이다. p가 거짓이라면 조건명제 $p \to q$가 관심을 가지는 경우가 아니다. 이런 경우는 q의 값에 상관없이 참이다. 결국 $p \to q$는 p가 거짓이거나 q가 참일 때만 참이므로 $\neg p \vee q$와 동치이다.

조건명제 $p \to q$가 참인 경우는 ① p와 q가 참일 때, ② p는 거짓이지만 q가 참일 때, ③ p와 q가 모두 거짓일 때 뿐이다. 이 세 가지 경우 중 p가 참인 경우 반드시 q는 참이다. 다시말해 p가 참인 것만으로도 충분히 q는 참이다. 그래서 p가 참인 것을 q가 참이 되기 위한 **충분조건**(sufficient condition)이라 한다. p가 참이 되기 위해서는 반드시 q가 참이어야 한다. 만일 p는 참이지만 q가 거짓이라면 $p \to q$는 거짓이므로 $p \to q$가 참이라는 가정에 위

배된다. 그래서 q가 참인 것은 p가 참이 되기 위해 반드시 필요한 조건, 즉 **필요조건**(necessary condition)이라고 한다. 그런데 필요조건인 q가 참이라고 해서 p가 항상 참이 되는 것은 아니다. 다음 예를 살펴보자.

예제 1.6 다음 명제를 생각하자.

주어진 수가 3이라면 그 수는 5보다 작다.

이 명제는 다음과 같이 두 개의 명제로 나눌 수 있다.

p: 주어진 수는 3이다.

q: 주어진 수는 5보다 작다.

처음 명제를 기호로 나타내면 $p \to q$이다. 이제 명제 $p \to q$가 참이라 하자.

(1) p가 참이 되는 것은 q가 참이 되기 위한 충분조건이다. 실제로 주어진 수가 3이라면 조건명제가 참이므로 5보다 작다라는 명제 $p \to q$는 곧바로 참이다. 즉 p가 침인 것만으로도 q가 참임을 알 수 있다.

(2) 명제 q가 참이 되는 것은 명제 p가 참이 되기 위한 필요조건이다. 실제 q가 참이라고 해서 p가 참이 아닐 수도 있다. 즉 주어진 수는 1일 수도 있고 2일 수도 있고 3일 수도 있다. 결국 주어진 수가 3이 되려면 다른 부수적인 조건들이 필요한 셈이다. 그런 의미에서 q가 참인 것은 p가 참이 되기 위한 필요조건이라고 한다.

정의 1.11 두 명제 p와 q에 대하여, 명제 $p \leftrightarrow q$를 p와 q의 **쌍조건명제**(biconditional statement)라고 하고, 'p이면 q이고, 동시에 q이면 p이다'라고 읽는다.

두 명제 p와 q의 쌍조건명제 $p \leftrightarrow q$는 $(p \to q) \wedge (q \to p)$와 동치이다. 즉 $p \leftrightarrow q \equiv (p \to q) \wedge (q \to p)$이다. 쌍조건명제는 $p \to q$와 $q \to p$를 동시에 생각하는 것이므로 명제 p가 참인 것은 명제 q가 참인 것의 충분조건도 되면서 동시에 필요조건도 된다. 따라서 명제 p와 q를 **필요충분조건**(necessary-sufficient condition)이라고 한다.

1.2.2 항진명제, 모순명제, 함의와 동치

가능한 모든 논리적 경우에 대해 명제 t의 진릿값이 항상 참이라면 명제 t를 **항진명제**(tautology)라고 한다. 반대로, 가능한 모든 논리적 경우에 대하여 명제 c의 진릿값이 항상 거짓이면 명제 c를 **모순명제**(contradiction)라고 한다.

정의 1.12 (1) 두 명제 p와 q에 대하여, 조건명제 $p \to q$가 항진명제일 때, 이 조건명제를 **함의**(implication)라고 하고, $p \Rightarrow q$로 나타낸다.

(2) 두 명제 p와 q에 대하여, 쌍조건명제 $p \leftrightarrow q$가 항진명제일 때, 이 쌍조건명제를 **동치**(equivalence)라고 하고, $p \Leftrightarrow q$로 나타낸다.

정의 1.9에서 정의된 '논리적 동치'와 정의 1.12에서 (2)의 '동치'는 서로 같은 의미이고, $p \Leftrightarrow q$를 $p \equiv q$로도 쓰기도 한다.

다음 정리는 가능한 모든 경우에 대한 명제의 진릿값을 표로 나타낸 진리표를 이용하여 두 명제의 진릿값이 같다는 것을 보여줌으로써 증명할 수 있다.

정리 1.6 두 명제 p와 q에 대하여, 다음이 성립한다.

(1) [합의 법칙(Law of addition)] $p \Rightarrow p \vee q$

(2) [함축의 법칙(Law of simplification)] $p \wedge q \Rightarrow p$, $p \wedge q \Rightarrow q$

(3) [선언적 삼단논법(Disjunctive syllogism)] $(p \vee q) \wedge (\neg p) \Rightarrow q$

(4) [이중부정(Law of double negation)] $\neg(\neg p) \equiv p$

(5) [교환법칙(Commutative law)] $p \wedge q \equiv q \wedge p$, $p \vee q \equiv q \vee p$

(6) [멱등법칙(Law of idempotency)] $p \wedge p \equiv p$, $p \vee p \equiv p$

(7) [대우의 법칙(Contrapositive law)] $(p \to q) \equiv (\neg q \to \neg p)$

(8) [드 모르간 법칙(De Morgan's law)] $\neg(p \wedge q) \equiv (\neg p) \vee (\neg q)$,
$\neg(p \vee q) \equiv (\neg p) \wedge (\neg q)$

조건명제 $p \to q$에서 $q \to p$를 명제의 **역**(converse), $(\neg p) \to (\neg q)$를 명제의 **이**(inversion), $(\neg q) \to (\neg p)$를 명제의 **대우**(contraposition)이라고 한다. 정리 1.6의 (7)에 의해 명제와 그 명제의 대우는 서로 동치이다.

명제의 합성은 연결자를 연산자로 이용한 명제의 연산이다. 따라서 다음과 같은 기본 연산 법칙도 성립함을 진리표를 이용해서 확인할 수 있다.

정리 1.7 세 명제 p, q, r에 대하여, 다음이 성립한다.

(1) [결합법칙(Associative law)] $(p \wedge q) \wedge r \equiv p \wedge (q \wedge r)$, $(p \vee q) \vee r \equiv p \vee (q \vee r)$

(2) [분배법칙(Distributive law)] $p \wedge (q \vee r) \equiv (p \wedge q) \vee (p \wedge r)$,

$$p \vee (q \wedge r) \equiv (p \vee q) \wedge (p \vee r)$$

(3) [추이법칙(Transitive law)] $(p \to q) \wedge (q \to r) \Rightarrow (p \to r)$

항진명제와 모순명제를 이용하여 명제의 연산을 할 경우 다음과 같은 결과를 얻을 수 있다.

정리 1.8 항진명제 t, 모순명제 c, 그리고 임의의 명제 p에 대하여 다음이 성립한다.

(1) $\neg t \equiv c$, $\neg c \equiv t$　　(2) $p \wedge t \equiv p$, $p \vee t \equiv t$

(3) $p \wedge c = c$, $p \vee c \equiv p$　　(4) $c \Rightarrow p$, $p \Rightarrow t$

1.2.3 연역적 추론

명제의 여러 성질들을 이용하여 논리적 동치와 함의를 증명할 수 있다. 이미 알고 있는 명제를 바탕으로 새로운 명제를 유도하는 과정을 **추론**(inference)이라고 하는데, 이러한 추론 방법을 이용하여 가정으로부터 결론을 이끌어내는 방법을 **연역적 추론**(deductive reasoning)이라고 한다. 명제가 참임을 확인하는 증명과정이 보통은 연역적 추론으로 구성되어 있다.

예제 1.7 대우의 법칙

$$(p \to q) \equiv (\neg q \to \neg p)$$

을 연역적 추론을 이용하여 증명하시오.

풀이 $(p \to q) \equiv \neg p \vee q$ (조건명제와 동치인 명제)

$\equiv q \vee \neg p$ (교환법칙)

$\equiv \neg(\neg q) \vee (\neg p)$ (드 모르간 법칙)

$\equiv (\neg q) \to (\neg p)$ (조건명제와 동치인 명제)

따라서 $(p \to q) \equiv (\neg q \to \neg p)$이 성립한다.

예제 1.8 선언적 삼단논법

$$(p \vee q) \wedge \neg p \Rightarrow q$$

을 연역적 추론을 이용하여 증명하시오.

풀이 $(p \vee q) \wedge \neg p \equiv (p \wedge \neg p) \vee (q \wedge \neg p)$ (분배법칙)

$\equiv c \vee (q \wedge \neg p)$ (모순명제의 성질)

$\equiv q \wedge \neg p$ (모순명제의 성질)

$\Rightarrow q$ (함축의 법칙)

따라서 $(p \vee q) \wedge \neg p \Rightarrow q$이 성립한다.

앞서 설명한 바와 같이 우리가 수학적 성질을 증명할 때는 주로 연역적 추론을 이용한다. 연역적 추론은 예제 1.7과 1.8에서와 같이 가정으로부터 출발하여 추론의 각 단계마다 수학적 이유를 밝혀 결론이어지는 과정이며 수학적 서술이다. 특별한 경우의 명제를 증명할 때에는 귀류법[1], 귀납법[2] 등의 여러 다른 방법을 이용하여 증명하기도 한다.

1.2.4 한정술사

우리가 토의를 하거나 대화를 할 때, 생각해야 할 대상의 범위를 정할 필요가 있다. 그 생각해야 할 전체의 범위를 우리는 전체집합이라 부르기로 1절에서 약속했었다. 이제는 이렇게 이야기해야 할 대상을 한정할 필요가 있을 때 사용하는 **한정술사**(quantifier)에 대하여 알아보자.

다음과 같은 하나의 예를 보자.

모든 사람은 죽는다.

이 문장은 다음과 같이 한정술사를 사용하여 나타낼 수 있다.

전체집합 U에 속하는 모든 x에 대하여, x는 죽는다.

여기서 말하는 '전체집합 U'는 모든 사람을 포함하는 집합을 의미한다. 우리를 앞서 사람이 언제가는 죽는다는 것에 대해 이야기하고 있었기 때문에 우리의 관심은 사람들의 집합에 한정되고, 따라서 전체집합은 사람들의 집합이 되는 것이다. 여기서 '전체집합 U에 속하는 모든 x에 대하여'라는 구문을 **전칭기호**(universal quantifier)라고 하고, 기호로는 '$\forall x \in \mathrm{U}$'로 나타낸다. x에 대한 설명인 'x는 죽는다'라는 구문은 '$p(x)$'라는 기호로 나타내고 x에 대한 **명제술어**(propositional predicate)라고 한다. 여기서 x는 전제집합 U의 원소

1) 결론을 부정하여 가정에 위배됨을 보여 증명하는 방법

2) 첫 단계가 성립함을 보이고, 성립하는 적당한 단계가 존재한다면 그 다음 단계에서도 성립함을 증명하여 모든 경우에 성립함을 보여 증명하는 방법

중에 선택되며 이 명제술어에 대한 **변수**(variable)이다. 따라서 주어진 문장을 전칭기호와 명제술어를 이용하여 기호화하여 나타내면 다음과 같다.

$$(\forall x \in \mathrm{U})\,(p(x))$$

만일 전체집합 U가 명확하다면 간단히 $(\forall x)\,(p(x))$로 나타내기도 한다. 그리고 전체집합 $\mathrm{U}=\{x_1, x_2, \dots, x_n\}$에 대하여 $(\forall x \in \mathrm{U})\,(p(x))$의 의미는

$$p(x_1) \wedge p(x_2) \wedge \cdots \wedge p(x_n)$$

이다.

또 다른 한정술사에 대해 알아보자.

어떤 사람은 죽는다.

이 문장은 다음과 같이 한정술사를 이용하여 나타낼 수 있다.

적어도 하나의 x가 전제집합 U에 존재하여, x는 죽는다.

여기서 '적어도 하나의 x가 전제집합 U에 존재하여'는 **존재기호**(existential quantifier)이고, 기호로는 '$\exists x \in \mathrm{U}$'로 나타낸다. 따라서 주어진 문장을 존재기호와 명제술어 $p(x)$를 이용하여 기호화하면 다음과 같다.

$$(\exists x \in \mathrm{U})\,(p(x))$$

존재기호에서도 전칭기호와 마찬가지로 전체집합 U가 명확할 때엔 간단히 $(\exists x)\,(p(x))$로 나타내기도 한다. 그리고 전체집합 $\mathrm{U}=\{x_1, x_2, \dots, x_n\}$에서 $(\exists x \in \mathrm{U})\,(p(x))$의 의미는

$$p(x_1) \vee p(x_2) \vee \cdots \vee p(x_n)$$

이다.

$\forall x$와 $\exists x$의 의미를 살펴보면 전칭기호와 존재기호를 사용한 문장의 부정에 대해서도 쉽게 생각할 수 있다.

정리 1.9 [한정술사의 부정 규칙(Rule of quantifier negation)] $p(x)$가 전체집합 U의 임의의 원소 x에 대한 명제술어라고 할 때, 다음이 성립한다.

(1) $\neg[(\forall x \in \mathrm{U})(p(x))] \equiv (\exists x \in U)(\neg p(x))$

(2) $\neg[(\exists x \in \mathrm{U})(p(x))] \equiv (\forall x \in \mathrm{U})(\neg p(x))$

예제 1.9 다음 문장을 생각해보자

모든 사과는 달다.

전체집합 U를 사과 전체의 집합이라 하고, 임의의 $x \in \mathrm{U}$에 대하여, 명제술어 $p(x)$는 'x는 달다'라는 정의하면, 주어진 문장은

$$(\forall x \in \mathrm{U})\,(p(x))$$

이다. 이를 한정술사의 부정 규칙에 의해 부정하면,

$$(\exists x \in \mathrm{U})\,(\neg p(x))$$

가 된다. 따라서 주어진 문장의 부정문은 다음과 같다.

사과 중에는 달지 않은 사과가 존재한다.

1.2.5 진리집합

정의 1.13 전제집합 U의 임의의 원소 x에 대한 명제술어 $p(x)$에 대하여 집합

$$\{x \in \mathrm{U} \mid p(x)\text{는 참이다.}\}$$

을 명제술어 $p(x)$에 대한 **진리집합**(truth set)이라고 한다.

예제 1.10 다음 명제술어(간단히 명제라고도 한다)에 대한 진리집합을 구하시오.

(1) $p(x)$: x는 10이하의 소수인 자연수

(2) $p(x)$: x는 $x^2+x+1=0$인 실수

(3) $p(x)$: x는 $x^2+2x+1 \geq 0$인 실수

풀이 (1) $\{2,3,5,7\}$

(2) 주어진 방정식을 만족하는 실수 x는 존재하지 않으므로 $\varnothing$

(3) 모든 실수 x에 대하여 성립하므로 실수 전체의 집합 $\mathbb{R}$

> **정리 1.10** 전체집합 U의 임의의 원소 x에 대한 두 명제술어 $p(x)$와 $q(x)$에 대하여, 조건명제 $p(x) \to q(x)$가 참이면 $p(x)$의 진리집합은 $q(x)$의 진리집합의 부분집합이다.

쌍조건문 $p \leftrightarrow q$는 $(p \to q) \wedge (q \to p)$와 동치이므로 $p(x)$의 진리집합과 $q(x)$의 진리집합은 서로 포함하는 관계이다. 따라서 $p(x)$의 진리집합과 $q(x)$의 진리집합은 같다.

논리에서 가장 중요한 일은 논증을 확인하는 것이다. 논증을 확인하는 과정을 증명이라고 하며 주로 연역적 추론을 통해 논증이 참임을 밝힌다.

예제1.11 다음 문장들은 논증의 예이고 처음 4개의 문장이 가정이며, 마지막 문장이 결론이다. 이 논증이 참임을 보이시오.

- 영재는 수학을 공부하면 윤택한 삶을 얻기 위해 준비하는 것이다.
- 영재는 교양을 쌓으면 훌륭한 인생을 준비하는 것이다.
- 영재는 훌륭한 인생을 준비하거나 윤택한 삶을 얻기 위해 준비한다면 대학교 4년의 시간은 낭비가 아니다.
- 영재의 대학교 4년의 시간은 낭비이다.
- 따라서, 영재는 수학도 공부하지 않고, 교양도 쌓지 않았다.

풀이 주어진 문장을 기호화하면 다음과 같다.

M: 영재는 수학을 공부한다.

E: 영재는 윤택한 삶을 얻기 위해 준비하는 것이다.

A: 영재는 교양을 쌓는다.

L: 영재는 훌륭한 인생을 준비하는 것이다.

W: 영재의 대학교 4년의 시간은 낭비이다.

이 기호들로 위의 문장을 나타내면 다음과 같다.

H1: $M \to E$

H2: $A \to L$

H3: $(E \vee L) \to \neg W$

H4: W

C: $\therefore\ \neg M \wedge \neg A$

이제 이 명제들을 검증하면, H4에서 W이므로 H3의 대우에 의해 $W \to \neg(E \vee L)\$$이 성립하고, 드 모르간 법칙에 의해 $W \to (\neg E \wedge \neg L)$이다. 그런데 H1과 H2의 대우는 $\neg E \to \neg M$과 $\neg L \to \neg A$이다. 결국 W 이면 $\neg E \wedge \neg L$이고, 또 $\neg E \wedge \neg L$이면 $\neg M \wedge \neg A$이다. 따라서 $\neg M \wedge \neg A$이란 결론을 얻는다. 즉 주어진 논증은 참이다.

1.2.6 수학적 귀납법

연역적 추론은 이미 알고 있는 명제로부터 논리적 전개를 통해 새로운 명제가 성립함을 보이는 과정이다. 이와 다르게 경험한 사실에서 공통된 법칙을 찾고 이를 명제화하여 일반적으로 그 사실이 성립함을 보이는 과정도 증명에서 많이 사용된다. 이를 귀납적 방법(inductive method)이라 하는데, 이 중 자연수 전체 집합의 귀납적 성질을 이용하는 수학적 귀납법(mathematical induction)이라는 증명 방법이 종종 사용된다. 자연수 전체집합의 귀납적 성질은 다음과 같다.

정리 1.11 [자연수 전체 집합의 귀납적 성질(Inductive property of the set of all natural numbers)] 자연수 전체의 집합 $\mathbb{N}$의 부분집합 S가
(1) $1 \in S$
(2) $n \in S$이면 $n+1 \in S$
를 모두 만족하면 $S = \mathbb{N}$이다.

자연수 전체 집합의 귀납적 성질은 페아노(J. Peano)가 자연수를 정의할 때 자연수 집합이 가지는 성질을 설명하며 증명할 수 없는 정리인 공리로서 설명한 내용이다. 이를 이용한 수학적 귀납법은 다음과 같다.

정리 1.12 [수학적 귀납법(Mathematical induction)] 자연수 x에 대한 명제 $p(x)$에 대하여

(1) $p(1)$은 참이고

(2) 적당한 자연수 n에 대하여, $p(n)$이 참이면 $p(n+1)$은 참이다.

그러면 $p(x)$는 모든 자연수 n에 대하여 성립한다.

예제1.12 모든 자연수 n에 대하여 $1^2+2^2+\cdots+n^2=\frac{1}{6}n(n+1)(2n+1)$임을 수학적 귀납법을 이용하여 보이시오.

풀이 $n=1$이면 $\frac{1}{6}1\cdot(1+1)(2+1)=1=1^2$이므로 성립한다.

이제 $n=k$일 때, $1^2+2^2+\cdots+k^2=\frac{1}{6}k(k+1)(2k+1)$이 성립한다고 가정하자. 그러면

$$1^2+2^2+\cdots+k^2+(k+1)^2=(1^2+2^2+\cdots+k^2)+(k+1)^2$$

이고 귀납법의 가정에 의해 $1^2+2^2+\cdots+k^2=\frac{1}{6}k(k+1)(2k+1)$이 성립하므로

$$\begin{aligned}1^2+2^2+\cdots+k^2+(k+1)^2&=(1^2+2^2+\cdots+k^2)+(k+1)^2\\&=\frac{1}{6}k(k+1)(2k+1)+(k+1)^2\\&=\frac{1}{6}(k+1)(k(2k+1)+6(k+1))\\&=\frac{1}{6}(k+1)(2k^2+7k+6)\\&=\frac{1}{6}(k+1)(k+2)(2k+3)\end{aligned}$$

이 되어 $n=k+1$일 때도 성립한다.

따라서 수학적 귀납법에 의해 모든 자연수 n에 대하여

$$1^2+2^2+\cdots+n^2=\frac{1}{6}n(n+1)(2n+1)$$

이다.

1.2.7 증명들

정리 1.10 전체집합 U의 임의의 원소 x에 대한 두 명제술어 $p(x)$와 $q(x)$에 대하여, 조건명제 $p(x) \rightarrow q(x)$가 참이면 $p(x)$의 진리집합은 $q(x)$의 진리집합의 부분집합이다.

증명 집합 P와 Q를 각각 명제술어 $p(x)$와 $q(x)$의 진리집합이라고 하자. 그러면 $x \in \mathrm{P}$이면 $p(x)$가 참이고, 주어진 조건명제 $p(x) \rightarrow q(x)$가 참이므로 $q(x)$도 참이다. 따라서 $x \in \mathrm{Q}$이다. 결국 $\mathrm{P} \subseteq \mathrm{Q}$이다.

1.2.8 요약

➔ 명제는 참과 거짓을 객관적으로 구별할 수 있는 문장을 말하며, 이는 집합의 정의와 근본적으로 같다.

➔ 명제도 집합과 마찬가지로 논리합, 논리곱의 연산을 이용하여 복합명제를 만들어 낼 수 있고, 명제들의 연산은 다양한 연산법칙이 성립한다. 이러한 연산법칙을 이용하면 명제들간의 관계를 논리적으로 설명할 수 있다.

정리 1.6 두 명제 p와 q에 대하여, 다음이 성립한다.

(1) [합의 법칙(Law of addition)] $p \Rightarrow p \vee q$

(2) [함축의 법칙(Law of simplification)] $p \wedge q \Rightarrow p$, $p \wedge q \Rightarrow q$

(3) [선언적 삼단논법(Disjunctive syllogism)] $(p \vee q) \wedge (\neg p) \Rightarrow q$

(4) [이중부정(Law of double negation)] $\neg(\neg p) \equiv p$

(5) [교환법칙(Commutative law)] $p \wedge q \equiv q \wedge p$, $p \vee q \equiv q \vee p$

(6) [멱등법칙(Law of idempotency)] $p \wedge p \equiv p$, $p \vee p \equiv p$

(7) [대우의 법칙(Contrapositive law)] $(p \rightarrow q) \equiv (\neg q \rightarrow \neg p)$

(8) [드 모르간 법칙(De Morgan's law)] $\neg(p \wedge q) \equiv (\neg p) \vee (\neg q)$,
$\neg(p \vee q) \equiv (\neg p) \wedge (\neg q)$

➔ 조건명제와 쌍조건명제는 복합명제를 구성하는 명제의 연산 결과이며 이는 집합의 포함관계와 연관된다. 즉 조건명제에서의 가정과 결론을 참으로 하는 진리집합을 생각

할 때, 조건명제가 참이 되는 것은 두 진리집합 사이에 포함관계가 성립하는 것과 근본적으로 같다.

➔ 명제는 명확성을 위해 전칭기호와 존재기호와 같은 한정술사를 통해 다루고자 하는 대상을 명확히 한다.

정리 1.9 [한정술사의 부정 규칙(Rule of quantifier negation)] $p(x)$가 전체집합 U의 임의의 원소 x에 대한 명제술어라고 할 때, 다음이 성립한다.
(1) $\neg[(\forall x \in \mathrm{U})(p(x))] \equiv (\exists x \in U)(\neg p(x))$
(2) $\neg[(\exists x \in \mathrm{U})(p(x))] \equiv (\forall x \in \mathrm{U})(\neg p(x))$

➔ 항상 참이 되는 명제를 항진명제라 하는데 이때 함의와 동치인 명제를 이용하여 명제를 설명하기 쉬운 명제로 변형해가며 논리적으로 무결함을 설명한다. 이를 연역적 추론이라고 하는데 대부분의 증명과정이 연역적 추론에 해당한다.

➔ 경우에 따라 경험을 일반화하는 귀납적 방법을 이용하여 명제의 참을 보인다. 이러한 방법 중 수학적 귀납법이라고 하는 방법이 널리 사용되는데 수학적 귀납법은 자연수의 성질을 근거로 하기 때문에 자연수 혹은 아래로 유계인 정수의 부분집합에 대한 명제에 대한 증명 방법으로 효과적이다.

정리 1.12 [수학적 귀납법(Mathematical induction)] 자연수 x에 대한 명제 $p(x)$에 대하여
(1) $p(1)$은 참이고
(2) 적당한 자연수 n에 대하여, $p(n)$이 참이면 $p(n+1)$은 참이다.
그러면 $p(x)$는 모든 자연수 n에 대하여 성립한다.

연습문제 1.2

1. 다음과 같이 주어진 문장들에 대하여, 명제를 고르시오.
   (1) 1442년 1월에 서울 어딘가에 눈이 내렸다.
   (2) 아리스토텔레스는 평발이다.
   (3) 항공이와 영재는 착하다.
   (4) 강의실의 전자칠판은 가격이 얼마나 하니?
   (5) 잔디 밭에 들어가지 마시오.
   (6) 정수 $2^{987654321}+37$은 소수이다.

2. 명제 $\neg p \vee q$는 $p \to q$와 서로 동치임을 진리표를 이용하여 보이시오.

3. 실수 전체의 집합에서 두 조건

$$p:\ x \geq 1, \qquad q: x^2-(2+a)x+2a=0$$

   에 대하여 p가 q이기 위한 필요조건일 때, 실수 a의 범위를 구하시오.

4. 정수 x에 대하여, 조건 p가 조건 q이기 위한 필요조건이지만 충분조건은 아닌 것만을 〈보기〉에서 고르시오.

〈보기〉

(1)	$p:\ x=2$	$q:\ x^2+x-6=0$
(2)	$p:\ x$는 16의 양의 약수	$q:\ x$는 8의 양의 약수
(3)	$p:\ x^2-1=0$	$q:\ \lvert x\rvert=1$

5. 네 조건 $p,\ q,\ r,\ s$가

   $p:\ x$는 정수이다. $\qquad q:\ x^2$은 정수이다.

   $r:\ x^3$은 정수이다. $\qquad s:\ x^4$은 정수이다.

   일 때, 다음 중 옳은 것을 모두 고르시오.
   (1) r은 s이기 위한 충분조건이다.
   (2) q 그리고 r은 q이기 위한 충분조건이다.

(3) p 또는 s는 q이기 위한 필요조건이다.

6. 다음을 연역적 추론을 이용하여 증명하시오.

$$(p \wedge q \rightarrow r) \equiv [p \rightarrow (q \rightarrow r)]$$

7. 다음 명제의 부정을 한정술사의 부정 규칙을 이용하여 구하시오.

(1) 어떤 말은 순하다.

(2) 어떤 수학자는 사교적이지 않다.

(3) 모든 대학생은 멋지거나 똑똑하다.

(4) 귀엽지 않은 아기는 없다.

8. 전체집합 $\mathrm{U} = \{x \mid x\text{는 실수}\}$에 대하여 두 명제술어 $p(x)$와 $q(x)$는 각각

$$p(x):\ x^2 - 3ax^2 + 2a^2 > 0 \qquad q(x):\ -8 < x \leq 18$$

이다. $\neg p(x)$는 $q(x)$이기 위한 충분조건일 때, 실수 a의 범위를 구하시오.

9. 다음의 논증을 기호화하고 타당한지 여부를 검증하시오.

- 산이 금강산이면 산이 아름답다.
- 산이 아름답지 않다.
- 산이 한라산이면 산이 높다.
- 산은 금강산이거나 한라산이다.
- 따라서 산은 금강산이거나 한라산이고, 산이 높다.

"미적분(Calculus)"

자연현상을 해석하고 이를 모델링하여 미래를 예측하고자 하는 것은 인간의 기본적인 호기심이다. 자연현상을 모델링하는 가장 좋은 방법은 그 현상을 수식 또는 관계로 표현하는 것이다. 이러한 관계는 대응하는 대상들 사이의 변화를 포함하고, 이 변화를 살펴봄으로써 현상의 모델링이 가능하다. 이러한 일들은 미적분을 이용하면 가능해진다. 미적분에서는 순간변화율을 통해 여러 현상을 해석하고, 변화율을 모아 변화량을 만들고 그 변화량을 통해 다양한 모습을 이해하고 설명하는 수학이다.

2장에서는 함수의 극한, 연속을 살피고, 3장에서는 순간변화율의 함수관계를 찾고, 이를 통해 미분의 성질을 알아볼 것이다. 그리고 4장에는 적분의 성질과 그 응용에 대해 다루고자 한다. 5장에서는 여러 변수에 대한 변화율과 이들에 대한 적분인 다변수 미적분에 대해 간단히 소개할 것이다.

○ 제 2 장 ○
함수

2.1 함수

정의 2.1 함수 $f : A \to B$

함수 f 는 집합 A 에 있는 각 원소 x 에 집합 B 에 속하는 오직 하나의 원소 y 를 대응시키는 규칙이다. x 에 대응하는 값 y 를 $y = f(x)$ 라고 한다.

x 를 **원상**(preimage), $f(x)$ 를 x 의 **상**(image)이라 한다. 집합 A 를 함수 f 의 **정의역**(domain), 집합 B 를 함수 f 의 **공역**(codomain), 그리고 정의역에 속한 각 x 에 대하여 $f(x)$ 의 가능한 모든 값들의 집합을 f 의 **치역**(range)이라 한다. 정의역에 속한 임의의 x 를 **독립변수**(indpendent variable), 치역에 속한 y 를 **종속변수**(dependent variable)라 한다. 순서쌍의 집합 $\{(x, f(x)) | x \in A\}$ 을 함수 f 를 시각적으로 표현하는 방법으로 f 의 **그래프**(graph)라 한다. 우리는 앞으로 정의역과 치역이 실수의 부분집합(subset)인 함수를 다룬다.

지금까지 아래와 같은 함수를 배웠다면, 이러한 함수 이외에 **삼각함수**(trigonometric function), **지수함수**(exponential function), **로그함수**(logarithm function), 그리고 **역삼각함수**(inverse trigonometric function)등을 앞으로 배우게 된다.

<table>
<tr><td>다항함수
(polynomial function)</td><td>$P(x) = a_n x^n + \cdots + a_1 x + a_0$</td><td>$n$은 음이 아닌 정수
(nonnegative integer)</td></tr>
<tr><td>유리함수(rational function)</td><td>$f(x) = \dfrac{P(x)}{Q(x)}$</td><td>$P(x)$, $Q(x)$는 다항함수</td></tr>
<tr><td rowspan="4">거듭제곱함수
(power function)</td><td>$f(x) = x^\alpha$</td><td></td></tr>
<tr><td>항이 하나인 다항함수</td><td>α가 양의 정수
(positive integer)</td></tr>
<tr><td>거듭제곱근함수
(root function)</td><td>$\alpha = \dfrac{1}{n}$, n은 양의 정수</td></tr>
<tr><td>반비례함수</td><td>$\alpha = -1$</td></tr>
</table>

예제 2.1 주어진 함수의 정의역과, 치역 그리고 그래프를 그려보시오.

(a) $f(x)=\sqrt{x}=x^{\frac{1}{2}}$

풀이 $y^2=x$ 이어야 하므로 정의역은 $\{x|x\geq 0\}$ 이고, 치역은 $\{y|y\geq 0\}$ 이다.

(b) $g(x)=x^{\frac{1}{3}}$

풀이 $y^3=x$ 이어야 하므로 정의역은 실수(real number $\mathbb{R}$)전체이고, 치역도 실수 전체이다. 거듭제곱근함수의 경우 n 이 짝수인 경우는 $\alpha=\frac{1}{2}$ 의 경우와 그래프가 비슷하고, n 이 홀수인 경우는 $\alpha=\frac{1}{3}$ 의 경우와 비슷하게 그래프가 그려진다.

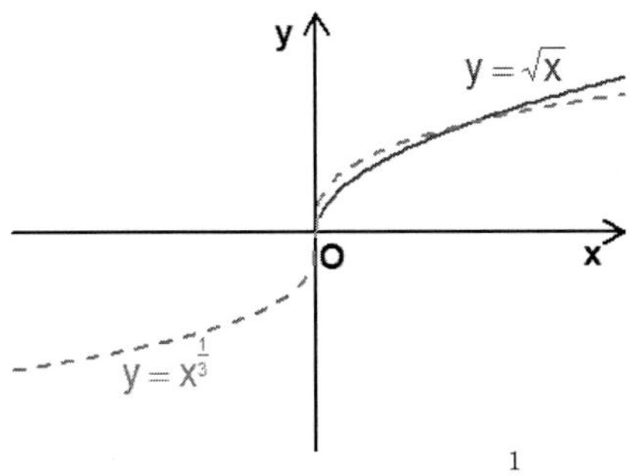

그림 2.1 $f(x)=\sqrt{x}$ 와 $g(x)=x^{\frac{1}{3}}$ 의 그래프

이미 알고 있는 함수들의 사칙연산이나 평행이동 혹은 대칭이동을 통해 새로운 함수를 정의할 수 있다. 예를 들면, 유리함수의 경우는 두 다항함수의 나누기를 통해 정의되었다고 볼 수 있다.

정의 2.2 함수의 사칙연산

함수 f의 정의역을 A, 함수 g의 정의역을 B라고 하자.

$(f\pm g)(x)=f(x)\pm g(x)$, $(fg)(x)=f(x)g(x)$는 정의역이 $A\cap B$이고,

$\left(\frac{f}{g}\right)(x)=\frac{f(x)}{g(x)}$는 정의역이 $\{x\in A\cap B|g(x)\neq 0\}$이 된다.

정리 2.1 함수의 평행이동

함수 $y=f(x)$를 x축으로 m만큼, y축으로 n만큼 평행 이동한 함수는 $y-n=f(x-m)$이다.

정리 2.2 함수의 대칭이동

함수 $y=f(x)$의 그래프를 각 축과 원점에 대한 대칭 이동한 함수는 아래와 같다.

(a) $-y=f(x)$는 $y=f(x)$의 x축에 대한 대칭이동이다.

(b) $y=f(-x)$는 $y=f(x)$의 y축에 대한 대칭이동이다.

(c) $-y=f(-x)$는 $y=f(x)$의 원점에 대한 대칭이동이다.

함수 $y=f(x)$의 정의역에 속하는 모든 x에 대하여 $f(-x)=-f(x)$를 만족하면 함수 $y=f(x)$를 **기함수**(odd function)라 하고, 정의역에 속하는 모든 x에 대하여 $f(-x)=f(x)$를 만족하면 함수 $y=f(x)$를 **우함수**(even function)라 한다. 기함수나 우함수의 성질을 만족하는 함수들은 그래프의 대칭이동을 이용하여 그래프를 쉽게 얻을 수 있다.

예제 2.2 **함수의 평행이동과 대칭이동**

$f(x)=\sqrt{-x-1}+2$ 는 $y=\sqrt{x}$를 x축으로 -1만큼 y축으로 2만큼 평행이동 시킨 후 y축에 대한 대칭이동을 통해 그래프를 얻을 수 있다. 또는 y축에 대한 대칭이동 시킨 후, x축으로 1만큼 y축으로 2만큼 평행이동 시켜도 같은 그래프를 얻을 수 있다. 평행이동과 대칭이동을 단순히 순서를 교환하여 적용 시키면 안 되는 이유는 다음 절에서 배우는 합성함수를 통해 이해 할 수 있다.

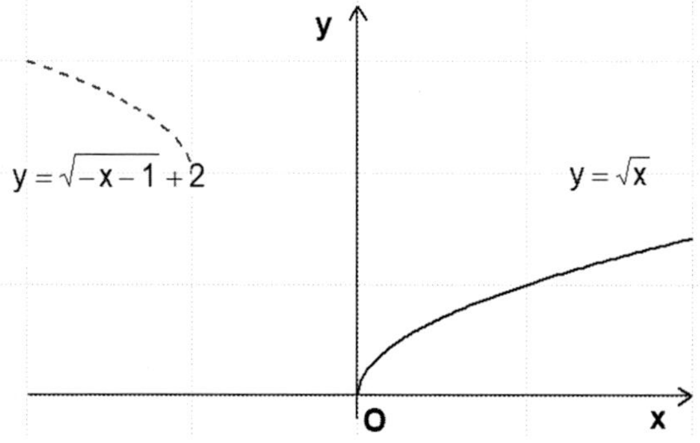

그림 2.2. $y=\sqrt{x}$와 $y=\sqrt{-x-1}+2$의 그래프

예제 2.3 기함수, 우함수

(a) $f(x) = x^{\frac{2}{3}}$

풀이 $f(-x) = (-x)^{\frac{2}{3}} = \sqrt[3]{(-x)^2} = x^{\frac{2}{3}} = f(x)$이므로 $f(x)$는 우함수가 되고, y축 대칭이다.

(b) $g(x) = x^{\frac{1}{3}}$

풀이 $g(-x) = (-x)^{\frac{1}{3}} = -x^{\frac{1}{3}} = -g(x)$이므로 $g(x)$는 기함수가 되고, 원점 대칭이다.

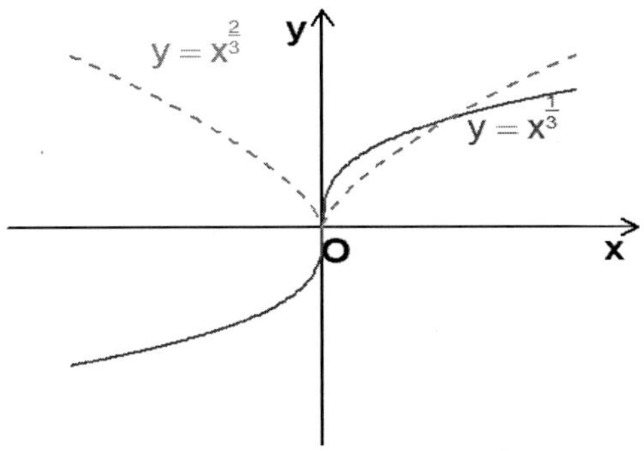

그림 2.3 $y = x^{\frac{1}{3}}$과 $y = x^{\frac{2}{3}}$의 그래프

1절의 내용을 요약하면 아래와 같다.

➔ 함수란 정의역 각 원소에 공역에 원소를 하나씩 대응시키는 규칙을 말하며, 우리가 다루는 함수에는 다항함수, 유리함수, 무리함수, 삼각함수, 지수함수, 로그함수, 역삼각함수 등이 있다. 주어진 함수에 대해 정의역, 치역, 그리고 그래프의 개형을 파악하는게 중요하다.

➔ 함수의 사칙연산을 통해 새로운 함수를 정의할 수 있다.

➔ 함수 $y = f(x)$를 x축으로 m만큼, y축으로 n만큼 평행 이동한 함수는 $y - n = f(x - m)$이고, x축, y축, 그리고 원점에 대하여 대칭 이동한 함수는 각각 $-y = f(x)$, $y = f(-x)$, 그리고 $-y = f(-x)$이다.

➔ 정의역에 속하는 모든 x에 대하여 $f(-x)=-f(x)$를 만족하면 함수 $y=f(x)$를 **기함수**라 하고, $f(-x)=f(x)$를 만족하면 함수 $y=f(x)$를 **우함수**라 한다.

연습문제 2.1

1. 두 집합 $A=\{1,2,3,4\}$와 $B=\{1,2,3\}$에 대해, 다음 물음에 답을 하시오.
   (a) 가능한 모든 함수 $f: A \to B$의 개수를 구하시오.
   (b) 함수 $f: A \to B$가 $f(1)=2$, $f(2)=3$을 만족하고, 집합 B가 치역이 되는 함수 f를 모두 구하시오.

2. 다음 함수의 정의역을 구하시오.
   (a) $y=f(x)=\dfrac{x^2-2x+3}{\sqrt{x-4}}$.　　(b) $y=g(x)=\sqrt[3]{x^2-2x}$.

3. 함수 $f(x)=\sqrt{x-1}$와 $g(x)=\sqrt{x^2-1}$에 대해, 다음 함수를 구하시오.
   (a) $(f+g)(x)$　(b) $(fg)(x)$　(c) $\left(\dfrac{f}{g}\right)(x)$　(d) $g(-x)$

4. 함수 $y=f(x)=\dfrac{1}{x}$를 x축으로 3만큼, y축으로 -2만큼 평행이동 시킨 후에 x축에 대한 대칭이동 시킨 함수를 구하시오.

5. 함수 $f(x)=x|x|$가 우함수인지 기함수인지 판별하시오.

6. 함수 $f(x)$는 기함수이고, 함수 $g(x)$는 우함수라고 할 때, 두 함수의 곱 $f(x)g(x)$가 기함수인지 우함수인지 판별하시오.

2.2 합성함수

정의 2.3 합성함수

두 함수 $f: A \to B$와 $g: B \to C$의 **합성함수**(composite function) $g \circ f$는 아래와 같이 정의한다.

$$(g \circ f)(x) = g(f(x))$$

세 개 이상의 함수 합성도 가능한데,

예를 들어 $f \circ g \circ h$는 $(f \circ g \circ h)(x) = f(g(h(x)))$로 h, g, 그리고 f의 순서로 적용하여 정의한다. 합성함수 ∘ 연산은 **결합법칙**(associative law)은 성립하지만 **교환법칙**(commutative law)은 성립하지 않는다. 즉, 추가

$$(f \circ g) \circ h = f \circ (g \circ h) = f \circ g \circ h, \ f \circ g \neq g \circ f$$

예제 2.4 합성함수의 교환법칙과 결합법칙

세 함수 $f(x) = -x$, $g(x) = x - 1$, 그리고 $h(x) = \sqrt{x} + 2$라고 해보자.

$(f \circ g)(x) = -x + 1$이지만, $(g \circ f)(x) = -x - 1$이 되어 교환법칙이 성립되지 않음을 알 수 있다. 앞 절에서 배운 대칭이동과 평행이동을 연관 지어 생각해보자. $(g \circ f)$는 $y = x$를 x축으로 1만큼 평행이동 후 y축에 대한 대칭이동 한 것으로 볼 수 있고, $(f \circ g)$는 $y = x$를 y축에 대한 대칭이동 후 x축으로 1만큼 평행이동 시킨 것으로 볼 수 있다.

교환법칙과는 달리

$$((h \circ g) \circ f)(x) = (h \circ g)(-x) = \sqrt{-x-1} + 2,$$
$$(h \circ (g \circ f))(x) = h(-x-1) = \sqrt{-x-1} + 2$$

처럼 결합법칙은 성립된다.

함수 $y = f(x)$의 정의역에 속하는 임의의 x_1, x_2에 대하여, $x_1 \neq x_2$일 때 $f(x_1) \neq f(x_2)$를 만족하면 $y = f(x)$를 **일대일 함수**(one to one function)라고 한다. 기하학적 관점으로는 $y = f(x)$의 그래프가 어떤 수평선과도 두 번 이상 만나지 않으면 일대일 함수가 된다는 것을 쉽게 알 수 있다. 함수 $f: A \to B$에서 함수 f의 치역이 공역B와 같게 되는 함수, 즉, 공역에 속하는 임의의 원소 b에 대해 $f(a) = b$를 만족하는 a가 적어도 하나 정의역에 존재하는 함수를 **위로의 함수**(onto function)라고 한다. 함수 $y = f(x)$가 일대일 함수이고, 위로의

함수이면 일대일 대응 함수(one to one correspondence function)라 한다. 일대일 대응 함수 $y=f(x)$에 대하여, 역함수의 개념을 정의할 수가 있다.

정의 2.4 역함수

함수 $y=f(x)$가 정의역 A에서 치역 B로의 일대일 함수라고 하자. f의 **역함수**(inverse function) f^{-1}는 정의역 B와 치역 A를 가지면서, 임의의 $y \in B$에 대하여,

$$f^{-1}(y)=x \Leftrightarrow y=f(x)$$

로 정의한다.

관습적으로 독립변수를 x로 많이 사용하기 때문에, f^{-1} 중심으로 설명을 할 경우에는 $f^{-1}(x)=y \Leftrightarrow x=f(y)$로 사용하기도 한다. 일대일 함수인 $y=f(x)$가 주어졌을 때, f^{-1}를 구하기 위해서는 x를 y에 대해 정리하여 $x=f^{-1}(y)$를 얻은 후, x와 y를 서로 바꾸어 $y=f^{-1}(x)$를 얻는다. 기하학적 관점에서 보면 f와 f^{-1}는 $y=x$에 대해 대칭 관계에 있다.

예제 2.5 역함수

$f(x)=\sqrt{x-1}$의 역함수를 구하고, f와 f^{-1}의 그래프도 그려보시오.

풀이 f의 정의역은 $[1,\infty)$이고, 치역은 $[0,\infty)$이다. $y=\sqrt{x-1}$의 양변을 제곱한 후, 양변에 1을 더하면 $x=y^2+1$를 얻을 수 있다. x, y를 바꾸면 $f^{-1}(x)=y=x^2+1$를 얻게 된다. f^{-1}의 정의역은 $[0,\infty)$이고, 치역은 $[1,\infty)$이 된다.

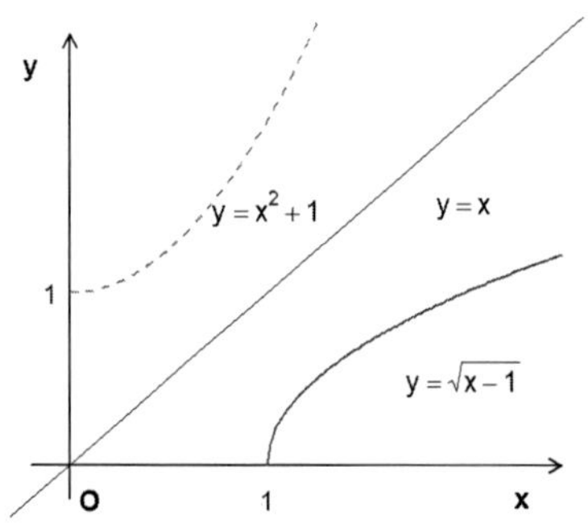

그림 2.4 $y=\sqrt{x-1}$과 그 역함수 $y=x^2+1$의 그래프

2절의 내용은 아래와 같이 요약된다.

➔ 함수의 연산으로, 두 함수가 주어졌을 때 합성함수 $(f \circ g)(x)$를 $(f \circ g)(x) = f(g(x))$로 정의할 수 있으며, $(f \circ g)(x) = x$를 만족하는 함수 g를 역함수라 하고 $g = f^{-1}$로 표기한다. 합성함수는 교환법칙은 성립하지 않고, 결합법칙은 성립한다.

➔ $y = f(x)$의 역함수 구하기 : x를 y에 대해 정리하여 $x = f^{-1}(y)$를 얻은 후, x와 y를 서로 바꾸어 $y = f^{-1}(x)$를 얻는다.

➔ 일대일 함수 : 정의역에 속하는 임의의 x_1, x_2에 대하여, $x_1 \neq x_2$일 때 $f(x_1) \neq f(x_2)$를 만족하는 함수.

➔위로의 함수 : 함수 $f: A \to B$에서 f의 치역이 공역 B와 같게 되는 함수.

연습문제 2.2

1. 함수 $f(x) = x^2$와 $g(x) = \sqrt{x}$에 대해, 두 합성함수 $(f \circ g)(x)$와 $(g \circ f)(x)$를 구하고, 두 함수의 차이점을 설명하시오.

2. 유리함수 $y = f(x) = \dfrac{2x-1}{x+2}$의 역함수를 구하시오.

3. 함수 $f(x) = 2x - 1$과 $g(x) = x^3$에 대해, 합성함수 $(g \circ f)(x)$의 역함수를 구하고, $(f^{-1} \circ g^{-1})(x)$와 비교하시오.

4. $f(x) = 2x - 1$이고, $(g \circ f)(x) = x^2 + 1$이라고 할 때, $g(x)$를 구하시오.

5. $g(x) = 2x - 3$이고, $(g \circ f)(x) = 2x^2 - 1$이라고 할 때, $f(x)$를 구하시오.

6. 함수 $f: A \to B$에서 $A = \{1,2,3\}, B = \{1,2\}$이라 할 때, 위로의 함수 f의 개수를 구하시오.

2.3 함수의 극한

정의 2.5 함수의 극한(직관적 정의)

$x \neq a$인 a근방의 x에 대해 $f(x)$가 정의되었다고 하자. x가 a로 접근 할 때 $f(x)$가 L에 접근하면, $\lim_{x \to a} f(x) = L$로 표현하고, "$x = a$에서 $f(x)$의 극한값은 L 이다."라고 한다.

예제 2.6 함수의 극한

(a) $f(x) = \dfrac{x^2 - 1}{x - 1}$ (b) $g(x) = \begin{cases} \dfrac{x^2-1}{x-1}, & x \neq 1 \\ 1, & x = 1 \end{cases}$ (c) $h(x) = x + 1$

풀이 세 함수 $f(x)$, $g(x)$, 그리고 $h(x)$는 $x = 1$ 에서의 정의 여부와 상관없이, $\lim_{x \to 1} f(x) = 2 = \lim_{x \to 1} g(x) = \lim_{x \to 1} h(x)$이다.

극한의 직관적 정의를 좀 더 엄밀하게 수학적 정의로 풀어보자. 접근한다는 것은 거리가 좁혀진다는 의미로 볼 수 있다. 함수 $f(x)$의 정의역과 치역은 모두 실수이다. 실수에서 거리 개념은 절댓값이다. 정의역에서의 거리를 δ(delta 델타)로, 치역에서의 거리를 ε(epsilon 엡실론)이라는 그리스 문자로 표현한다.

정의 2.6 함수의 극한(수학적 정의)

$x \neq a$인 a근방의 x에 대해 $f(x)$가 정의되었다고 하자. $\lim_{x \to a} f(x) = L \Leftrightarrow$ 임의의 양수 ε에 대해, $0 < |x - a| < \delta$ 이면 $|f(x) - L| < \varepsilon$를 만족하는 양수 δ가 존재한다.

이는 정의역에서 x와 a의 거리를 충분히 줄이면 $f(x)$를 임의로 L에 가깝게 만들 수 있다는 의미이다. δ, ε이 생소한 문자라서 어렵게 느껴질 수 있으나 오차 개념으로 받아들이면 좀 더 수월하다. y축에서의 오차 $|f(x) - L|$가 ε이내가 되도록 x축에서의 오차 $|x - a|$는 얼마나 작게 해야 하는가? 극한이 존재하는 경우는 오차 $|f(x) - L|$가 ε이내가 되도록 δ가 구해진다는 의미이다.

함수 $f(x) = \dfrac{1}{x^2}$을 생각해보자. 만약 $\lim_{x \to 0} \dfrac{1}{x^2} = L$로 존재한다고 해보자. x와 0의 거리(δ)

를 아무리 줄여도 주어진 ε에 대하여 $(L-\varepsilon, L+\varepsilon)$안에 $f(x)$가 들어오도록 할 수가 없다. 정의를 만족시키는 그러한 δ가 존재하지 않기 때문에 $\lim_{x\to 0}\frac{1}{x^2}$는 존재하지 않는다. 이 함수의 그래프를 알고 있다면, $\lim_{x\to 0}\frac{1}{x^2}$이 존재하지 않음을 쉽게 파악 할 수 있다. 극한값을 찾을 때에는 직관적인 이해만으로도 가능하지만 깊은 이해나 엄밀한 증명을 위해서는 수학적 정의가 필요하다. 그러나 이 수학적 정의를 이해하고 적용하여 증명을 해내는 일이 쉬운 일은 아니므로 정의를 오차의 개념으로 이해할 수 있으면 된다. 그래서 이 교재에서는 소개 정도만 하도록 한다.

$x\to a$일 때, 접근하는 방법에 따라 x가 a보다 클 때 $(x\to a^+)$와 x가 a보다 작을 때 $(x\to a^-)$로 나누어, $\lim_{x\to a^+}f(x)=L$은 "함수 $f(x)$의 $x=a$에서의 **우극한**은 L"이라 하고, $\lim_{x\to a^-}f(x)=L$을 "함수 $f(x)$의 $x=a$에서의 **좌극한**은 L"이라 한다.

정리 2.3 함수의 극한

$\lim_{x\to a}f(x)=L \Leftrightarrow \lim_{x\to a^+}f(x)=L$이고 $\lim_{x\to a^-}f(x)=L$이다.

예제 2.7 함수 $f(x)=[x]$는 x를 넘지 않는 최대 정수로 정의한다. $\lim_{x\to 2}[x]$이 존재하지 않음을 보여라.

풀이 $\lim_{x\to 2^+}[x]=2$, $\lim_{x\to 2^-}[x]=1$이 되어 정리 2.3의 대우 명제에 의해 $\lim_{x\to 2}[x]$는 존재하지 않는다.

정리 2.4 조임 정리 (squeeze theorem)

a근방의 $x(x\neq a)$에 대하여 $f(x)\leq g(x)\leq h(x)$이면서, $\lim_{x\to a}f(x)=A$ 이고 $\lim_{x\to a}h(x)=A$ 이면, $\lim_{x\to a}g(x)=A$이다.

예제 2.8 조임 정리 (squeeze theorem)

$x \geq 0$인 모든 실수 x에 대하여 $x+1 \leq f(x) \leq x^2 - x + 2$ 일 때, $\lim_{x\to 1} f(x)$를 구하시오.

풀이 $\lim_{x\to 1}(x+1) = 2$, $\lim_{x\to 1}(x^2 - x + 2) = 2$ 이므로 조임 정리에 의해 $\lim_{x\to 1} f(x) = 2$이다.

정리 2.5 극한의 기본 성질

$\lim_{x\to a} f(x) = A$, $\lim_{x\to a} g(x) = B$이고, k는 상수라고 하자. 그러면 다음이 성립한다.

(a) $\lim_{x\to a}[kf(x)] = k\lim_{x\to a} f(x) = kA$

(b) $\lim_{x\to a}[f(x) \pm g(x)] = \lim_{x\to a} f(x) \pm \lim_{x\to a} g(x) = A \pm B$

(c) $\lim_{x\to a}[f(x)g(x)] = \lim_{x\to a} f(x) \cdot \lim_{x\to a} g(x) = AB$

(d) $\lim_{x\to a}\left[\frac{f(x)}{g(x)}\right] = \frac{\lim_{x\to a} f(x)}{\lim_{x\to a} g(x)} = \frac{A}{B}$, $B \neq 0$

이러한 극한의 기본 성질들은 앞에서 소개한 극한의 수학적 정의에 의해 증명이 된 결과이기 때문에 극한값을 찾는데 유용하게 사용하면 된다. 이 정리는 두 함수의 극한이 있다는 조건이 만족할 때 증명된 결과로 이 조건이 만족되지 않는 경우에 함부로 적용해서는 안 된다. 예를 들면, $\lim_{x\to 0^+} x^2 = 0$, $\lim_{x\to 0^+}\frac{1}{x} = \infty$, $\lim_{x\to 0^+} x = 0$, $\lim_{x\to 0^+}\frac{1}{x^2} = \infty$이기 때문에 $\lim_{x\to 0^+}\left(x^2 \cdot \frac{1}{x}\right)$와 $\lim_{x\to 0^+}\left(x \cdot \frac{1}{x^2}\right)$에 (c)성질을 적용하면 두 경우 모두 $0 \times \infty$ 형태가 되어 **부정형**(indeterminate form)이 되어 극한이 존재할 수도 있고, 극한이 존재하지 않을 수도 있다. 실제로 $\lim_{x\to 0^+}(x^2 \cdot \frac{1}{x}) = \lim_{x\to 0^+} x = 0$이지만, $\lim_{x\to 0^+}(x \cdot \frac{1}{x^2}) = \lim_{x\to 0^+}\frac{1}{x} = \infty$이다. 이러한 부정형에 대해서는 3장에서 자세히 다루도록 한다. 또한 (d)성질에서 분모의 극한이 0이 아닐 때에만 이 성질을 적용 할 수 있다는 점을 유의해야 한다.

예제 2.9 극한값을 구하시오.

(a) $\lim_{x\to 4}(1 + \sqrt{x})(2x^2 - 3x + 1)$

풀이 $\lim_{x\to 4}(1+\sqrt{x})(2x^2-3x+1)=\lim_{x\to 4}(1+\sqrt{x})\cdot\lim_{x\to 4}(2x^2-3x+1)=3\cdot 21=63$

(b) $\lim_{x\to 0}\frac{(2+x)^{\frac{3}{2}}-2^{\frac{3}{2}}}{x}$

풀이

$$\begin{aligned}\lim_{x\to 0}\frac{(2+x)^{\frac{3}{2}}-2^{\frac{3}{2}}}{x}&=\lim_{x\to 0}\frac{((2+x)^{\frac{3}{2}}-2^{\frac{3}{2}})((2+x)^{\frac{3}{2}}+2^{\frac{3}{2}})}{x((2+x)^{\frac{3}{2}}+2^{\frac{3}{2}})}\\&=\lim_{x\to 0}\frac{(2+x)^3-2^3}{x((2+x)^{\frac{3}{2}}+2^{\frac{3}{2}})}=\lim_{x\to 0}\frac{x^3+6x^2+12x+8-8}{x((2+x)^{\frac{3}{2}}+2^{\frac{3}{2}})}\\&=\lim_{x\to 0}\frac{x^2+6x+12}{(2+x)^{\frac{3}{2}}+2^{\frac{3}{2}}}=\lim_{x\to 0}\frac{12}{2^{\frac{5}{2}}}=\frac{3}{\sqrt{2}}\end{aligned}$$

$\lim_{x\to a}f(x)=L$에서 a를 ∞(혹은 $-\infty$)로 한다면 $\lim_{x\to\infty}f(x)=L\left(\lim_{x\to-\infty}f(x)=L\right)$로 x가 무한히 커질(작아질) 때 $f(x)$가 L로 가까이 간다라고 한다. 또한, L을 ∞(혹은 $-\infty$)로 한다면 $\lim_{x\to a}f(x)=\infty\left(\lim_{x\to a}f(x)=-\infty\right)$로 x가 a로 가까이 갈 때, $f(x)$가 무한히 증가(감소)한다고 할 수 있다. 이 경우는 극한이 존재하지 않는 경우지만 특별히 수식으로 표현한 경우이다.

예제 2.10 $\lim_{x\to 2^+}\frac{x}{(x-2)}$, $\lim_{x\to\infty}\frac{x}{(x-2)}$를 구하시오.

풀이 $x\to 2^+$일 때, $\frac{x}{x-2}$의 분자는 2로 가까이 가지만 $\frac{1}{x-2}$는 무한히 커지게 된다. 그러므로 $\lim_{x\to 2^+}\frac{x}{(x-2)}=\infty$이다. $x\to\infty$일 때, $\frac{2}{x-2}\to 0$이 되어, $\lim_{x\to\infty}\frac{x}{(x-2)}=\lim_{x\to\infty}\left(1+\frac{2}{x-2}\right)=1$이 된다.

3절의 내용은 아래와 같이 요약된다.

➔ $\lim_{x\to a}f(x)=L$이라는 것은 임의의 양수 $\varepsilon>0$에 대해, $0<|x-a|<\delta$인 정의역에 속하는 x에 대해 $|f(x)-L|<\varepsilon$을 만족하는 양수 $\delta>0$가 존재할 때를 의미한다.

➔ $\lim_{x\to a} f(x) = L \Leftrightarrow \lim_{x\to a^+} f(x) = \lim_{x\to a^-} f(x) = L$가 성립하며, $x=a$에서 극한이 존재하는 두 함수 f와 g에 대해, $\lim_{x\to a}[cf(x)+dg(x)] = c\left[\lim_{x\to a} f(x)\right] + d\left[\lim_{x\to a} g(x)\right]$, $\lim_{x\to a}[f(x)g(x)] = \left[\lim_{x\to a} f(x)\right] \times \left[\lim_{x\to a} g(x)\right]$, 그리고 $\lim_{x\to a} g(x) \neq 0$이면

$\lim_{x\to a}\left[\dfrac{f(x)}{g(x)}\right] = \dfrac{\lim_{x\to a} f(x)}{\lim_{x\to a} g(x)}$ 이 성립한다.

➔ a 근방에서 $f(x) \geq g(x)$가 성립하면, $\lim_{x\to a} f(x) \geq \lim_{x\to a} g(x)$가 성립한다.

연습문제 2.3

1. 다음 극한을 구하시오.

(a) $\lim_{x\to 0} x^2 e^{\sin\left(\frac{1}{x}\right)}$ (b) $\lim_{x\to 2}(2x-3)$

(c) $\lim_{x\to 4}\dfrac{x^2-1}{x^2-2}$ (d) $\lim_{x\to 2}\dfrac{x^3-8}{x^2-4}$

2. 다음 극한을 구하시오.

(a) $\lim_{x\to\infty}\dfrac{2x^2-x+1}{-x^2-x}$ (b) $\lim_{x\to-\infty}\dfrac{\sqrt{x^2+1}-1}{x+1}$

(c) $\lim_{x\to 0^-}\dfrac{x}{x-|x|}$

3. 함수 $f(x)$가 $f(x) = \begin{cases} 0, & x\text{는 유리수} \\ 1, & x\text{는 무리수} \end{cases}$로 정의된 함수일 때, $\lim_{x\to 0} f(x)$가 존재하지 않음을 설명하시오.

4. 모든 실수 x에 대해서 $f(x) > 1$이고, $\lim_{x\to 0} f(x)$가 존재한다면 $\lim_{x\to 0} f(x) > 1$인가?

5. n은 정수이고, $[x]$는 x를 넘지 않는 최대정수이다. $f(x)=[x]+[-x]$에 대해서 $\lim_{x\to n} f(x)$를 구하시오.

6. $\lim_{x\to 2}\frac{f(x)-16}{x-2}=5$라 할 때, $\lim_{x\to 2} f(x)$를 구하시오.

7. $\lim_{x\to 1} g(x)=0$이고, $\lim_{x\to 1} f(x)$의 값이 0이 아닌 값으로 존재할 때, $\lim_{x\to 1}\frac{f(x)}{g(x)}$이 존재 하지 않는 예를 들어보시오.

8. $\lim_{x\to a} f(x)$도 존재하지 않고, $\lim_{x\to a} g(x)$도 존재하지 않지만 $\lim_{x\to a} f(x)g(x)$가 존재 할 수 있는 예를 들어보시오.

9. 함수 $f(x)$에 대해, $\lim_{x\to a}|f(x)|=0$이면, $\lim_{x\to a} f(x)=0$임을 설명하시오.

2.4 함수의 연속

정의 2.7 함수의 한 점에서의 연속

$\lim_{x\to a} f(x)=f(a)$이면 $f(x)$는 $x=a$에서 **연속**(continuous)이라고 한다.

$f(a)$가 정의되어 있지 않거나, $\lim_{x\to a} f(x)$가 존재하지 않거나, 그리고 함숫값과 극한값이 정의 되어 있지만 $\lim_{x\to a} f(x)\neq f(a)$인 경우에 f는 $x=a$에서 **불연속**(discontinuous)이라고 한다.

정리 2.6

두 함수 $f(x)$, $g(x)$가 $x=c$에서 연속이고 k를 상수라 하자. 그러면 $f \pm g$, kf, fg, 그리고 $\dfrac{f}{g}\,(g(c)\neq 0)$도 역시 $x=c$에서 연속이다.

정리 2.7

f가 c에서 연속이고 g가 $f(c)$에서 연속이면 $(g \circ f)(x)=g(f(x))$는 $x=c$에서 연속이다.

한 점에서의 연속을 이용하여 연속적인 점들의 집합인 **구간**(interval)에서 연속을 정의 할 수 있다. 실수의 구간은 **닫힌구간**(closed interval) $[a,b]$, **열린구간**(open interval) (a,b), **반열린구간**(half open interval) $(a,b]$, 그리고 **반닫힌구간**(half closed interval) $[a,b)$이 있다. 양 끝점 a, b를 **경계점**(boundary point)이라 하는데, 경계점에서의 연속은 $\lim_{x\to a^+} f(x) = f(a)$, $\lim_{x\to b^-} f(x) = f(b)$로 정의 한다. 어떤 함수의 정의역은 구간이나 구간들의 합집합으로 표현이 된다. 다항함수, 유리함수, 그리고 거듭제곱함수는 각각의 정의역에서 연속이 된다는 것은 잘 알려진 사실이다.

정의 2.8 함수의 구간에서의 연속

어떤 구간에 속하는 모든 $x=c$에서 함수 $f(x)$가 연속이면, $f(x)$는 그 구간에서 연속이라고 한다.

예제 2.11 함수의 연속

아래 주어진 함수들이 불연속인 점들을 모두 찾고, 그 이유를 설명하시오.

(a) $f(x) = \dfrac{x^2-1}{x-1}$

풀이 $f(x)$는 $x=1$에서 함숫값이 정의 되지 않기 때문에 불연속이고, $x=1$을 제외한 모든 실수에서는 $f(x) = \dfrac{x^2-1}{x-1} = x+1$이 되어 연속이다. 그러므로 $x=1$을 제외한 모든 실수에서 $f(x)$는 연속이다.

(b) $g(x)=\begin{cases} \dfrac{x^2-1}{x-1}, & x \neq 1 \\ 1, & x=1 \end{cases}$

풀이 $\lim\limits_{x\to 1} g(x) = 2 \neq g(1) = 1$이므로 $g(x)$는 $x=1$에서 불연속이다. $f(x)$와 같은 이유로 $x=1$을 제외한 모든 실수에서 $g(x)$는 연속이다.

(c) $h(x) = [x]$

풀이 n은 임의의 정수라고 하자. $\lim\limits_{x\to n^+}[x] = n \neq \lim\limits_{x\to n^-}[x] = n-1$, $h(n) = n$이다. x는 모든 정수 n에서 극한이 존재하지 않으므로 불연속이다. a를 $n < a < n+1$인 실수라 하자. $\lim\limits_{x\to a^+}[x] = n = \lim\limits_{x\to a^-}[x] = n$, $h(a) = n$이므로 $h(x)$는 정수가 아닌 모든 실수에서는 연속이다.

(d) $k(x)=\begin{cases} \dfrac{1}{x^2}, & x \neq 0 \\ 2, & x=0 \end{cases}$

풀이 $\lim\limits_{x\to 0}\dfrac{1}{x^2} = \infty$, $k(0) = 2$이므로 $x=0$에서 불연속이다. $x=0$을 제외한 모든 실수에서 $\dfrac{1}{x^2}$은 연속이므로 $k(x)$는 $x=0$을 제외한 모든 실수에서 연속이다.

연속의 의미를 기하학적인 관점에서 보면 $y=f(x)$의 그래프가 끊어지지 않아야 함을 의미한다. 앞 예제에서 소개한 네 개의 함수의 그래프를 생각해보면 불연속인 점이 어디인지 직관적으로 빠르게 파악할 수 있다.

정리 2.8 사잇값 정리(intermediate value theorem)
$f(x)$가 닫힌구간 $[a,b]$에서 연속이고, $f(a) \neq f(b)$이다. N이 $f(a)$와 $f(b)$사이의 임의의 수일 때, $f(c) = N$을 만족하는 $c \in (a,b)$가 적어도 하나 존재한다.

방정식의 근을 찾을 때 가장 먼저 근의 존재성을 알아볼 필요가 있다. 사잇값 정리는 방정식의 근의 존재성을 보일 때 많이 사용하는 정리이다.

예제 2.12 사잇값 정리

방정식 $x^3 + x - 2 = 0$이 $(0,2)$에서 근이 존재하는 것을 보여라.

풀이 $f(x)=x^3+x-2$이라고 하자. 이 함수는 다항함수이므로 실수 전체에서 연속이 되어 실수의 부분집합인 $[0,2]$에서도 연속이다. 그리고, $f(0)=-2<0$, $f(2)=8>0$ 이므로 $f(0)<N=0<f(2)$가 된다. 사잇값 정리에 의해, $f(c)=0$이 되는 $c\in(0,2)$가 적어도 하나 존재한다.

실제로, $y=x^3+x-2$와 $y=0$의 그래프는 $x=1$에서 만나게 된다. 그러나 모든 함수를 그래프로 그릴 수 있는 것은 아니기 때문에 그래프를 그리지 않고 논리적으로 설명할 수 있는 방법을 배우는 것이다.

4절의 내용은 아래와 같이 요약된다.

➔ 함수 f가 정의역에 속하는 $x=a$에서 $\lim_{x\to a}f(x)=f(a)$를 만족할 때, $x=a$에서 연속이라 한다. 연속함수의 사칙 연산도 연속 함수가 되며, 연속인 함수의 합성도 연속함수가 된다.

➔ 어떤 구간에 속하는 모든 $x=c$에서 함수 $f(x)$가 연속이면, $f(x)$는 그 구간에서 연속이라고 한다.

➔ 사잇값 정리 : $f(x)$가 닫힌구간 $[a,b]$에서 연속이고, $f(a)\neq f(b)$이다. N이 $f(a)$와 $f(b)$ 사이의 임의의 수일 때, $f(c)=N$을 만족하는 $c\in(a,b)$가 적어도 하나 존재한다.

연습문제 2.4

1. $\lim_{x \to -2} \dfrac{x^3+2x^2+x}{5-2x}$ 를 구하시오.

2. 함수 $f(x)=\sqrt{x}+\dfrac{x+1}{x-1}+\dfrac{x}{x^2+1}$ 이 연속이 되는 구간을 구하시오.

3. 함수 $f(x)=\dfrac{1}{\sqrt{x^2+7}-4}$ 가 어떤 함수들의 합성으로 구성되어 있는지 밝히고, 연속이 되는 구간을 구하시오.

4. 사잇값 정리를 이용해서 모든 양수 a가 제곱근을 가짐을 증명하시오.

5. n은 정수이고, $[x]$는 x를 넘지 않는 최대정수이다. 함수 $f(x)=[x]+[-x]$는 $x=n$에서 연속인지 불연속인지 판정하시오.

6. $f(-1)>0$이고 $f(1)<0$이면 구간 $(-1,1)$사이에 $f(c)=0$이 되는 c가 항상 존재 하는가?

7. 함수 $f(x)$가 $x=a$에서 연속이면, $|f|$가 $x=a$에서 연속인가? $|f|$가 $x=a$에서 연속이면, f는 $x=a$서 연속인가?

○ 제 3 장 ○
미분

3.1 미분계수와 도함수

x가 a에서 $a+h$로 변하면 함숫값은 $f(a)$에서 $f(a+h)$로 변하게 된다. 이 때, x의 변화량 $\Delta x=(a+h)-a=h$을 x의 **증분**(increment), y의 변화량 $\Delta y=f(a+h)-f(a)$를 y의 증분이라 하며, $\dfrac{f(a+h)-f(a)}{h}$를 **평균변화율**(average rate of change)이라고 한다. h를 점점 줄여간다면, **순간변화율**(instantaneous rate of change)을 생각해 볼 수 있다. 이렇게 평균변화율과 극한의 개념을 이용하면 순간변화율을 수학적으로 표현할 수 있는데 이를 **미분계수**라고 정의한다.

정의 3.1 미분계수(differential coefficient)
$x=a$에서 $y=f(x)$의 미분계수(differential coefficient)는 아래식 우변의 극한이 존재한다면, $f'(a)=\lim\limits_{h\to 0}\dfrac{f(a+h)-f(a)}{h}=\lim\limits_{x\to a}\dfrac{f(x)-f(a)}{x-a}$, $(x=a+h)$ 로 정의한다.

$f'(a)$가 존재한다면 함수 f는 $x=a$에서 **미분 가능**(differentiable)하다라고 한다. 또한, 열린구간(c,d)에 속하는 모든 a에 대해 미분 가능하면 $f(x)$가 열린구간 (c,d)에서 미분 가능하다라고 한다.

그림 3.1에서 h를 0으로 줄여 갈수록, Q점은 $y=f(x)$를 따라 P점으로 가까워진다. $\lim\limits_{h\to 0}\dfrac{f(a+h)-f(a)}{h}$의 값이 존재하는 경우라면, 두 점을 연결하는 직선은 이 극한값을 기울기로 갖는 P점에서의 **접선**(tangent line)으로 가까이 가게 된다.

P점에서의 접선의 방정식은 $y=f'(a)(x-a)+f(a)$로 구할 수 있다.

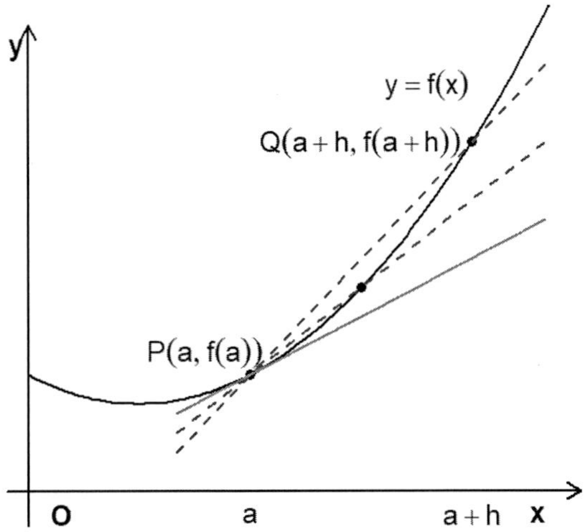

그림 3.1 접선

예제 3.1 미분계수(differential coefficient)

함수 $f(x)=\frac{1}{x}$의 $x=a(\neq 0)$에서의 미분계수를 구하시오.

풀이 정의를 적용하면, $\lim_{h\to 0}\frac{f(a+h)-f(a)}{h}=\lim_{h\to 0}\frac{\frac{1}{a+h}-\frac{1}{a}}{h}$

$=\lim_{h\to 0}\frac{-h}{ha(a+h)}=\lim_{h\to 0}\frac{-1}{a(a+h)}=-\frac{1}{a^2}$이 된다. 다시 말해, $x=a(\neq 0)$에서 $f'(a)=-\frac{1}{a^2}$로 존재하므로 $f(x)=\frac{1}{x}$는 0이 아닌 모든 실수에서 미분이 가능하다.

함수 $f(x)=\frac{1}{x}$의 경우 0이 아닌 모든 점에서 미분이 가능하기 때문에 a를 바꿔가면서 $f'(a)$의 변화를 살펴볼 수 있다. 양수인 a에 대해서만 살펴보자. a를 양의 방향으로 크게 하면 $f'(a)$은 점점 0에 가까운 값이 되고, a를 양의 방향에서 0으로 가까이 하면 $f'(a)$는 $-\infty$로 다가가게 된다. 음수인 a에 대해서도 비슷하게 생각해 볼 수 있을 것이다. 이렇게 a와 $f'(a)$사이의 어떤 대응 관계가 있다는 것을 알 수 있다. 그래서 a대신 변수 x로 바꾸어 f와는 또 다른 새로운 함수를 정의할 수 있다.

정의 3.2 도함수(derivative)

$f'(x)=\lim_{h\to 0}\frac{f(x+h)-f(x)}{h}$ 의 우변의 극한이 존재하는 x에 대해서 $f'(x)$가 대응되는 이 함수를 f의 **도함수(derivative)**라 한다.

이와 같은 정의로부터 함수 $f(x)=\frac{1}{x}$의 경우 $f'(x)=-\frac{1}{x^2}$가 도함수가 된다는 것을 알 수 있다. 이 예제의 경우는 함수 f와 f'의 정의역이 같지만, 함수 f와 f'의 정의역이 반드시 일치하는 것은 아니다. 일반적으로, f'의 정의역$\subseteq f$의 정의역이다.

예제 3.2 도함수 (derivative)

함수 $f(x)=\sqrt{x}$의 도함수를 구하고, f, f'의 정의역을 구해보자. 그리고 $(4,2)$에서의 접선의 방정식도 구해보자.

풀이 $\lim_{h\to 0}\frac{f(x+h)-f(x)}{h}=\lim_{h\to 0}\frac{\sqrt{x+h}-\sqrt{x}}{h}$

$=\lim_{h\to 0}\frac{h}{h(\sqrt{x+h}+\sqrt{x})}=\lim_{h\to 0}\frac{1}{\sqrt{x+h}+\sqrt{x}}=\frac{1}{2\sqrt{x}}=f'(x)$이다.

f의 정의역은 $[0,\infty)$이고, f'의 정의역은 $(0,\infty)$이다. $f'(4)=\frac{1}{4}$이므로 $(4,2)$에서의 접선의 방정식은 $y=\frac{1}{4}(x-4)+2$가 되어, $y=\frac{1}{4}x+1$이다.

정리 3.1 한 점에서의 미분 가능과 연속의 관계

$y=f(x)$가 $x=a$에서 미분 가능이면, $y=f(x)$는 $x=a$에서 연속이다.

예제 3.3 $f(x)=|x|$가 $x=0$에서 연속이지만, $x=0$에서 미분 불가능임을 보이시오.

풀이 $\lim_{x\to 0^+}|x|=\lim_{x\to 0^-}|x|=0$, $f(0)=0$이므로 $y=|x|$는 $x=0$에서 연속이다.

$\lim_{h\to 0}\frac{f(0+h)-f(0)}{h}=\lim_{h\to 0}\frac{|h|}{h}=\begin{cases}1, & h\to 0^+\\ -1, & h\to 0^-\end{cases}$ 이므로 $y=|x|$는 $x=0$에서 미분 불가능이다.

이 예제로부터 정리 3.1의 역이 성립하지 않음을 알 수 있다. 대우명제는 성립하므로 $x=a$에서 $f(x)$가 연속이 아니라면, $x=a$에서 $f(x)$가 미분이 불가능하다는 것을 설명할 수는 있다.

도함수와 미분계수는 각각 $f'(x)=\dfrac{dy}{dx}$, $f'(a)=\left.\dfrac{dy}{dx}\right|_{x=a}$로 표현하기도 한다.

$f'(x)=y'=\dfrac{dy}{dx}$는 $y=f(x)$의 **일계 도함수**(first derivative)라 하고, f'이 도함수를 가지게 되면, $(f')'=f''=\dfrac{d}{dx}\left(\dfrac{dy}{dx}\right)=\dfrac{d^2y}{dx^2}=y''$를 f의 **이계 도함수** (second derivative)라 한다. 같은 방식으로 f를 n번 미분한 n계 도함수(derivative of nth order) $f^{(n)}=y^{(n)}=\dfrac{d^ny}{dx^n}$를 얻을 수 있다. $n \geqq 2$인 경우를 **고계 도함수**(derivative of higher order)라 한다.

예제 3.4 고계 도함수(derivative of higher order)

$f(x)=x^3+2x+1$은 몇 번 미분이 가능한가?

풀이 $f'(x)=3x^2+2$, $f''(x)=6x$, $f^{(3)}(x)=6$, $f^{(n)}(x)=0$, $(n \geqq 4)$으로 무한 번 미분 가능하다.

1절의 내용은 아래와 같이 요약해 볼 수 있다.

➔ 함수 f가 정의역에 속하는 $x=a$에서 극한 $\lim\limits_{h\to o}\dfrac{f(a+h)-f(a)}{h}$가 존재할 때, $x=a$에서 미분 가능하다고 하며, 이 극한값을 미분계수라 하고 $f'(a)$로 표기한다. 또한, 함수 f의 정의역에 속하는 점들 중에 미분 가능한 점에서 미분계수를 대응시키는 함수 $f'(x)=\lim\limits_{h\to 0}\dfrac{f(x+h)-f(x)}{h}$를 도함수라 한다.

➔ 함수 f가 $x=a$에서 미분 가능하면, 함수 f는 $x=a$에서 연속이 된다. 그러나, 반대로 f가 $x=a$에서 연속이라고 해서 미분 가능한 것은 아니다.

➔ n계 도함수(derivative of nth order) $f^{(n)}=y^{(n)}=\dfrac{d^ny}{dx^n}$.

연습문제 3.1

1. 정의를 이용하여 다음 주어진 함수의 도함수를 구하시오.

(a) $f(x) = x^2$ (b) $g(x) = \dfrac{1}{x^2}$ (c) $h(x) = x^2 + 2x$

2. 정의를 이용하여 다음 주어진 함수의 이계 도함수를 구하시오.

(a) $f(x) = x^2$ (b) $g(x) = \dfrac{1}{x^2}$ (c) $h(x) = x^2 + 2x$

3. n은 양의 정수이고, $f(x) = x^n$일 때, 도함수의 정의를 이용하여 $f'(x) = nx^{n-1}$임을 보이시오.

4. 한 점이 직선 위를 움직이고 있다고 하자. 시각 t에서의 점의 좌표 S가 위치함수 $S = f(t)$로 주어졌다고 했을 때, 시각 t에서의 위치함수의 도함수를 속도라 한다. 즉, 속도 $v(t)$는 $v(t) = \dfrac{dS}{dt} = f'(t)$로 주어진다. 그리고 $a(t) = \dfrac{dv}{dt} = f''(t)$를 시각 t에서의 점의 가속도라 한다. 이를 이용하여, 자동차를 운전하던 사람이 브레이크를 밟은 순간 ($S = 0$, $t = 0$)에 그 차의 속력이 100 m/sec일 때, 미끄러지는 그 차의 위치함수는 $S(t) = 100t - 5t^2$이라 하자. 이 차가 정지하기 전까지 얼마나 시간이 걸리는지 구하고, 미끄러진 거리를 구하시오.

5. $y = f(x) = x^2 + 2x$ 위의 한 점 $(1,3)$에서의 접선의 방정식을 구하시오.

6. $f(x) = x^{2/3}$는 $x = 0$에서 미분 가능인지 미분 불가능인지 판정하시오.

7. $\displaystyle\lim_{x\to 1} \frac{x^{20} - 1}{x - 1}$을 구하시오.

8. $f(x) = \begin{cases} 2x^2 + x, & x \geq 0 \\ -x^2 + x, & x < 0 \end{cases}$일 때, $x = 0$에서 미분 가능인지 판단하고, 미분 가능하면 미분계수 $f'(0)$을 구하시오.

9. $f(x) = \begin{cases} 2x^2 + x, & x \geq 0 \\ -x^2 - x, & x < 0 \end{cases}$일 때, $x = 0$에서 미분 가능인지 판단하고, 미분 가능하면 미분계수 $f'(0)$을 구하시오.

3.2 기본 미분법

1절에서 도함수의 정의를 이용하여 도함수를 구하는 방법을 배웠지만, 도함수를 구하려 할 때마다 정의로 보이는 것은 불편한 면이 있다. 이번 절에서는 다양한 기본 미분 공식을 익혀서 도함수를 보다 쉽게 구하는 방법을 학습하고자 한다.

정리 3.2 기본 미분 공식

두 함수 $f(x)$, $g(x)$가 미분 가능한 함수이다. α, β는 상수이다. 그러면 다음이 성립한다.

(a) $[\alpha f(x) \pm \beta g(x)]' = \alpha f'(x) \pm \beta g'(x)$ (선형성 linearity)

(b) $[f(x)g(x)]' = f'(x)g(x) + f(x)g'(x)$ (곱의 미분)

(c) $\left[\dfrac{f(x)}{g(x)}\right]' = \dfrac{f'(x)g(x) - f(x)g'(x)}{(g(x))^2}$ (몫의 미분)

정리 3.3 기본 미분 공식

(a) 상수함수 $f(x) = k$이면, $f'(x) = 0$이다.

(b) $f(x) = x^n$(n은 임의의 실수)이면, $f'(x) = nx^{n-1}$이다.

예제 3.5

주어진 함수의 미분을 구하시오.

(a) $f(x) = \dfrac{x^2+1}{x^3}$

풀이 몫의 미분 공식을 적용하면,

$$f'(x) = \frac{(2x)x^3 - (x^2+1)(3x^2)}{x^6} = \frac{-x^4 - 3x^2}{x^6} = -\frac{x^2+3}{x^4}$$ 이다.

(b) $f(x) = \sqrt[3]{x^2}$

풀이 $f'(x) = \dfrac{2}{3}x^{\frac{2}{3}-1} = \dfrac{2}{3}x^{-\frac{1}{3}}$이다.

정리 3.4 연쇄법칙(chain rule)
두 함수 $y=f(u)$, $u=g(x)$가 미분 가능한 함수라면, 합성함수인 $y=f(g(x))$의 도함수는 $[f(g(x))]'=f'(g(x))g'(x)$이다. $\frac{dy}{dx}=\frac{dy}{du}\frac{du}{dx}$로 표현하기도 한다.

연쇄법칙은 같은 방법으로 세 함수의 합성함수인 경우에도 적용된다. 세 함수 $y=f(w)$, $w=g(u)$, $u=h(x)$가 모두 미분 가능이면, $\frac{dy}{dx}=\frac{dy}{dw}\frac{dw}{du}\frac{du}{dx}$로 구할 수 있다.

예제 3.6 연쇄법칙(chain rule)

주어진 함수의 도함수를 구하시오.

(a) $f(x)=\dfrac{1}{\sqrt{x^4+x^2+1}}$

풀이 $f(x)$는 두 함수 $y=u^{-\frac{1}{2}}$, $u=x^4+x^2+1$의 합성함수로 볼 수 있다. 그러므로 연쇄법칙을 적용하면, $f'(x)=-\frac{1}{2}(x^4+x^2+1)^{-\frac{3}{2}}(4x^3+2x)$이다.

(b) $f(x)=(x^2+1)^3$

풀이 $f(x)$는 두 함수 $y=u^3$, $u=x^2+1$의 합성함수로 볼 수 있다. 그러므로 연쇄법칙을 적용하면, $f'(x)=3(x^2+1)^2(2x)=6x(x^2+1)^2$이다.

(c) $f(x)=\dfrac{1}{\sqrt{x^2+\sqrt{x}}}$

풀이 세 함수 $f_1(x)=x^2+\sqrt{x}$, $f_2(x)=\sqrt{x}$, $f_3(x)=\frac{1}{x}$에 대해서 $(f_3\circ f_2\circ f_1)(x)$의 합성함수로 $f(x)$를 볼 수 있다.

$y=\frac{1}{w}$, $w=\sqrt{u}$, $u=x^2+\sqrt{x}$에 대해서 $\frac{dy}{dx}=\frac{dy}{dw}\frac{dw}{du}\frac{du}{dx}$를 적용하면,

$$\begin{aligned}\frac{dy}{dx}&=-\frac{1}{x^2+\sqrt{x}}\frac{1}{2\sqrt{x^2+\sqrt{x}}}\left(2x+\frac{1}{2\sqrt{x}}\right)\\&=-\frac{1}{2(x^2+\sqrt{x})^{\frac{3}{2}}}\left(\frac{4x\sqrt{x}+1}{2\sqrt{x}}\right)=-\frac{4x\sqrt{x}+1}{4\sqrt{x}(x^2+\sqrt{x})^{\frac{3}{2}}}\end{aligned}$$

이다.

곱의 미분은 f, g, h가 미분 가능한 함수일 경우 $(fgh)' = f'gh + fg'h + fgh'$ 확장할 수 있다. 그래서 $f(x) = (x^2+1)^3$는 (x^2+1)이 세 번 곱해진 경우로 보게 되면 $f'(x) = 2x(x^2+1)^2 + 2x(x^2+1)^2 + 2x(x^2+1)^2 = 6x(x^2+1)^2$로 구할 수도 있다.

〈**참고**〉 $y = f(x)$가 $x = a$에서 미분 가능하고 이것을 $\lim_{\Delta x \to 0} \frac{\Delta y}{\Delta x} = f'(a)$로 표현함을 배웠다. 이 식을 통해 $\frac{\Delta y}{\Delta x}$를 $f'(a)$의 근삿값으로 볼 수 있다. 참값과 근삿값의 차이인 오차는 $\varepsilon = \frac{\Delta y}{\Delta x} - f'(a)$로 $\lim_{\Delta x \to 0} \varepsilon = \lim_{\Delta x \to 0} \left(\frac{\Delta y}{\Delta x} - f'(a) \right) = f'(a) - f'(a) = 0$이 된다. 다시 말하면, 종속변수 y의 증분 $\Delta y = (f'(a) + \varepsilon)\Delta x$이고, 여기서 $\Delta x \to 0$이면 $\varepsilon \to 0$이다. 이 식을 이용하여 연쇄법칙을 증명할 수 있다. 또한, x의 증분 Δx가 충분히 작으면, 함숫값의 변화량 $\Delta y = f(a + \Delta x) - f(a)$은 $\Delta y = (f'(a) + \varepsilon)\Delta x$이기 때문에 $\Delta y \approx dy = f'(a)dx$로 근삿값을 구할 수 있다. $x = a + \Delta x$라 하면, $f(x)$의 근삿값은 $f(x) \approx L(x) = f'(a)(x-a) + f(a)$로 얻을 수 있다. 이렇게 접선을 이용하여 구하는 근사를 **선형근사**(linear approximation)라고 한다. 이때 이용한 접선 $L(x)$를 $y = f(x)$의 $x = a$ 에서의 **선형화**(linearization)라 한다. dx, dy는 각각 x, y의 **미분**(differential)이라 한다.

2절의 내용은 아래와 같이 요약해 볼 수 있다.

➔ 미분 가능한 함수 f와 g 및 상수 a, b에 대해, $(af(x) + bg(x))' = af'(x) + bg'(x)$, $(f(x)g(x))' = f'(x)g(x) + f(x)g'(x)$, $\left(\frac{f(x)}{g(x)} \right)' = \frac{f'(x)g(x) - f(x)g'(x)}{(g(x))^2}$ 이 성립한다.

➔ 연쇄법칙 : 합성 가능하고 미분 가능한 두 함수 f와 g에 대해, $(f \circ g)'(x) = (f(g(x)))' = f'(g(x))g'(x)$이 성립한다.

➔선형근사 : $f(x) \approx L(x) = f'(a)(x-a) + f(a)$.

연습문제 3.2

1. 다음 주어진 함수의 도함수를 구하시오.

   (a) $y = x^{\frac{1}{2}} + x^{\frac{2}{3}}$ (b) $y = 3x^2 + \sqrt{x} - 1$

   (c) $y = (2x^2 - 1)(x^2 + 2)$ (d) $y = \dfrac{x-1}{x+1}$

2. 함수 $y = \dfrac{1}{f(x)}$ 의 도함수를 구하고, 이를 이용해서 n 이 양의 정수일 때,

   $y = x^{-n} = \dfrac{1}{x^n}$ 의 도함수를 구하시오.

3. 다음 주어진 함수의 도함수를 구하시오.

   (a) $f(x) = (4x-5)^9$ (b) $g(x) = (2x-1)^5(x^2+x-1)^3$

   (c) $h(x) = \dfrac{(2x+1)^3}{(3x-2)^2}$

4. 연쇄법칙을 이용하여 기함수의 도함수가 우함수가 됨을 설명하시오.

5. 아래 물음에 답을 하시오.

   (a) $g(x) = f(x + f(x + f(x)))$의 도함수 $g'(x)$를 구하시오.

   (b) $g(x) = f(x + f(x + f(x)))$이고 $f(x) = \sqrt{x}$ 일 때, 도함수 $g'(x)$를 구하시오.

6. 함수 $f(x) = x^{2/3}$와 $a = 27$에서의 선형화를 이용하여 $(26.98)^{\frac{2}{3}}$ 의 근삿값을 구하시오.

7. $f(x) = x^{2/3}(6-x)^{1/3}$일 때, $f''(x)$를 구하시오.

8. 곱의 미분 공식을 이용하여 세 함수 $f(x)$, $g(x)$, 그리고 $h(x)$가 미분 가능한 함수이면, $(fgh)' = f'gh + fg'h + fgh'$ 임을 보이시오.

9. 함수 $f(x) = \dfrac{1}{x}$의 $f^{(n)}(x)$를 구하시오.

10. $x \neq 0$, $f(x) = |x|$일 때, $f'(x)$를 구하시오.

3.3 음함수의 미분법과 역함수의 미분법

함수는 일반적으로 $y=f(x)$로 나타내는데, 이러한 형태를 y를 x의 **양함수**(explicit function)라고 한다. 또 다른 형태로 표현되는 함수를 알아보자.

반지름이 r이고, 중심이 원점인 원의 방정식 $x^2+y^2=r^2$을 생각해보자. 원의 방정식은 하나의 x에 두 개의 y가 대응이 되므로 함수가 아니다. 이 원의 방정식을 y를 x에 대해 정리하면, $f_1:[-r,r]\to[0,\infty)$로 대응 규칙 $f_1(x)=\sqrt{r^2-x^2}$ 인 함수와 $f_2:[-r,r]\to(-\infty,0]$로 대응 규칙 $f_2=-\sqrt{r^2-x^2}$ 인 함수를 정의할 수 있다. 각각은 $x^2+y^2=r^2$의 그래프에서 위쪽 반원과 아래쪽 반원에 해당한다.

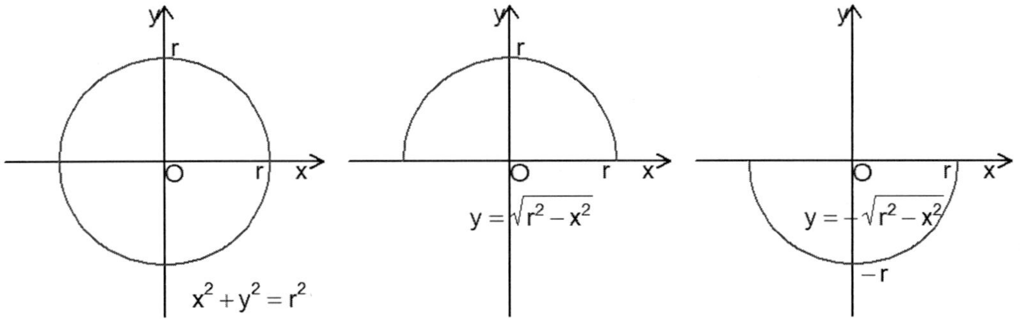

그림 3.2 $x^2+y^2=r^2$의 그래프와 $y\ge 0$, $y\le 0$인 경우의 그래프

이렇게 $f(x,y)=0$가 주어졌을 때, 적당한 정의역 A와 공역 B가 존재하여 $f(x,y)=0$의 방정식으로부터 x, y사이의 관계식을 대응 규칙으로 하는 함수 $g:A\to B$가 정의되면 방정식 $f(x,y)=0$을 함수 g의 **음함수**(implicit function)라고 한다. $y=f(x)$로 함수를 표현하면 되는데 왜 음함수를 정의해서 사용하는가? 라는 질문이 생길 수 있다. 예로 살펴본, $x^2+y^2=r^2$ 경우는 y를 x에 관해 정리하는 것이 어렵지 않았지만 대부분의 음함수는 $f(x,y)=0$에서 y를 x에 관해 정리하는 것이 복잡하고 어려운 경우가 많기 때문에 $f(x,y)=0$형태를 그대로 사용하게 된다. $y=f(x)$로 함수를 나타낼 때에는 앞 절에서 학습한 다양한 공식들을 적용하면 도함수 $\dfrac{dy}{dx}$를 쉽게 얻을 수 있었다. 이제 $f(x,y)=0$의 음함수로 함수가 주어졌을 때 도함수를 구하는 방법을 알아보자.

정리 3.5 음함수 미분법

음함수 $f(x,y)=0$가 주어졌을 때, y를 x에 관한 함수로 보고 양변을 x로 미분하여 $\frac{dy}{dx}$를 구한다.

원의 방정식 $x^2+y^2=r^2$를 예로 하여 살펴보자. 이 방정식에서 y를 x에 관한 함수로 인지하고 양변을 x에 관하여 미분한다. 그 결과를 $\frac{dy}{dx}$에 관해서 풀면 된다.

$$\frac{d}{dx}(x^2+y^2)=\frac{d}{dx}(r^2) \rightarrow 2x+2y\frac{dy}{dx}=0 \rightarrow \frac{dy}{dx}=-\frac{x}{y}\ (y \neq 0).$$

$y=f(x)$의 표현을 찾을 수 있겠지만 굳이 찾을 필요는 없다. 우리는 현재 $\frac{dy}{dx}$를 구하고자 하는 것이지 $y=f(x)$가 찾으려는 것이 아니기 때문이다.

실제로, 원의 방정식 $x^2+y^2=r^2$으로 정의한 $f_1(x)=\sqrt{r^2-x^2}$, $f_2=-\sqrt{r^2-x^2}$를 양함수에 공식을 적용하여 도함수를 구해보면,

$\frac{d}{dx}(f_1)=-\frac{x}{\sqrt{r^2-x^2}}$, $\frac{d}{dx}(f_2)=\frac{x}{\sqrt{r^2-x^2}}$가 된다.

음함수 미분법으로 구한 $\frac{dy}{dx}=-\frac{x}{y}$는 y에 f_1 혹은 f_2를 대입하면,

$$\frac{dy}{dx}=-\frac{x}{y}=\begin{cases} -\frac{x}{\sqrt{r^2-x^2}}, & y=\sqrt{r^2-x^2} \\ \frac{x}{\sqrt{r^2-x^2}}, & y=-\sqrt{r^2-x^2} \end{cases}$$

이 되어 y가 f_1이든 f_2이든 상관없이 양함수 형태로 정리해서 미분한 결과와 같은 결과가 되기 때문에 $\frac{dy}{dx}=-\frac{x}{y}$를 그대로 사용하게 된다.

예제 3.7 음함수 미분법

음함수 미분법을 이용하여 $x^2+4y^2=4$의 $\frac{dy}{dx}$, $\frac{d^2y}{dx^2}$를 구하시오.

풀이 $x^2+4y^2=4$, y를 x에 관한 함수로 보고 양변을 x에 관해 미분하면, $2x+8y\frac{dy}{dx}=0$이고, $\frac{dy}{dx}$에 관해서 풀면, $\frac{dy}{dx}=-\frac{x}{4y}\ (y \neq 0)$이다.

$x+4y\dfrac{dy}{dx}=0$, 양변을 x에 관해 한 번 더 미분하자. y와 $\dfrac{dy}{dx}$는 모두 x에 관한 함수이므로 곱의 미분을 한다. $1+4\dfrac{dy}{dx}\dfrac{dy}{dx}+4y\dfrac{d^2y}{dx^2}=0$이므로, $\dfrac{dy}{dx}=-\dfrac{x}{4y}$를 대입하고 $\dfrac{d^2y}{dx^2}$에 관해서 풀면, $\dfrac{d^2y}{dx^2}=-\left(1+\dfrac{x^2}{4y^2}\right)\dfrac{1}{4y} \rightarrow \dfrac{d^2y}{dx^2}=-\dfrac{4y^2+x^2}{4y^2}\times\dfrac{1}{4y} \rightarrow \dfrac{d^2y}{dx^2}=-\dfrac{1}{4y^3}\ (y\neq 0)$이 된다.

$f(x)$가 미분 가능한 일대일 함수라고 하자. $f^{-1}: f$치역 $\rightarrow f$의 정의역인 **역함수**가 정의되고 미분 가능한 함수가 된다. 역함수 f^{-1}의 도함수는 음함수 미분법을 통해 찾을 수 있다. $y=f^{-1}(x)$라고 하면, $f(y)=x$이다. 이 식에서 y를 x에 관한 함수로 간주하고 양변을 x에 관해 미분하면, $f'(y)\dfrac{dy}{dx}=1$이 되어 $\dfrac{dy}{dx}=\dfrac{1}{f'(y)}$가 된다.

정리 3.6 역함수 미분법

$f(x)$는 $f^{-1}(x)$가 정의되는 미분 가능한 일대일 함수라고 하자. 역함수 f^{-1}의 도함수는

$(f^{-1})'(x)=\dfrac{1}{f'(y)}=\dfrac{1}{\dfrac{dx}{dy}}\ (f'(y)\neq 0)$이다.

예제 3.8 역함수 미분법

함수 $y=f(x)=x^3$의 역함수의 도함수와 $(f^{-1})'(8)$의 값을 구하시오.

풀이 $y=f^{-1}(x)\Leftrightarrow f(y)=x$, $x=y^3$의 양변을 x에 관해 미분하면,

$(f^{-1})'(x)=\dfrac{1}{\dfrac{dx}{dy}}=\dfrac{1}{3y^2}$이다. $x^3=8\Leftrightarrow x=2$이므로, $f^{-1}(8)=2\Leftrightarrow f(2)=8$이다. 따라서 $(f^{-1})'(8)=\dfrac{1}{f'(2)}=\dfrac{1}{12}$이 된다.

3절의 내용은 아래와 같이 요약해 볼 수 있다.

➔ 음함수 미분법 : 음함수 $f(x,y)=0$가 주어졌을 때, y를 x에 관한 함수로 보고 양변을 x로 미분하여 $\dfrac{dy}{dx}$를 구한다.

➔ 역함수 미분법 : $f(x)$는 $f^{-1}(x)$가 정의되는 미분 가능한 일대일 함수일 때, 역함수 f^{-1}의 도함수는 $(f^{-1})'(x) = \dfrac{1}{f'(y)} = \dfrac{1}{\frac{dx}{dy}}$ $(f'(y) \neq 0)$이다.

연습문제 3.3

1. 다음 주어진 함수의 도함수를 구하시오.

   (a) $xy - x - y - 1 = 0$　　(b) $x^3 + y^3 = 3xy$　　(c) $xy = (x+y)^2$

2. $y = x^{\frac{k}{m}}$ (k는 정수, m은 양의 정수)의 도함수를 구하시오.

3. $y = f(x) = x^3 + x$의 역함수를 $y = g(x)$라 할 때, $x = 2$에서 $g(x)$ 위에서 접선의 방정식을 구하시오.

4. $x^{2/3} + y^{2/3} = 1$일 때, $\dfrac{d^2y}{dx^2}$를 구하시오.

5. 함수 $f(x)$는 미분 가능한 함수이고, 역함수가 존재한다. 그리고 $f(3) = 2$, $f'(3) = \dfrac{1}{9}$를 만족한다. 함수 $g(x) = \dfrac{1}{f^{-1}(x)}$에 대하여 $g'(2)$값을 구하시오.

6. $f(x) = 2x^3 + 3x^2 + 7x + 4$일 때, $(f^{-1})'(4)$를 구하시오.

7. $5x^2 + 5y^2 + 4xy = 7$은 회전한 타원이다. 이 타원이 x축과 만나는 점을 구하고 이 점들에서 접선들이 서로 평행함을 보이시오.

8. 음함수 미분법을 이용하여 중심이 $O = (0,0)$이고, 반지름이 $a(>0)$이 원 위의 점 $P(x_0, y_0)$에서 접선이 반지름 OP와 수직임을 설명하시오.

9. 곡선 $\sqrt{x} + \sqrt{y} = 1$일 때, 접선의 기울기가 -1이 되는 점을 모두 찾으시오.

3.4 다양한 초월함수와 그 미분법

3.4.1 지수로그함수의 미분

x가 양의 정수일 때, $x=n$(n은 양의 정수), $a^x=a^n=\underbrace{a\cdots a}_{n\text{번}}$ 이다. $x=0$일 때는, $a^0=1$이다. 또한, x가 음의 정수, 즉, $x=-n$(n은 양의 정수)일 때, $a^x=a^{-n}=\dfrac{1}{a^n}$이다. x가 유리수이면, $x=\dfrac{n}{m}$ ($m(>0)$, n은 정수)로 표현할 수 있어서, $a^x=a^{\frac{n}{m}}=\sqrt[m]{a^n}$이다. x가 무리수이면, $a^x=\lim\limits_{r\to x}a^r$ (r은 유리수)로 정의한다.

정의 3.3 지수함수(exponential function)

$a>0$, $a\neq 1$인 a에 대해서, **밑수**(base) a를 갖는 지수함수 $f:\mathbb{R}\to\mathbb{R}^+$(양의 실수)는 $f(x)=a^x$로 정의한다.

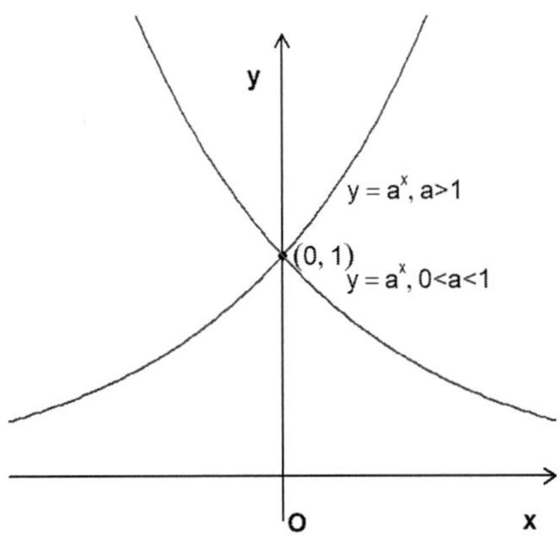

그림 3.3 $y=a^x$의 그래프

어떤 구간 I에서 임의의 실수 x_1, x_2에 대하여, $x_1<x_2$ 이면 $f(x_1)<f(x_2)$를 만족하면 함수 $f(x)$는 구간 I에서 **증가함수**(increasing function)**라 하고**, $x_1<x_2$ 이면 $f(x_1)>f(x_2)$를 만족하면 함수 $f(x)$는 구간 I에서 **감소함수**(decreasing function)라고 한다. 그리고 곡선이 어떤 직선에 점차 가까워질 때, 이 직선을 주어진 곡선의 **점근선**(asymptote)이라 한다. $\lim\limits_{x\to\infty(\text{혹은 }-\infty)}f(x)=L$이면 $y=L$은 $y=f(x)$의 **수평점근선**(horizontal asymptote)이라 하고,

$\lim_{x \to a} f(x) = \infty$ (혹은 $-\infty$)이면 $x = a$는 $y = f(x)$의 **수직점근선**(vertical asymptote)이라 한다. 여기서 a대신 a^+나 a^-도 가능하다.

지수함수 $y = a^x$는 항상 점 $(0,1)$을 지나며, x축($y = 0$)을 수평점근선으로 갖는다. 지수함수의 그래프는 $0 < a < 1$인지 $a > 1$인지에 따라 다른데, 그림 3.3에서와 같이 $a > 1$의 경우 지수함수는 증가함수이지만 $0 < a < 1$인 경우는 감소함수가 된다.

정리 3.7 지수법칙(exponential laws)

$a > 0$, $b > 0$, x, y는 실수라 하자. 아래의 성질이 만족된다.

(a) $a^x a^y = a^{x+y}$

(b) $\dfrac{a^x}{a^y} = a^{x-y}$

(c) $(a^x)^y = a^{xy}$

(d) $(ab)^x = a^x b^x$

$\lim_{x \to 0} (1+x)^{\frac{1}{x}}$의 극한값이 존재한다. 이 극한값을 무리수 $e = 2.71828\cdots$로 표기한다. 지수함수에서 특별히 $a = e$인 경우를 **자연지수함수**(natural exponential function)라 한다. $y = e^x$의 그래프는 $e > 1$이기 때문에 증가함수의 형태이다.

지수함수 $f(x) = a^x$는 $f : \mathbb{R} \to \mathbb{R}^+$의 일대일 함수이기 때문에 역함수 $f^{-1} : \mathbb{R}^+ \to \mathbb{R}$를 정의할 수 있고, $\log_a$를 이용하여 표현한다. 이 역함수를 밑수 a를 갖는 **로그함수**(logarithmic function)라 한다. $f^{-1}(x) = y \Leftrightarrow f(y) = x$의 관계로 표현하면, $\log_a x = y \Leftrightarrow a^y = x$이 된다.

정의 3.4 로그함수(logarithmic function)

$a > 0$, $a \neq 1$인 a에 대해서 밑수 a를 갖는 로그함수 $f : \mathbb{R}^+ \to \mathbb{R}$는 $f(x) = \log_a x$로 정의한다.

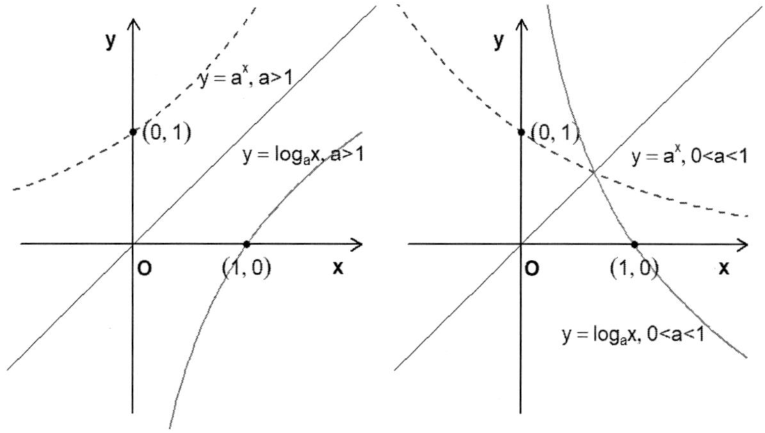

그림 3.4 $y = \log_a x$와 $y = a^x$의 그래프

로그함수 $y = \log a^x$는 항상 $(1,0)$을 지나며, y축$(x = 0)$을 수직점근선으로 갖는다. 로그함수의 그래프도 지수함수와 마찬가지로 $0 < a < 1$인지 $a > 1$인지에 따라 다른데, 그림 3.4에서와 같이 $a > 1$의 경우 로그함수는 증가함수이지만 $0 < a < 1$인 경우는 감소함수가 된다.

정리 3.8 로그법칙(laws of logarithms)

a는 $a > 0$, $a \neq 1$인 실수, x, y는 양의 실수라 하자. 아래의 성질이 성립한다.

(a) $\log_a x + \log_a y = \log_a(xy)$ (b) $\log_a x - \log_a y = \log_a(\frac{x}{y})$

(c) $\log_a(x^r) = r\log_a x$, (r은 실수) (d) $a^{\log_a x} = x$

$a = e$인 경우를 **자연로그함수**(natural logarithm function)라 한다. $y = \log_e x = \ln x$로 표기하고, $y = \ln x$의 그래프는 $e > 1$이기 때문에 증가함수의 형태이다.

정리 3.9 밑변환 공식(change of base formula)

$a > 0$, $a \neq 1$인 실수 a에 대해, $\log_a x = \dfrac{\ln x}{\ln a}$ 이다.

이제 이 지수함수와 로그함수의 도함수를 살펴보자. 로그함수의 도함수를 정의를 이용하여 구하고, 역함수의 미분을 적용하여 지수함수의 도함수를 이끌어 낼 수 있다.

$f(x)=\log_a x$라 하자. $f'(x)=\lim\limits_{h\to 0}\dfrac{\log_a(x+h)-\log_a x}{h}=\lim\limits_{h\to 0}\dfrac{1}{h}\log_a\left(1+\dfrac{h}{x}\right)$

$$=\lim_{h\to 0}\frac{1}{x}\frac{x}{h}\log_a\left(1+\frac{h}{x}\right)=\frac{1}{x}\lim_{h\to 0}\log_a\left(1+\frac{h}{x}\right)^{\frac{x}{h}}$$

$$=\frac{1}{x}\log_a\left[\lim_{h\to 0}\left(1+\frac{h}{x}\right)^{\frac{1}{(h/x)}}\right]=\frac{1}{x}\log_a e=\frac{1}{x}\frac{1}{\ln a}$$

$a=e$를 대입시키면, $\dfrac{d}{dx}(\ln x)=\dfrac{1}{x}$이다. $y=a^x \Leftrightarrow \log_a y=x$ 이므로 $\log_a y=x$의 x에 대해 음함수 미분법을 적용하면, $\dfrac{1}{y\ln a}\dfrac{dy}{dx}=1$이다. 그러므로 $\dfrac{dy}{dx}=(\ln a)a^x$가 된다. 또한, $a=e$를 대입시키면 $\dfrac{d}{dx}(e^x)=e^x$를 얻게 된다.

정리 3.10 지수함수와 로그함수의 도함수

(a) $\dfrac{d}{dx}(\log_a x)=\dfrac{1}{x\ln a}$ (b) $\dfrac{d}{dx}(\ln x)=\dfrac{1}{x}$

(c) $\dfrac{d}{dx}(a^x)=a^x(\ln a)$ (d) $\dfrac{d}{dx}(e^x)=e^x$

예제 3.9 지수함수와 로그함수의 미분

주어진 함수의 $f'(x)$를 구하시오.

(a) $f(x)=\log_2\left(\dfrac{x^4}{x^2+1}\right)$

풀이 $\left(\log_2\left(\dfrac{x^4}{x^2+1}\right)\right)'=\left(4(\log_2 x)-\log_2(x^2+1)\right)'$

$$=\frac{4}{x(\ln 2)}-\frac{2x}{(x^2+1)(\ln 2)}=\frac{2x^2+4}{(\ln 2)x(x^2+1)}.$$

(b) $f(x)=\ln|x|$

풀이 $f(x)=\begin{cases}\ln(-x), & (x<0)\\ \ln x, & (x>0)\end{cases}$이므로 $f'(x)=\begin{cases}-\dfrac{1}{(-x)}=\dfrac{1}{x}, & (x<0)\\ \dfrac{1}{x}, & (x>0)\end{cases}$이 되어 $f'(x)=\dfrac{1}{x}$

이다.

(c) $f(x)=(3x^2+2x)2^x$

풀이 $f'(x)=(6x+2)2^x+(3x^2+2x)(\ln 2)2^x$.

(d) $f(x) = 3^{x^2}$

풀이 $f'(x) = 2x(\ln 3)3^{x^2} = (2\ln 3)x3^{x^2}$.

3.4.2 삼각함수와 역삼각함수의 미분

점 $P(x,y)$가 어느 사분면에 속하는 점이냐에 따라 x, y는 양수나 음수 모두 가능하다. 그리고 반지름 $r > 0$이다. 이 때, r의 값에 관계없이 θ의 값에 따라 $\frac{y}{r}$, $\frac{x}{r}$, $\frac{y}{x}(x \neq 0)$값이 하나씩 결정된다. $\theta = \frac{\pi}{6}$, $\frac{\pi}{4}$, $\frac{\pi}{3}$의 특수각에 대한 **삼각비**는 이미 알고 있을 것이다. 이 θ를 일반각으로 확장하여 삼각비를 구한 함수가 **삼각함수**이다.

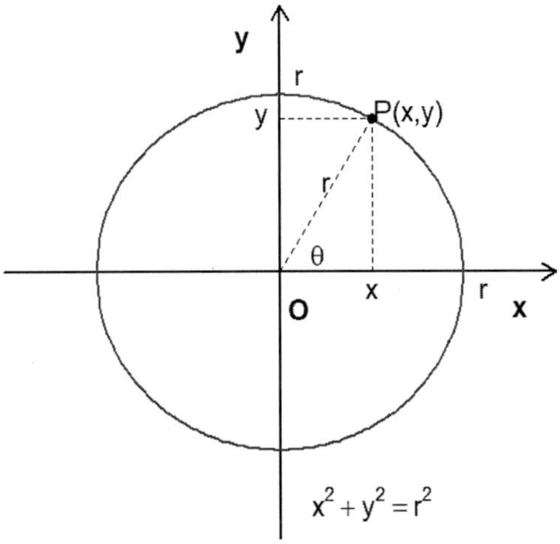

그림 3.5 원 위의 한 점 $P(x,y)$

정의 3.5 삼각함수(trigonometric function)

삼각함수는 θ에 대한 함수로 $\sin\theta = \frac{y}{r}$, $\cos\theta = \frac{x}{r}$, $\tan\theta = \frac{y}{x}\,(x \neq 0)$로 정의한다. 여기서, θ는 일반각으로 단위는 라디안이다.

각 삼각함수의 역수를 취하여 정의하는 $\csc\theta = \frac{1}{\sin\theta}$, $\sec\theta = \frac{1}{\cos\theta}$, $\cot\theta = \frac{1}{\tan\theta}$라는 함수도 있다. 그러나 우리는 삼각함수 $\sin\theta$, $\cos\theta$, 그리고 $\tan\theta$를 중점적으로 공부를 한다.

정의로부터 $\tan\theta = \dfrac{\sin\theta}{\cos\theta}$로 표현할 수도 있으며, $\sin^2\theta + \cos^2\theta = \dfrac{x^2+y^2}{r^2} = \dfrac{r^2}{r^2} = 1$이 되어, 이 식의 양변을 $\cos^2\theta$나 $\sin^2\theta$로 나누어 보면, $\tan^2\theta + 1 = \dfrac{1}{\cos^2\theta} = \sec^2\theta$, $1 + \cot^2\theta = \dfrac{1}{\sin^2\theta} = \csc^2\theta$가 만족함을 알 수 있다.

각 사분면 별로 이 세 함수의 부호는 제 1사분면에서는 모두 양수, 제 2사분면에서는 $\sin\theta$만 양수, 제 3사분면은 $\tan\theta$만 양수, 그리고 제 4사분면에는 $\cos\theta$만 양수가 나오게 된다. 함수$y = \sin\theta$와 $y = \cos\theta$의 정의역은 실수 전체 $\mathbb{R}$이고 치역은 닫힌구간 $[-1,1]$이며, 분모의 x가 0이 되면 $\tan\theta$는 정의되지 못하므로 정의역은 $\left\{\theta \in \mathbb{R} \mid \theta \neq n\pi + \dfrac{\pi}{2},\ n\text{은 정수}\right\}$이고 치역은 실수 전체 $\mathbb{R}$이다. 삼각함수의 그래프를 하나씩 익혀보기로 하자.
$y = \sin\theta$와 $y = \cos\theta$의 그래프를 먼저 알아보자.

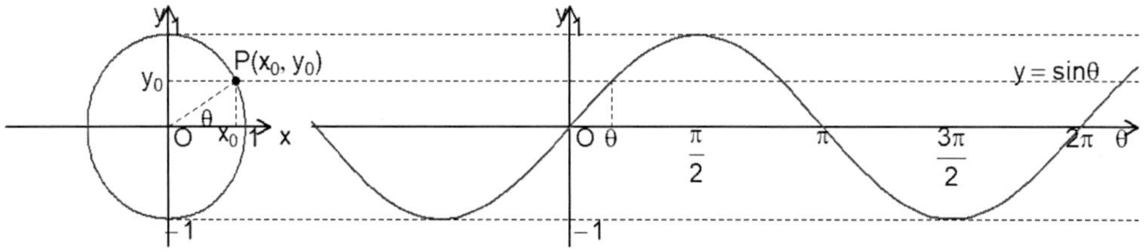

그림 3.6 $y = \sin\theta$의 그래프

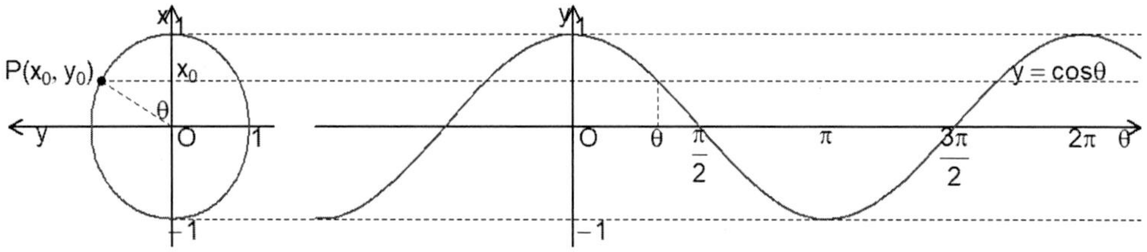

그림 3.7 $y = \cos\theta$의 그래프

단위원 상에 점 $P(x_{0,}y_0)$가 있다. $\sin\theta$의 값은 P의 y좌표에 의해 결정되고, $\cos\theta$의 값은 P의 x좌표에 의해 결정된다. $y = \cos\theta$의 그래프는 x좌표가 $y = \cos\theta$에 대응이 되도록 단위원을 90° 만큼 양의 방향으로 회전시켜서 그린다. 2π 회전시마다 위치가 같기 때문에, $y = \sin(\theta + 2\pi) = \sin\theta$, $y = \cos(\theta + 2\pi) = \cos\theta$를 만족한다. 그래서 $y = \sin\theta$, $y = \cos\theta$는 주기가 2π인 **주기함수**(periodic function)이다. $y = \sin\theta$는 원점 대칭이므로 기함수이고,

$y = \cos\theta$는 y축 대칭이므로 우함수라는 사실을 그래프를 통해 쉽게 알 수 있다.

$y = \tan\theta$에 대해 알아보자.

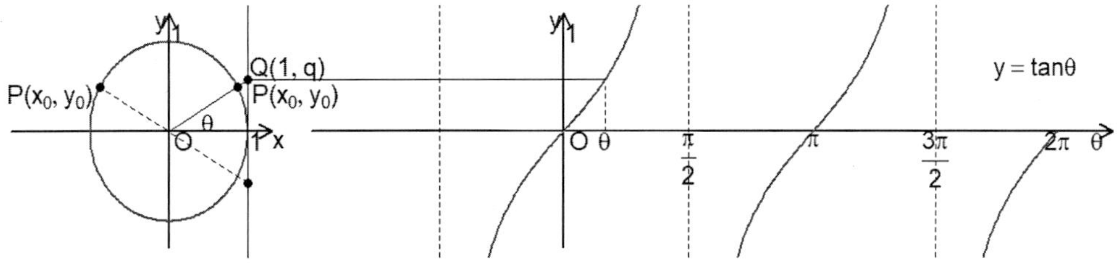

그림 3.8 $y = \tan\theta$의 그래프

단위원 상에 점 $P(x_0,y_0)$가 있고, 점 $(1,0)$에서 단위원에 접하는 접선이 $\overrightarrow{OP}$의 연장선과 만나는 점을 $Q(1,q)$라 하자. $\tan\theta = \frac{q}{1}$이므로 $\tan\theta$ 값은 점 $Q(1,q)$의 y좌표에 의해 결정된다. π 회전시마다 위치가 같기 때문에, $y = \tan(\theta+\pi) = \tan\theta$를 만족한다. 그래서 $y = \tan\theta$는 주기가 π인 주기함수이다. $y = \tan\theta$는 원점 대칭이므로 기함수이다. 또한 $\theta = n\pi + \frac{\pi}{2}$를 수직점근선으로 갖는다.

세 함수 $y = \sec\theta$, $y = \csc\theta$, $y = \cot\theta$ 역시 각각의 주기가 2π, 2π, π인 주기함수이기 때문에 한 주기만을 아래 그림에서 소개한다.

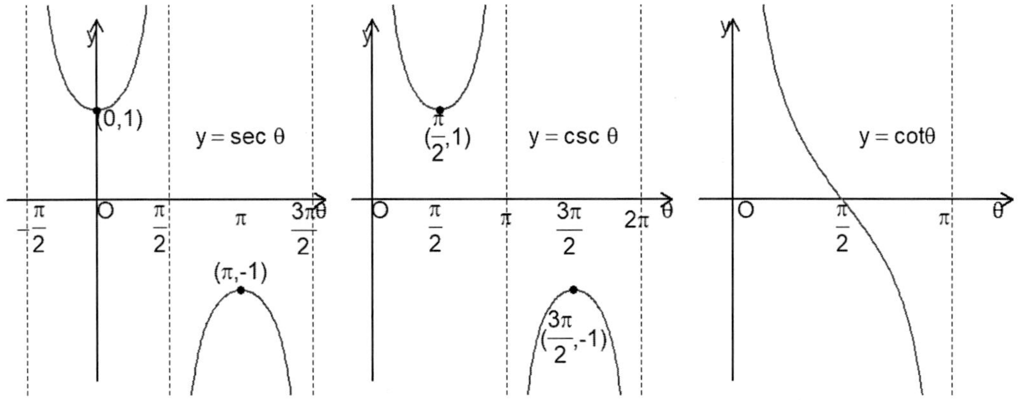

그림 3.9 $y = \sec\theta$, $y = \csc\theta$, $y = \cot\theta$의 그래프

삼각함수의 도함수를 구하기 위해서는 삼각함수의 덧셈정리가 필요하다. 아래 그림을 이용하여 이 공식에 대해 알아보자.

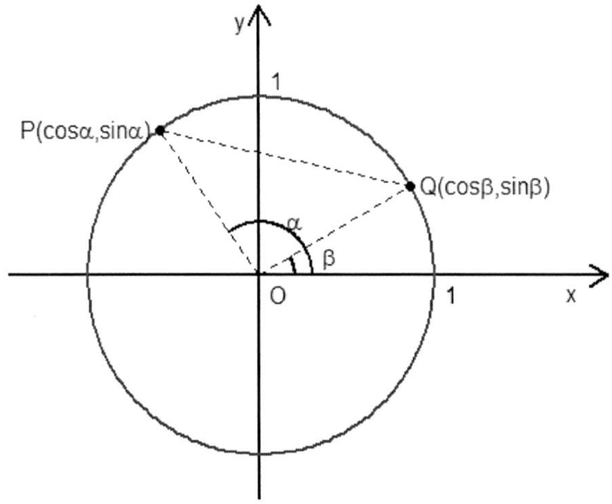

그림 3.10 $P(\cos\alpha, \sin\alpha)$와 $Q(\cos\beta, \sin\beta)$

두 점 사이의 거리의 제곱은 $\overline{PQ}^2 = (\cos\alpha - \cos\beta)^2 + (\sin\alpha - \sin\beta)^2$이고 이를 정리하면,

$$\overline{PQ}^2 = 2 - 2(\cos\alpha\cos\beta + \sin\alpha\sin\beta)$$

이다. 삼각형POQ에서 코사인 법칙을 적용하면 $\overline{PQ}^2 = 2 - 2\cos(\alpha - \beta)$가 된다. 이 둘이 같아야 하므로, $\cos(\alpha - \beta) = \cos\alpha\cos\beta + \sin\alpha\sin\beta$이다.

이 식에 β대신 $-\beta$를 대입하면, $\cos(\alpha + \beta) = \cos\alpha\cos\beta - \sin\alpha\sin\beta$이며, 이 식에 α대신 $\frac{\pi}{2} - \alpha$를 대입하면, $\sin(\alpha - \beta) = \sin\alpha\cos\beta - \cos\alpha\sin\beta$. 이 식에 β대신 $-\beta$를 대입하면, $\sin(\alpha + \beta) = \sin\alpha\cos\beta + \cos\alpha\sin\beta$를 얻을 수 있다. $\tan(\alpha \pm \beta) = \dfrac{\tan\alpha \pm \tan\beta}{1 \mp \tan\alpha\tan\beta}$의 경우는 정리 3.11의 (a), (b)를 이용해 유도할 수 있다. 이러한 결과를 **삼각함수의 덧셈정리**라 한다.

정리 3.11 삼각함수의 덧셈정리

(a) $\sin(\alpha \pm \beta) = \sin\alpha\cos\beta \pm \cos\alpha\sin\beta$

(b) $\cos(\alpha \pm \beta) = \cos\alpha\cos\beta \mp \sin\alpha\sin\beta$

(c) $\tan(\alpha \pm \beta) = \dfrac{\tan\alpha \pm \tan\beta}{1 \mp \tan\alpha\tan\beta}$

삼각함수의 덧셈정리를 이용하면 두 삼각함수의 곱을 삼각함수의 합이나 차로 다음과 같이 바꿀 수도 있다.

$$\sin\alpha\cos\beta = \frac{1}{2}[\sin(\alpha+\beta) + \sin(\alpha-\beta)],$$

$$\cos\alpha\cos\beta = \frac{1}{2}[\cos(\alpha+\beta) + \cos(\alpha-\beta)],$$

$$\sin\alpha\sin\beta = \frac{1}{2}[\cos(\alpha-\beta) - \cos(\alpha+\beta)].$$

삼각함수 덧셈정리의 특별한 경우로 **삼각함수의 배각공식**이나 **반각공식**이 있다. $\alpha = \beta$이면, $\sin 2\alpha = 2\sin\alpha\cos\alpha$, $\cos 2\alpha = \cos^2\alpha - \sin^2\alpha$이고, $\sin^2\alpha + \cos^2\alpha = 1$을 이용하여 배각공식을 정리하면, $\cos^2\alpha = \dfrac{1+\cos 2\alpha}{2}$, $\sin^2\alpha = \dfrac{1-\cos 2\alpha}{2}$의 반각공식을 얻는다.

함수에서 독립변수를 x로 쓰는 경향이 있어서 θ대신 x에 대한 함수로 표현하여 $y = \sin x$, $y = \cos x$, 그리고 $y = \tan x = \dfrac{\sin x}{\cos x}$로 사용한다. 삼각함수의 극한과 관련된 두 예제를 살펴보자.

예제 3.10 $\lim\limits_{\theta \to 0} \dfrac{\sin\theta}{\theta}$를 구하시오.

풀이 $\theta \to 0^+$의 극한을 먼저 구한다.

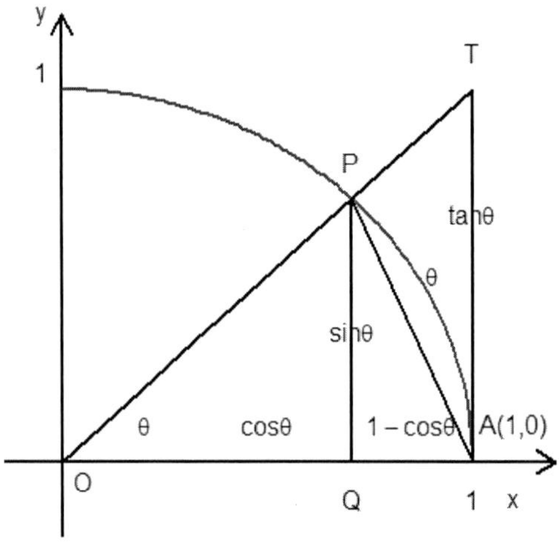

그림 3.11 $\triangle OAP$의 넓이 〈 부채꼴 OAP의 넓이 〈 $\triangle OAT$의 넓이

그림 3.11에서의 두 삼각형과 부채꼴 사이의 넓이를 이용하여 부등식을 생각한다.
$\triangle OAP$의 넓이 〈 부채꼴 OAP의 넓이 〈 $\triangle OAT$의 넓이가 성립하므로,

즉, $\frac{1}{2}\sin\theta < \frac{1}{2}\theta < \frac{1}{2}\tan\theta$ 이다. 양변을 $\frac{1}{2}\sin\theta > 0\ (0 < \theta < \frac{\pi}{2})$으로 나누고 역수를 취하면, $\cos\theta < \frac{\sin\theta}{\theta} < 1$이다. $\lim_{\theta\to 0^+}\cos\theta = 1$이므로, $\lim_{\theta\to 0^+}\frac{\sin\theta}{\theta} = 1$이 된다. $\sin\theta$, θ 모두 원점 대칭의 그래프이므로 $\lim_{\theta\to 0^+}\frac{\sin\theta}{\theta} = 1 = \lim_{\theta\to 0^-}\frac{\sin\theta}{\theta}$이 된다. 그러므로 $\lim_{\theta\to 0}\frac{\sin\theta}{\theta} = 1$이다.

예제 3.11 $\lim_{x\to 0}\frac{\cos x - 1}{x}$를 구하시오.

풀이 분자, 분모에 $(\cos x + 1)$를 곱하고, $\cos^2 x + \sin^2 x = 1$, 그리고 $\lim_{x\to 0}\frac{\sin x}{x} = 1$를 이용하면, $\lim_{x\to 0}\frac{\cos x - 1}{x} = \lim_{x\to 0}\frac{\cos^2 x - 1}{x(\cos x + 1)} = \lim_{x\to 0}\left(-\frac{\sin x}{x}\right)\left(\frac{\sin x}{\cos x + 1}\right) = 0$이다.

삼각함수의 역함수에 대해서 알아보자. 삼각함수는 일대일 함수가 아니다. 그러나 제한된 영역만을 선택하여 일대일 함수를 정의할 수 있다. 이런 경우 역함수를 정의할 수 있다.

역삼각함수의 그래프는 제한된 영역의 삼각함수의 그래프를 $y=x$에 대해 대칭시켜서 얻을 수 있다.

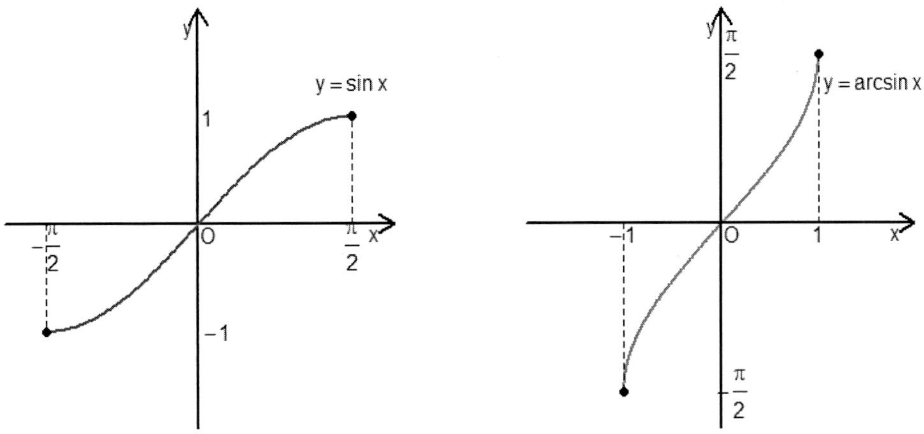

그림 3.12 $y=\sin x$와 $y=\arcsin x$의 그래프

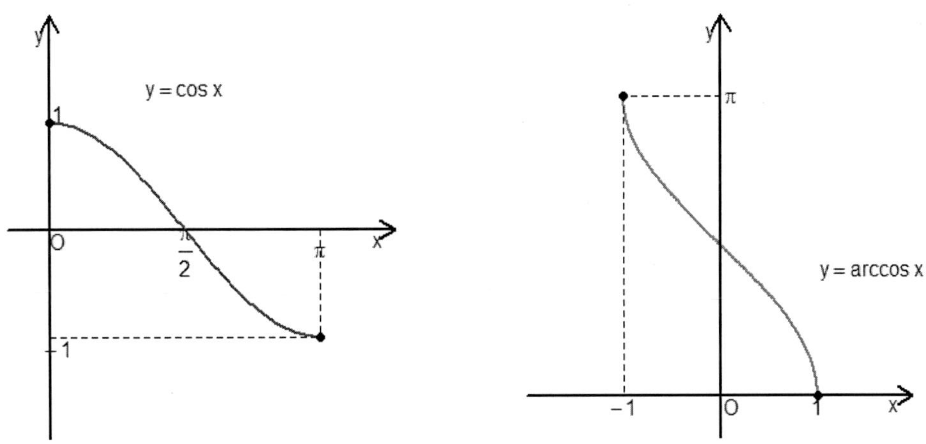

그림 3.13 $y=\cos x$와 $y=\arccos x$의 그래프

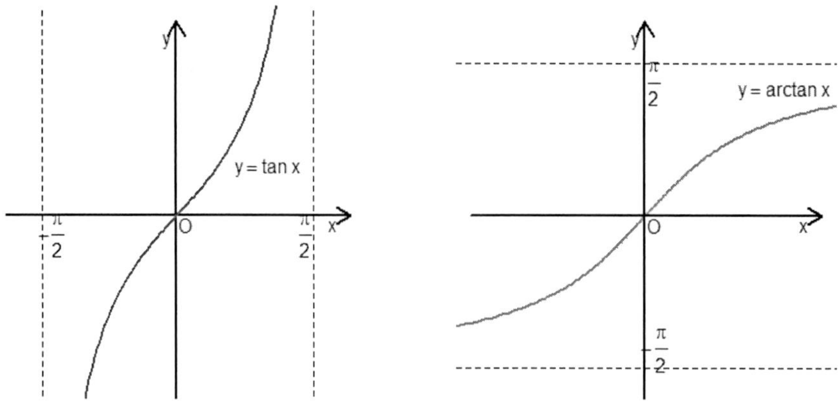

그림 3.14 $y = \tan x$와 $y = \arctan x$의 그래프

정의 3.6 역삼각함수

세 함수 $y = \sin x$, $y = \cos x$, $y = \tan x$의 역함수는 아래와 같이 정의된다.

(a) $y = \sin^{-1}x = \arcsin x \Leftrightarrow x = \sin y,\ y \in \left[-\frac{\pi}{2}, \frac{\pi}{2}\right]$

(b) $y = \cos^{-1}x = \arccos x \Leftrightarrow x = \cos y,\ y \in [0, 2\pi]$

(c) $y = \tan^{-1}x = \arctan x \Leftrightarrow x = \tan y,\ y \in (-\frac{\pi}{2}, \frac{\pi}{2})$

이제 삼각함수와 역삼각함수의 도함수를 구해보자. 먼저, $f(x) = \sin x$라 하자.

$f'(x) = \lim_{h\to 0}\frac{\sin(x+h) - \sin x}{h}$ 이에 덧셈정리를 적용하면,

$$f'(x) = \lim_{h\to 0}\frac{\sin x\cosh + \cos x\sin h - \sin x}{h} = \lim_{h\to 0}\left[\frac{\sin x(\cos h - 1)}{h} + \cos x\frac{\sin h}{h}\right]$$

$$= \sin x\lim_{h\to 0}\frac{\cosh - 1}{h} + \cos x\lim_{h\to 0}\frac{\sin h}{h} \quad \left(\lim_{h\to 0}\frac{\cosh - 1}{h} = 0,\ \lim_{h\to 0}\frac{\sin h}{h} = 1\right)$$

$$= \cos x$$

$f(x) = \cos x$라 하자. $f(x) = \cos x = \sin\left(\frac{\pi}{2} - x\right)$이므로 $\frac{d}{dx}(\sin x) = \cos x$과 연쇄법칙을 적용하면 $f'(x) = (\cos x)' = -\sin x$이 된다. $f(x) = \tan x$라 하자. $f(x) = \tan x = \frac{\sin x}{\cos x}$ 이므로 몫의 미분을 적용하면,

$$f'(x) = \left(\frac{\sin x}{\cos x}\right)' = \frac{\cos x\cos x - \sin x(-\sin x)}{\cos^2 x} = \frac{1}{\cos^2 x} = \sec^2 x$$가 된다.

$\frac{d}{dx}(\sec x)$, $\frac{d}{dx}(\csc x)$, 그리고 $\frac{d}{dx}(\cot x)$는 $\tan x$의 도함수 이끌어 내는 방법과 같이 몫의 미분 공식을 적용하면 아래와 같은 도함수를 얻을 수 있다.

정리 3.12 삼각함수의 미분

(a) $\frac{d}{dx}(\sin x) = \cos x$ (b) $\frac{d}{dx}(\cos x) = -\sin x$

(c) $\frac{d}{dx}(\tan x) = \sec^2 x$ (d) $\frac{d}{dx}(\sec x) = \sec x \tan x$

(e) $\frac{d}{dx}(\csc x) = -\csc x \cot x$ (f) $\frac{d}{dx}(\cot x) = -\csc^2 x$

정리 3.13 역삼각함수의 미분

(a) $\frac{d}{dx}(\sin^{-1}x) = \frac{1}{\sqrt{1-x^2}}$ $(-1 < x < 1)$

(b) $\frac{d}{dx}(\cos^{-1}x) = -\frac{1}{\sqrt{1-x^2}}$ $(-1 < x < 1)$

(c) $\frac{d}{dx}(\tan^{-1}x) = \frac{1}{1+x^2}$

$y = \sin^{-1}x \Leftrightarrow x = \sin y$, $y \in \left(\frac{-\pi}{2}, \frac{\pi}{2}\right)$이다. $x = \sin y$를 x에 대해 음함수 미분을 하자.

$\cos y \frac{dy}{dx} = 1$이므로 $\frac{dy}{dx} = \frac{1}{\cos y}$이 된다. $y \in \left(\frac{-\pi}{2}, \frac{\pi}{2}\right)$에서 $\cos y > 0$이므로,

$\cos y = \sqrt{1-\sin^2 y} = \sqrt{1-x^2}$이 되어 $\frac{dy}{dx} = \frac{1}{\cos y} = \frac{1}{\sqrt{1-x^2}}$이 된다.

$y = \cos^{-1}x$, $y = \tan^{-1}x$의 도함수도 같은 방법으로 유도할 수 있다. 이것은 각자의 몫으로 남긴다.

4절의 내용은 아래와 같이 요약해 볼 수 있다.

➔ $(e^x)' = e^x$, $(a^x)' = a^x \ln a$, $(\ln x)' = \frac{1}{x}$, $(\log_a x)' = \frac{1}{x \ln a}$.

➔ $(\sin x)' = \cos x$, $(\cos x)' = -\sin x$, $(\tan x)' = \sec^2 x$, $(\sec x)' = \sec x \tan x$, $(\csc x)' = -\csc x \cot x$, $(\cot x)' = -\csc^2 x$.

➔ $(\sin^{-1}x)' = \dfrac{1}{\sqrt{1-x^2}}$, $(\cos^{-1}x)' = -\dfrac{1}{\sqrt{1-x^2}}$, $(\tan^{-1}x)' = \dfrac{1}{1+x^2}$.

연습문제 3.4

1. 다음 함수의 도함수를 구하시오.

(a) $f(x) = 2^{x\sqrt{x}}$

(b) $g(x) = \ln(e^x + e^{-x})$

(c) $h(x) = \tan^{-1}\left(\dfrac{1}{x}\right)$

(d) $y = x^x$

(e) $y = \dfrac{(2x-1)^{10}}{(3x+2)^8}$

(f) $y = \ln(\sec x + \tan x)$

2. $\sin(\tan^{-1}x)$를 간단히 하시오.

3. 함수 $f(x) = \lim\limits_{t \to x} \dfrac{\cos t - \cos x}{t - x}$일 때, $f'(0)$을 구하시오.

4. $x \in \mathbb{R}$, $f(x) = \cos^{-1}(\sin x)$의 도함수 $f'(x)$를 구하시오.

5. $f(x) = \cos(\sin(\tan x))$의 도함수 $f'(x)$를 구하시오.

6. 함수 $f(x) = \ln|1 - 2x - 3x^2|$일 때, $f'(x)$를 구하시오.

7. 함수 $f(x) = \log_3(e^{-x}\cos(\pi x))$일 때, $f'(x)$를 구하시오.

8. $\cos(x+y) = y^2 \sin x$일 때, 점$(\frac{\pi}{2}, 0)$에서 접선의 기울기를 구하시오.

9. $f(x) = \dfrac{e^x}{1+2e^x}$ 일 때, $(f^{-1})'(\frac{1}{3})$을 구하시오.

10. 선형근사를 이용하여 $\sin(3^\circ)$의 근삿값을 구하시오.

11. $x \neq n\pi$, (n은 정수), $f(x) = |\cos x|$일 때, $f'(x)$를 구하시오.

3.5 미분의 활용

3.5.1 그래프 개형과 최적화문제

이윤을 최대화하거나 시간이나 거리를 최소화하는 등의 다양한 문제에서 원하는 최댓값, 최솟값을 구하기 위해 수학적인 최적화 문제로 바꾸는 방법이 필요하다. 이러한 방법에서 미분은 중요한 역할을 한다. 아래에 소개된 몇 가지 정의와 정리를 통해 이론적인 준비를 하고 문제를 직접 풀어 보도록 하자.

정의 3.7

(a) c근방에 속하는 모든 x에 대해, $f(c) \geq f(x)$이면 $f(c)$는 **극댓값**(local maximum)이라 한다.
(b) c근방에 속하는 모든 x에 대해, $f(c) \leq f(x)$이면 $f(c)$는 **극솟값**(local minimum)이라 한다.
(c) f의 정의역에 속하는 모든 x에 대해, $f(c) \geq f(x)$이면 $f(c)$는 **최댓값**(absolute maximum)이라 한다.
(d) f의 정의역에 속하는 모든 x에 대해, $f(c) \leq f(x)$이면 $f(c)$는 **최솟값**(absolute minimum)이라 한다.

정리 3.14 페르마 정리(Fermat's Theorem)
함수 $f(x)$가 $x = c$에서 미분 가능이고 극댓값(혹은 극솟값)을 가지면 $f'(c) = 0$이다.

$y = f(x)$가 주어졌을 때, $f'(c) = 0$이거나 $f'(c)$가 존재하지 않는 f의 정의역에 속하는 c를 **임계수**(critical number)라 한다.

정리 3.15 c가 연속인 함수 $y=f(x)$의 임계수라고 하자.
(a) c에서 f'의 부호가 양수에서 음수로 바뀌면 f는 c에서 극댓값이다.
(b) c에서 f'의 부호가 음수에서 양수로 바뀌면 f는 c에서 극솟값이다.
(c) c에서 f'의 부호가 바뀌지 않으면 f는 c에서 극댓값도 극솟값도 아니다.

정리 3.16 최대 · 최소 정리
닫힌구간 $[a,b]$에서 $y=f(x)$가 연속이면, $f(\alpha)$가 최댓값, $f(\beta)$가 최솟값이 되는 α, β가 $[a,b]$ 안에 존재한다.

최적화 문제의 경우 주어진 문제를 이해한 후 적당한 변수를 설정하고 이러한 변수들의 관계를 수학적 함수로 표현한다. 닫힌구간에서 함수가 연속이면 최대 · 최소 정리에 의해 최댓값과 최솟값이 있으므로, 각 임계수에서의 함숫값과 양 끝점에서의 함숫값을 비교하여 최댓값과 최솟값을 구해볼 수 있다. 문제에 따라서는 함수의 정의역이 열린구간으로 설정되기도 한다. 임계수가 하나 나타나는 경우라면 아래와 같은 결과를 이용해서 풀어 볼 수 있다.

정리 3.17 어떤 구간 I에서 연속인 함수 f의 유일한 임계수 c가 있다고 하자.
(a) $x<c$인 모든 x에 대하여 $f'(x)>0$이고 $x>c$인 모든 x에 대하여 $f'(x)<0$이면, $f(c)$는 f의 최댓값이다.
(b) $x<c$인 모든 x에 대하여 $f'(x)<0$이고 $x>c$인 모든 x에 대하여 $f'(x)>0$이면, $f(c)$는 f의 최솟값이다.

예제 3.12 A지점에서 B지점까지 드론으로 물건을 배송하려고 한다. A와 B지점 사이에는 폭이 2km인 빌딩 밀집 지역이 있다. A와 정반대 지점을 C라 하자. C로부터 아래로 10 km 떨어진 지점이 B이다. A에서 B와 C사이의 어떤 지점 D까지는 빌딩 밀집구간을 지나고, D부터 B까지는 직선 경로를 따라 배송한다. 드론이 빌딩 밀집구간을 지날 때에는 3 km/h의 속력으로, 빌딩 밀집구간이 끝난 직선 경로에서는 별다른 장애물이 없어서 5 km/h의 속력으로 날아간다고 하자. 가능한 빨리 B지점에 도달하기 위한 D의 위치는 어디인가?

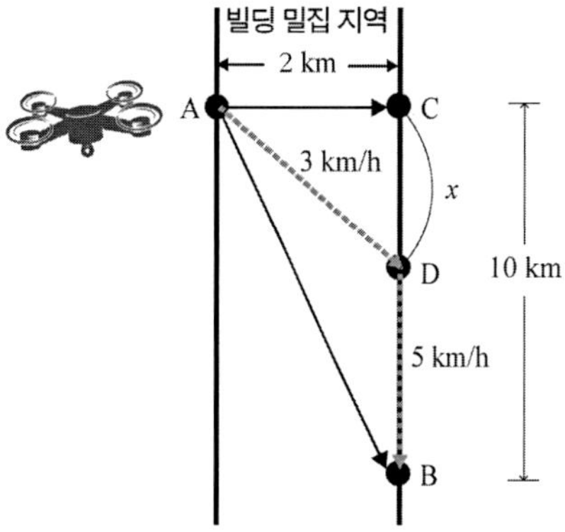

그림 3.15

풀이 x를 C에서 D까지의 거리라 하자. 속력은 거리/시간이다. A에서 B지점까지 도달하는데 걸리는 전체시간은

$$f(x)=\frac{\sqrt{x^2+4}}{3}+\frac{10-x}{5},\ x\in[0,10]$$

이다.

$f'(x)=\dfrac{x}{3\sqrt{x^2+4}}-\dfrac{1}{5}$이므로 임계수는 $x=\dfrac{3}{2}$이다. 최솟값은 $x=\dfrac{3}{2}$나 양 끝점에서 나타날 수 있다.

$f\left(\dfrac{3}{2}\right)=\dfrac{38}{15}$, $f(0)=\dfrac{8}{3}$, $f(10)=\dfrac{\sqrt{104}}{3}$이므로 C로부터 1.5km아래 지점을 D로 해야 한다.

일계 도함수의 부호를 이용하여 어떤 구간 I에서 $f'(x)>0$이면 $y=f(x)$는 이 구간 I에서 증가이고, $f'(x)<0$이면 $y=f(x)$는 이 구간에서 감소임을 알 수 있다. 또한, 이계도함수의 부호를 이용하면 그래프의 **볼록성**도 파악할 수가 있다. 구간 I에서 함수 $y=f(x)$의 그래프가 모든 접선보다 위에 놓여 있으면 $y=f(x)$는 구간 I에서 **아래로 볼록**(convex downward), 구간 I에서 함수 $y=f(x)$의 그래프가 모든 접선 아래에 놓여 있으면 **위로 볼록**(convex upward)이라 한다. 아래로 볼록을 다른 말로 **위로 오목**(concave upward), 위로 볼록은 다른 말로 **아래로 오목**(concave downward)이라고 한다. $y=f(x)$의 그래프와 접선 사이의 관계성으로 보면, 볼록성보다는 **오목성**으로 정의하는게 자연스러워 보인다. 즉, 위로 오목이라는 것은 그래프가 접선보다 '위'에 있다는 뜻이고, 아래로 오목이라는 것은 그래프가 접선보다 '아래'에 있다는 뜻이다.

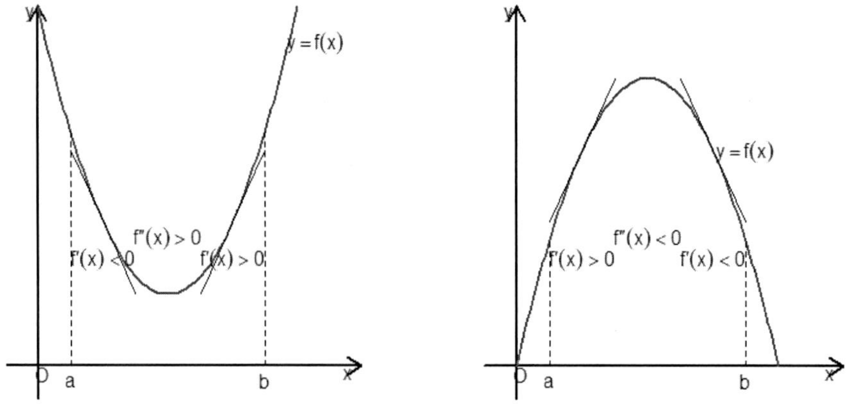

그림 3.16 극점 주변에서의 접선의 기울기의 변화

$f''(x)$는 $f'(x)$의 도함수로 구간 $I=(a,b)$에서 $f''(x)>0$이면 $f'(x)$는 증가함수이다. 따라서 $y=f(x)$는 아래로 볼록한 함수를 나타낸다. 구간 I에서 $f''(x)<0$이면 $f'(x)$는 감소함수이다. 따라서 $y=f(x)$는 위로 볼록한 함수를 나타내게 된다. $y=f(x)$가 점$(a,f(a))$에서 연속이고, 그 점$(a,f(a))$을 기준으로 볼록성이 바뀌면 이 점을 **변곡점**(inflection point)라고 한다.

$y=f(x)$에 대해서 정의역과 치역, 절편, 대칭성과 주기성, 점근선, 증가/감소, 위로 볼록/아래로 볼록, 극댓값, 극솟값, 변곡점 등의 정보를 모두 종합하면 $y=f(x)$의 그래프 개형을 그려낼 수 있다. 예를 들어, $f(x)=xe^x$의 그래프는 정의역은 실수 전체이고 $(0,0)$을 지난다. 그리고, $\lim_{x\to\infty} xe^x=\infty$, $\lim_{x\to-\infty} xe^x=\lim_{x\to-\infty}\frac{x}{e^{-x}}=\lim_{x\to-\infty}\frac{1}{-e^{-x}}=0$이므로 $y=0$은 수평점근선이다.

$$f'(x)=e^x(1+x)$$

$x<-1$이면 $f'(x)$가 음수이고, $x>-1$이면 $f'(x)$가 양수이다.

$$f''(x)=e^x(x+2)$$

$x<-2$이면 $f''(x)<0$가 음수이고, $x>-2$이면 $f''(x)>0$가 양수이다. 이러한 정보를 모두 취합하여 그래프를 그려보면 아래와 같다.

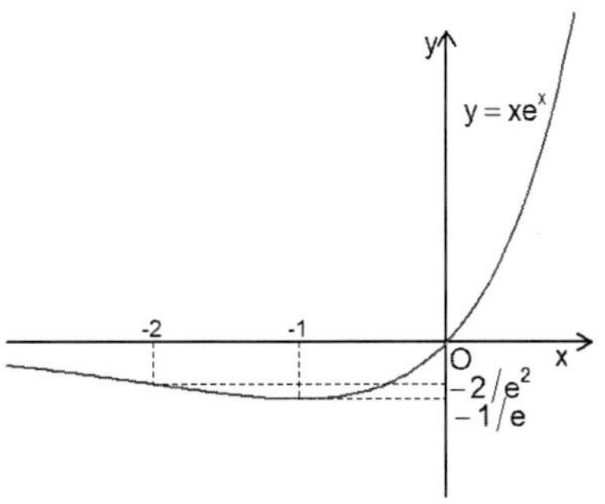

그림 3.17 $y = xe^x$의 그래프

3.5.2 부정형과 로피탈의 정리

앞 절에서 기하학적인 접근을 통해 예제에서 $\lim_{x \to 0} \frac{\sin x}{x}$ 의 극한이 1이 됨을 학습했다. 이 절에서는 미분을 이용한 로피탈의 정리를 통해 극한을 보다 쉽게 계산하는 방법을 알아보고자 한다.

$\lim_{x \to 0} \frac{\sin x}{x}$의 극한을 계산할 때 분모의 극한이 0이 되기 때문에 극한을 분자와 분모로 나누어 계산하는 방법을 사용할 수는 없다. x가 a로 접근할 때, $f(x)$는 $0(\infty$ 혹은 $-\infty)$으로 가고, $g(x)$도 $0(\infty$ 혹은 $-\infty)$으로 가는 경우에 $\lim_{x \to a} \frac{f(x)}{g(x)}$의 극한은 존재할 수도 있고, 존재하지 않을 수도 있다. 이런 형태의 극한을 $0/0$ (∞/∞) 부정형(indeterminate form)이라고 한다. $0/0$의 부정형에서 분자와 분모를 바꾸면서 역수를 취한 형태는 $\frac{1}{0}/\frac{1}{0}$, 다시말해 ∞/∞ 를 의미하게 된다. 이러한 $0/0$ 혹은 ∞/∞부정형의 경우에 적용 가능한 **로피탈의 정리**를 알아보자.

정리 3. 18 로피탈의 정리(L'Hospital's rule)
a를 포함하는 열린구간(a는 제외 가능)에서 두 함수 $f(x)$, $g(x)$는 미분 가능하고, $g'(x) \neq 0$이라고 하자. 그리고 $\lim_{x \to a} f(x) = \lim_{x \to a} g(x) = 0$ (혹은 $\pm\infty$) 이다.

$\lim_{x \to a} \frac{f'(x)}{g'(x)}$의 극한이 존재한다면, $\lim_{x \to a} \frac{f(x)}{g(x)} = \lim_{x \to a} \frac{f'(x)}{g'(x)}$이다.

로피탈의 정리는 $x \to a$ 대신 $x \to a^+$, $x \to a^-$, $x \to \infty$, $x \to -\infty$의 경우에도 적용이 가능하다. 만약 f', g'이 연속, $g'(a) \neq 0$, 그리고 $f(a) = 0 = g(a)$라는 조건까지 만족한다면,

$$\lim_{x \to a}\frac{f'(x)}{g'(x)} = \frac{f'(a)}{g'(a)} = \frac{\lim\limits_{x \to a}\dfrac{f(x)-f(a)}{x-a}}{\lim\limits_{x \to a}\dfrac{g(x)-g(a)}{x-a}} = \lim_{x \to a}\frac{\dfrac{f(x)-f(a)}{x-a}}{\dfrac{g(x)-g(a)}{x-a}} = \lim_{x \to a}\frac{f(x)-f(a)}{g(x)-g(a)} = \lim_{x \to a}\frac{f(x)}{g(x)}$$

로 쉽게 보일 수 있으나, 그렇지 않은 경우는 증명이 좀 더 까다롭다. 우리는 증명보다는 로피탈의 정리를 이해하고 문제에 적용시키는데 집중하여 학습하도록 한다.

예제 3.13 다음 극한을 구하시오.

(a) $\lim\limits_{x \to 0}\dfrac{\sin x}{x}$

풀이 0/0의 부정형으로 로피탈의 정리 조건을 모두 만족 한다. 로피탈의 정리를 적용시키면, $\lim\limits_{x \to 0}\dfrac{\sin x}{x} = \lim\limits_{x \to 0}\dfrac{\cos x}{1} = 1$이 된다.

(b) $\lim\limits_{x \to \infty}\dfrac{2021x + \sin x}{x}$

풀이 ∞/∞의 부정형이지만 이 경우는 로피탈의 정리를 적용시킬 수 없다. $\lim\limits_{x \to a}\dfrac{f'(x)}{g'(x)}$의 극한이 존재하지 않기 때문이다. 이 경우는 형태를

$$\lim_{x \to \infty}\frac{2021x + \sin x}{x} = \lim_{x \to \infty}\left(2021 + \frac{\sin x}{x}\right)$$

로 먼저 정리한다. 그리고, $-\dfrac{1}{x} < \dfrac{\sin x}{x} < \dfrac{1}{x}$ $(x > 0)$이기 때문에 조임정리(squeeze theorem)에 의해 $\lim\limits_{x \to \infty}\dfrac{\sin x}{x} = 0$이 된다. 그러므로

$$\lim_{x \to \infty}\frac{2021x + \sin x}{x} = \lim_{x \to \infty}\left(2021 + \frac{\sin x}{x}\right) = 2021$$

이 됨을 보일 수 있다. 0/0 혹은 ∞/∞의 형태라고 해서 무조건 로피탈의 정리를 적용해선 안 된다.

(c) $\lim\limits_{x \to \infty}\dfrac{e^{3x}}{x^4}$

풀이 ∞/∞ 부정형이고, 로피탈의 정리 조건을 모두 만족한다. 로피탈의 정리를 적용하면,

$\lim_{x\to\infty}\frac{e^{3x}}{x^4}=\lim_{x\to\infty}\frac{3e^{3x}}{4x^3}$이 되어 다시 ∞/∞부정형이고, 로피탈의 정리를 적용시킬 수 있다. 따라서

$$\lim_{x\to\infty}\frac{e^{3x}}{x^4}=\lim_{x\to\infty}\frac{3e^{3x}}{4x^3}=\lim_{x\to\infty}\frac{9e^{3x}}{12x^2}=\lim_{x\to\infty}\frac{27e^{3x}}{24x}=\lim_{x\to\infty}\frac{81e^{3x}}{24}=\infty$$

이다. 필요하다면 로피탈의 정리를 반복하여 사용이 가능하다. 물론, 이런 경우 반복 적용하여 극한을 구하기 쉬운 형태로 바꿀 수 있어야 로피탈의 정리를 반복 사용하는 것이 의미가 있을 것이다.

부정형에는 0/0 혹은 ∞/∞의 형태 말고도 $0\cdot\infty$, $\infty-\infty$, 0^0, ∞^0, 그리고 1^∞등의 부정형들이 있다. 이러한 형태의 경우는 0/0 혹은 ∞/∞ 부정형은 아니라서 직접 로피탈 정리를 적용시킬 수는 없다. 로피탈의 정리를 적용시킬 수 있도록 0/0 혹은 ∞/∞ 형태로 바꾸거나, 기존에 잘 알려진 극한을 적용시킬 수 있는 형태로 바꾸어서 풀 수 있다. 각각의 경우에 대해 예제를 통해 알아보자.

예제 3.14 아래 주어진 극한을 구하시오.

(a) $\lim_{x\to\infty}xe^{-x}$

풀이 $0\cdot\infty$부정형이다. 이런 경우는 두 함수 중 하나를 분모로 내리면서 역수를 취하게 되면 $\frac{\infty}{1/0}=\infty/\infty$ 혹은 $\frac{0}{1/\infty}=0/0$로 바꿀 수 있다. 로피탈의 정리 조건이 만족함을 확인한 후 적용하면, $\lim_{x\to\infty}xe^{-x}=\lim_{x\to\infty}\frac{x}{e^x}=\lim_{x\to\infty}\frac{1}{e^x}=0$임을 알 수 있다.

(b) $\lim_{x\to 2^+}\{\ln(x^2-4)-\ln(x^3-8)\}$

풀이 $\infty-\infty$부정형이다. 이런 경우는 차이를 나누기 형태가 되도록 모양을 바꾼다. $\lim_{x\to 2^+}\{\ln(x^2-4)-\ln(x^3-8)\}=\lim_{x\to 2^+}\ln\frac{x^2-4}{x^3-8}=\ln\left(\lim_{x\to 2^+}\frac{x^2-4}{x^3-8}\right)$, 괄호 안쪽에서 로피탈의 정리를 적용하면, $\ln\left(\lim_{x\to 2^+}\frac{x^2-4}{x^3-8}\right)=\ln\left(\lim_{x\to 2^+}\frac{2x}{3x^2}\right)=-\ln 3$이 된다.

(c) $\lim_{x\to 0^+}x^{\sqrt{x}}$

풀이 0^0의 부정형이다. 이 경우뿐만 아니라 ∞^0, 1^∞의 부정형은 자연로그함수를 이용하여

좀 더 다루기 쉬운 형태로 바꿀 수 있다. $y=x^{\sqrt{x}}$이라 하자. 양변에 ln을 취해주면 $\ln y = \sqrt{x}\ln x$가 된다. $\lim_{x\to 0^+}\ln y = \lim_{x\to 0^+}\sqrt{x}\ln x$는 $0\cdot\infty$ 부정형이 된다. $\sqrt{x}$를 분모로 내려 보내면서 역수를 취하자. 따라서, $\lim_{x\to 0^+}\ln y = \lim_{x\to 0^+}\sqrt{x}\ln x = \lim_{x\to 0^+}\frac{\ln x}{1/\sqrt{x}}$로 이는 ∞/∞ 부정형이다. 이에 로피탈의 정리를 적용하면, 준식$=\lim_{x\to 0^+}(-2)\sqrt{x}=0$이다.

그러므로 $y=e^{\ln y}$를 이용하면, $\lim_{x\to 0^+}x^{\sqrt{x}} = \lim_{x\to 0^+}e^{\sqrt{x}\ln x} = e^0 = 1$이 된다.

5절의 내용은 아래와 같이 요약해 볼 수 있다.

➔ 페르마의 정리 : 함수 f가 $x=c$에서 극값을 가지면, $x=c$는 함수 f의 임계수이다.

➔ 연속인 함수 f가 임계수 $x=c$를 기점으로 f'의 부호가 바뀌면, 함수 f는 $x=c$에서 극댓값이나 극솟값을 갖는다.

➔ 함수 f가 닫힌 구간 $[a,b]$에서 연속이면, 구간 내에서 최댓값과 최솟값이 존재하며, 최대나 최소는 양 끝 $f(a)$, $f(b)$, 또는 임계수에서의 함숫값 중에서 나타난다.

➔ 함수 f가 구간 내에서 $f''>0$이면 위로 오목(아래로 볼록), $f''<0$이면 아래로 오목(위로 볼록)이고, $f'(c)=0$인 임계수에서 $f''(c)>0$이면 함수 f는 $x=c$에서 극소를, $f''(c)<0$이면 $x=c$에서 극대를 갖는다.

➔ 로피탈의 정리 : a를 포함하는 열린구간(a는 제외 가능)에서 두 함수 $f(x)$, $g(x)$는 미분가능하며, $g'(x)\neq 0$이고, $\lim_{x\to a}f(x)=\lim_{x\to a}g(x)=0$ (혹은 $\pm\infty$) 일 때, $\lim_{x\to a}\frac{f'(x)}{g'(x)}$의 극한이 존재한다면, $\lim_{x\to a}\frac{f(x)}{g(x)}=\lim_{x\to a}\frac{f'(x)}{g'(x)}$이 성립한다.

연습문제 3.5

1. 드론 A가 정오(12:00)에 본사(H)를 떠나서 정남쪽으로 5km/h의 속력으로 이동한다. 그리고 드론 B는 정오에 출발하여 정동쪽으로 10km/h의 속력으로 이동하여 오후 1시에 본사에 도착을 한다. 두 드론이 가장 가까워지는 시간은 언제인가?

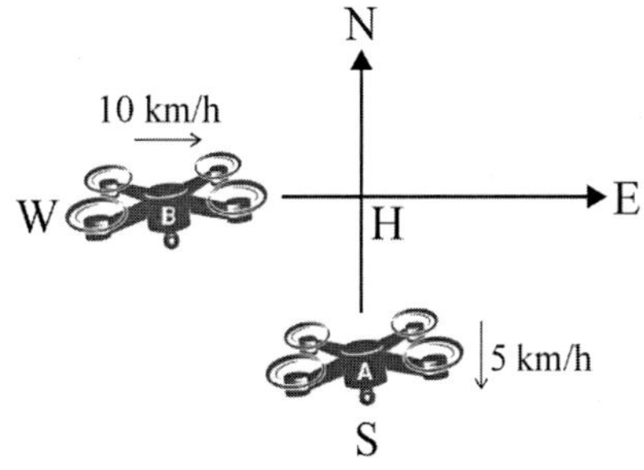

그림 3.18

2. 다음 극한을 구하시오.

(a) $\lim\limits_{x\to 0}\dfrac{\tan x}{x}$ (b) $\lim\limits_{x\to\infty}\dfrac{2x^2-x}{3x^2+1}$

(c) $\lim\limits_{x\to 0^+}\dfrac{e^{-\frac{1}{x}}}{x}$ (d) $\lim\limits_{x\to 0}\sin 3x\cot 2x$

(e) $\lim\limits_{x\to 0}\csc x-\cot x$ (f) $\lim\limits_{x\to 0^+}x^x$

3. (평균값 정리) 함수 $f(x)$가 닫힌 구간 $[a,b]$에서 연속이고 열린 구간 (a,b)에서 미분 가능하면, 열린 구간 (a,b)안에 적당한 c가 존재하여, $f'(c)=\dfrac{f(b)-f(a)}{b-a}$ 또는 $f(b)=f(a)+f'(c)(b-a)$를 만족한다. 오후 1시 온도가 섭씨 32도이고, 과거 오늘 같은 날의 온도 변화량이 시간당 1도에서 1.5도라는 자료로부터 오후 3시 온도의 범위에 대해 논하시오.

4. 함수 $f(x)=4x^{\frac{1}{3}}+x^{\frac{4}{3}}$의 임계수, 극대, 극소, 증감, 변곡점, 오목성에 대해 조사하시오.

5. $x=c$가 함수 $f(x)$의 임계수이다. $f'(x)<0$ $(x<c)$이고 $f'(x)>0$ $(x>c)$이면 $f(c)$는 극솟값이 되는가?

6. 함수 f의 도함수 $f'(x)$의 그래프가 아래와 같다. 다음 물음에 답하시오.

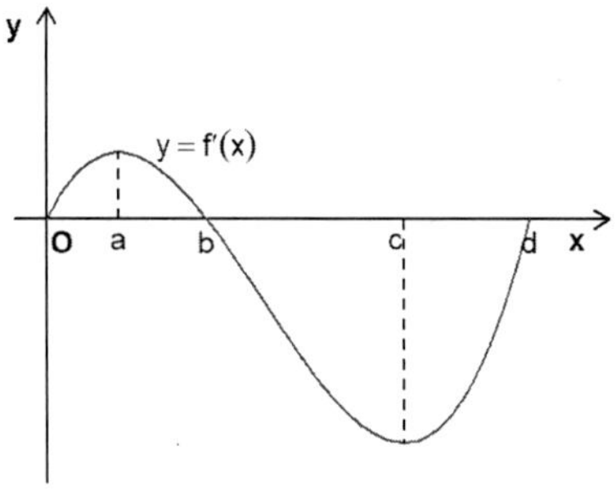

그림 3.19

(a) 함수 f가 증가하는 구간과 감소하는 구간은 어디인가?
(b) 함수 f가 위로 볼록인 구간과 아래로 볼록인 구간은 어디인가?
(c) 함수 f의 변곡점이 있는가? 있다면 변곡점은 무엇인가?
(d) 함수 f의 극댓값과 극솟값이 있는가? 있다면 무엇인가?

7. 함수 $f(x) = \frac{1}{\sqrt{2\pi}} e^{-\frac{x^2}{2}}$의 그래프 개형을 그려보시오.

8. $\lim_{h \to 0} \frac{\sin^{-1}\left(\frac{1}{2} + h\right) - \frac{\pi}{6}}{h}$의 값을 구하시오.

9. 방정식 $2\sin x = 3 - 3x$가 정확히 하나의 실근을 갖는다는 것을 보이시오.

10. 두 대의 드론 A, B가 동일한 시간에 배송을 시작하여 동일한 시간에 배송완료를 하였다. 두 드론이 배송하는 동안 어떤 시간 t에서 동일한 속력이었음을 설명하시오. (힌트 : 평균값 정리나 롤의 정리(Rolle's Theorem)를 이용하시오.)

○ 제 4 장 ○ 적분

4.1 부정적분(Indefinite Integrals)

두 함수 $f(x)=g(x)$이면, $f'(x)=g'(x)$이다. 반대로, 두 함수의 도함수가 같으면 이 두 함수는 같을 것인가? 라는 질문에 대해서 답을 생각해보자. 어떤 구간 $I=(a,b)$에서 $f'(x)=0$이면 평균값 정리를 이용하여 $f(x)$가 이 구간에서 상수함수라는 것을 알 수 있다. 이를 이용하면, 어떤 구간 $I=(a,b)$에서 $f'(x)=g'(x)$이면, $f'(x)-g'(x)=0$이 되어 이 구간 $I=(a,b)$에서 $f(x)-g(x)=C$(상수)가 된다. 다시 말해, 두 함수의 도함수가 같으면 이 두 함수는 상수만큼 다르다는 말이 된다. 지금까지 $f(x)$로부터 $f'(x)$를 찾는데 관심을 두었다면, 이제는 화두를 넘겨서 $f'(x)$로부터 $f(x)$를 알아보도록 하자.

$F'(x)=f(x)$를 만족하는 $F(x)$를 함수 $f(x)$의 한 **원시함수**(antiderivative 혹은 **역도함수**)라 한다. 예를 들어, $\frac{1}{2}x^2$나 $\frac{1}{2}x^2+1$을 미분하면 x가 나온다. 이때, $\frac{1}{2}x^2$나 $\frac{1}{2}x^2+1$는 둘 다 $f(x)$의 원시함수라 한다. 뿐만아니라 $\frac{1}{2}x^2+C$(상수)의 형태는 모두 미분해서 x가 나오므로, $\frac{1}{2}x^2+C$(상수)의 형태는 모두 $f(x)$의 원시함수라 할 수 있다. 이러한 성질을 정리하여 **부정적분**의 정의를 적어보자.

정의 4.1 부정적분(indefinite integral)
함수 $f(x)$에 대해, $F'(x)=f(x)$를 만족하는 한 원시함수 $F(x)$가 있다. 그러면, $f(x)$의 **부정적분**(indefinite integral)은 $\int f(x)dx=F(x)+C$ 이다. 이때, C를 **적분상수**(integration constant), $f(x)$를 **피적분함수**(integrand)라고 한다.

미분을 공부하면서 미분이 선형 성질을 만족한다는 것을 배웠다. 적분은 미분의 역과정으로 미분과 비슷하게 선형 성질을 만족한다.

정리 4.1 부정적분의 성질

두 함수 $f(x)$, $g(x)$가 있고, a는 상수라 하자. 그러면 다음과 같은 성질이 만족한다.

(a) $\int af(x)dx = a\int f(x)dx$

(b) $\int [f(x) \pm g(x)]dx = \int f(x)dx \pm \int g(x)dx$

부정적분은 도함수의 역연산에 해당되므로 미분 공식으로부터 다음과 같은 기본 적분 공식을 알 수 있다.

$$\int x^n dx = \frac{x^{n+1}}{n+1} + C,\ n \neq -1 \text{인 실수}$$

$$\int \frac{1}{x} dx = \ln|x| + C$$

$$\int e^x dx = e^x + C$$

$$\int a^x dx = \frac{a^x}{\ln a} + C$$

$$\int \sin x dx = -\cos x + C$$

$$\int \cos x dx = \sin x + C$$

$$\int \sec^2 x dx = \tan x + C$$

$$\int \csc^2 x dx = -\cot x + C$$

$$\int \sec x \tan x dx = \sec x + C$$

$$\int \csc x \cot x dx = -\csc x + C$$

$$\int \tan x dx = \ln|\sec x| + C$$

$$\int \cot x dx = \ln|\sin x| + C$$

$$\int \frac{1}{x^2+a^2}dx = \frac{1}{a}\tan^{-1}\left(\frac{x}{a}\right) + C, \ (a>0)$$

$$\int \frac{1}{\sqrt{a^2-x^2}}dx = \sin^{-1}\left(\frac{x}{a}\right) + C, \ (a>0)$$

마지막 네 개의 식은 치환적분에서 다루도록 한다.

예제 4.1 부정적분

(a) $\int 2\cos x + \frac{1}{x} + \sqrt{x}\,dx$를 계산하시오.

풀이 $\int 2\cos x + \frac{1}{x} + \sqrt{x}\,dx = 2\sin x + \ln x + \frac{2}{3}x^{\frac{3}{2}} + C$

(b) $f'(x) = 2^x + \frac{1}{1+x^2}$이고 $f(0)=0$인 함수 $f(x)$를 찾으시오.

풀이 $f(x) = \frac{1}{\ln 2}2^x + \tan^{-1}x + C$이고, $f(0) = \frac{1}{\ln 2} + C = 0$이므로 $C = -\frac{1}{\ln 2}$이다. 그러므로 $f(x) = \frac{1}{\ln 2}2^x + \tan^{-1}x - \frac{1}{\ln 2}$이다.

(c) $\int \tan^2 x + 1dx$를 계산하시오.

풀이 $\int \tan^2 x + 1dx = \int \sec^2 x dx = \tan x + C$

1절의 내용은 아래와 같이 요약해 볼 수 있다.

➔ $F'(x) = f(x)$를 만족할 때, $\int f(x)dx = F(x) + C$인 원시함수 $F(x)$를 찾는 것을 부정적분이라 한다.

➔ $\int af(x) + bg(x)dx = a\int f(x)dx + b\int g(x)dx$.

연습문제 4.1

1. 다음 부정적분을 구하시오.

(a) $\int \frac{4}{x^2+9}dx$ (b) $\int \frac{4x}{x^2+9}dx$ (c) $\int \frac{4x^2}{x^2+9}dx$

(d) $\int \tan^2 x dx$ (e) $\int \frac{x-2}{x}dx$

(f) $\int \left(x^2+2^x-\frac{1}{x^2}\right)dx$

2. 시간 t에서의 가속도 함수 $a(t)$가 $a(t)=\sqrt{t}$이고, 초기 속도 v_0가 $v_0=0$, 초기 위치 x_0가 $x_0=1$을 만족할 때, 위치 함수 $x(t)$를 구하시오.

3. 다음 부정적분을 구하시오.

(a) $\int \sec x dx$

(b) $\int \csc x dx$

4. 함수 f는 도함수가 $f'(x)=1+\frac{1}{\sqrt{x}}$이고, 직선 $y=\frac{3}{2}x+4$가 한 점$(a, f(a))$에서의 접선이 될 때, 함수 f를 구하시오.

5. 함수 f는 $(\frac{\pi}{2},1)$를 지나고, $(x,f(x))$에서의 접선의 기울기는 $\sin x+\cos x$이다. $f(\pi)$의 값을 구하시오.

6. 드론에서 배송할 물건을 낙하산이 있는 금속용기에 담아 낙하시켜서 배송을 하려고 한다. 낙하산이 펴지지 않을 경우 이 금속용기는 50m/s 의 충격속도를 견디도록 제작되었다. 만약 지면으로부터 100m 위에서 낙하시켰을 때 낙하산이 펴지지 않았다면 이 금속용기가 깨질 것인가? 단, 중력가속도는 10m/s^2이라고 가정하자.

4.2 치환적분(integration by substitution)

기본 적분 공식을 적용시켜서 부정적분을 구할 수 있는 경우는 한정적이다. 좀 더 복잡한 피적분함수의 부정적분을 얻기 위해서는 몇 가지 적분을 쉽게 하는 방법을 알아 둘 필요가 있다. F는 $F' = f$를 만족하는 함수라 하자. 합성함수의 미분은 연쇄법칙에 의해,

$$\frac{d}{dx}F(g(x)) = F'(g(x))g'(x) = f(g(x))g'(x)$$

이므로,

$$\int f(g(x))g'(x)dx = F(g(x)) + C$$

가 된다.

$u = g(x)$로 치환하면,

$$\int f(g(x))g'(x)dx = F(g(x)) + C = F(u) + C = \int F'(u)du = \int f(u)du$$

가 된다.

정리 4.2 치환적분(integration by substitution)

$u = g(x)$는 미분 가능한 함수이고, f가 연속인 함수이면 다음이 성립한다.

$$\int f(g(x))g'(x)dx = \int f(u)du$$

다양한 예제를 통해 치환적분을 익혀보자.

예제 4.2 치환적분(integration by substitution)

아래 주어진 부정적분을 치환적분을 통해 구하시오.

(a) $\displaystyle\int \frac{1}{x\ln x}dx$

풀이 $u = \ln x$, $du = \frac{1}{x}dx$이므로, $\displaystyle\int \frac{1}{x\ln x}dx = \int \frac{1}{u}du = \ln|u| + C = \ln|\ln x| + C$가 된다.

(a) 같은 유형은 아래의 공식으로 정리해볼 수 있다.

$u = f(x)$, $du = f'(x)dx$이므로 $\displaystyle\int \frac{f'(x)}{f(x)}dx = \int \frac{1}{u}du = \ln|u| + C = \ln|f(x)| + C$이다.

(b) $\int \tan x dx$

풀이 $u = \cos x$, $du = -\sin x dx$이므로,

$$\int \tan x dx = \int \frac{\sin x}{\cos x} dx = \int -\frac{1}{u} du = \ln|\sec x| + C$$

(c) $\int \frac{1}{x^2 + a^2} dx = \frac{1}{a} \tan^{-1}\left(\frac{x}{a}\right) + C,\ (a > 0)$

풀이 $u = \frac{x}{a}$, $du = \frac{1}{a} dx$이므로,

$$\int \frac{1}{x^2 + a^2} dx = \int \frac{1}{a^2} \frac{1}{1 + \left(\frac{x}{a}\right)^2} dx = \frac{1}{a} \int \frac{1}{1 + u^2} du$$

$$= \frac{1}{a} \tan^{-1} u + C = \frac{1}{a} \tan^{-1}\left(\frac{x}{a}\right) + C$$

이다. 기본 적분 공식에서

$$\int \cot x dx = \ln|\sin x| + C,$$

$$\int \frac{1}{\sqrt{a^2 - x^2}} dx = \sin^{-1}\left(\frac{x}{a}\right) + C,\ (a > 0)$$

는 (b), (c)와 같은 방법으로 구할 수 있으므로 각자에게 맡기도록 한다.

(d) $\int \sin^3 x dx$

풀이 $u = \cos x$, $du = -\sin x dx$이므로,

$$\int \sin^3 x dx = \int \sin^2 x \sin x dx = \int (1 - \cos^2 x) \sin x dx$$

$$= \int (u^2 - 1) du = \frac{1}{3} u^3 - u + C = \frac{1}{3} \cos^3 x - \cos x + C$$

이다.

2절의 내용은 아래와 같이 요약해 볼 수 있다.

➔ 치환적분 : $\int f(g(x)) g'(x) dx = \int f(u) du$

연습문제 4.2

1. 다음 적분을 구하시오.

(a) $\int \frac{x+1}{x^2+2x+2}dx$ (b) $\int \frac{e^{\frac{1}{x}}}{x^2}dx$

(c) $\int \sec^2 x \tan^3 dx$ (d) $\int \frac{x+2}{\sqrt{4-x^2}}dx$

2. 치환적분을 이용해서, $\int \frac{x}{x^2+9}dx$ 를 구하시오.

3. 반각공식 $\cos^2 x = \frac{1+\cos 2x}{2}$ 를 이용해서, $\int \cos^4 x dx$ 를 구하시오.

4. (삼각치환) $x = 3\sin\theta\,(-\frac{\pi}{2} < \theta < \frac{\pi}{2}, \theta \neq 0)$의 치환을 이용하여 $\int \frac{dx}{x^2\sqrt{9-x^2}}$ 를 구하시오.

5. $u = \sqrt{x}$ 의 치환을 이용하여 $\int \frac{\sqrt{x}}{x-9}dx$를 구하시오.

6. $\int \tan^5 x \sec^4 x dx$를 구하시오.

7. $\int \frac{\ln x}{x}dx$를 구하시오.

8. $\int \frac{x-4}{(x^2+3)^2}dx$를 계산하시오.

9. $\int \frac{\sin x}{\sqrt{1+\cos^2 x}}dx$를 계산하시오.

10. $\int \sin^3 x \cos^2 x dx$를 구하시오.

4.3 부분적분(integration by parts)

치환적분이 합성함수 미분을 이용한 적분이라면, 이제는 곱의 미분을 활용한 적분인 **부분적분**(integration by parts)을 알아보자.

미분 가능한 함수 $f(x)$, $g(x)$의 곱에 대한 미분은

$$[f(x)g(x)]' = f'(x)g(x) + f(x)g'(x)$$

이다. 양변을 적분하면 $f(x)g(x) = \int f'(x)g(x)dx + \int f(x)g'(x)dx$이 된다. 우변의 첫 번째 항을 좌변으로 넘기면, $f(x)g(x) - \int f'(x)g(x)dx = \int f(x)g'(x)dx$이다. 이를 정리하면 아래와 같다.

정리 4.3 부분적분(integration by parts)
미분 가능한 함수 $f(x)$, $g(x)$에 대하여, 다음과 같은 식이 성립한다.

$$\int f(x)g'(x)dx = f(x)g(x) - \int f'(x)g(x)dx$$

$u = f(x)$, $v = g'(x)$라 하면, $\int uv'dx = uv - \int u'vdx$로 보다 간단한 형태로 적어 볼 수 있다. 보통은 두 함수 중 적분이 보다 어려운 함수를 $u = f(x)$로 두고 푸는 것이 쉽다.

다양한 예제를 통해 부분적분을 습득해 보자.

예제 4.3 부분적분(integration by parts)
아래 주어진 부정적분을 부분적분을 통해 구해보자.

(a) $\int \ln x dx$

풀이 $u = \ln x$, $v' = 1$로 놓자. $u' = \frac{1}{x}$, $v = x$가 된다.

$\int \ln x dx = x \ln x - \int 1 dx = x \ln x - x + C$를 얻을 수 있다.

(b) $\int e^x \cos x dx$

풀이 $u=e^x$, $v'=\cos x$라 놓자. $u'=e^x$, $v=\sin x$가 된다.

$I=\int e^x \cos x dx = e^x \sin x - \int e^x \sin x dx$. 우변의 두 번째 항에 부분적분을 적용하기 위해 $u=e^x$, $v'=\sin x$, $u'=e^x$, $v=-\cos x$로 놓자.

$$\begin{aligned} I &= e^x \sin x - \int e^x \sin x dx = e^x \sin x - \left[-e^x \cos x + \int e^x \cos x dx\right] \\ &= e^x \sin x + e^x \cos x - I \end{aligned}$$

$2I=e^x \sin x + e^x \cos x$이므로 $I=\frac{1}{2}(e^x \sin x + e^x \cos x)+C$가 된다.

이렇게 필요한 경우 부분적분은 여러 번 반복하여 적용이 가능하다.

(c) $\int \cos(3x)\cos x dx$

풀이 $u=\cos(3x)$, $v'=\cos x$라 놓자. $u'=-3\sin(3x)$, $v=\sin x$가 된다.

$I=\int \cos(3x)\cos x dx = \cos(3x)\sin x + 3\int \sin(3x)\sin x dx$

다시금 $u=\sin(3x)$, $v'=\sin x$라 두면, $u'=3\cos(3x)$, $v=-\cos x$이므로 우변의 두 번째 항에 부분적분을 다시 적용하면,

$$\begin{aligned} &I=\cos(3x)\sin x + 3\left[-\sin(3x)\cos x + 3\int \cos(3x)\cos x dx\right] \\ &\Rightarrow I=\cos(3x)\sin x - 3\sin(3x)\cos x + 9I \\ &\Rightarrow I=-\frac{1}{8}\cos(3x)\sin x + \frac{3}{8}\sin(3x)\cos x + C \end{aligned}$$

이 된다.

이 문제는 이렇게 부분적분을 두 번 적용해서 구할 수도 있지만 삼각함수의 덧셈 정리 중 곱을 합과 차로 바꾸는 공식을 이용하면,

$$\begin{aligned} \int \cos(3x)\cos x dx &= \frac{1}{2}\int \cos(4x)+\cos(2x)dx \\ &= \frac{1}{2}\left[\frac{1}{4}\sin(4x)+\frac{1}{2}\sin(2x)\right]+C \\ &= \frac{1}{8}\sin(4x)+\frac{1}{4}\sin(2x)+C \end{aligned}$$

로 더 쉽게 부정적분을 구할 수 있다. 실제로, 부분적분을 통해 구한 부정적분 $I=-\frac{1}{8}\cos(3x)\sin x + \frac{3}{8}\sin(3x)\cos x + C$ 역시 삼각함수의 덧셈정리 공식을 적용하면

$I = \frac{1}{8}\sin(4x) + \frac{1}{4}\sin(2x) + C$와 같다는 것을 알 수 있다. 문제에 따라서 적분은 여러 가지 방법으로 풀 수도 있다.

3절의 내용은 아래와 같이 요약해 볼 수 있다.

➔ 부분적분 : $\int f(x)g'(x)dx = f(x)g(x) - \int f'(x)g(x)dx$

연습문제 4.3

1. 다음 적분을 구하시오.

(a) $\int x\sin x dx$　　　(b) $\int x\ln x dx$

(c) $\int x^2 e^x dx$　　　(d) $\int \sec^3 x dx$

2. 부분적분법을 이용하여, $\int e^{ax}\sin bx dx = \frac{e^{ax}}{a^2+b^2}(a\sin bx - b\cos bx) + C$임을 보이시오.

3. $\int \sin 3x \cos 2x dx$를 구하시오.

4. $\int \tan^{-1} x dx$를 구하시오.

5. $\int \frac{xe^x}{(1+x)^2} dx$를 구하시오.

6. $\int \tan^{-1}\left(\frac{1}{x}\right) dx$를 구하시오.

7. $\int \frac{\ln x}{\sqrt{x}} dx$를 구하시오.

8. $\int x \csc x \cot x dx$를 구하시오.

9. $\int \cos^n x dx = \frac{1}{n} \cos^{n-1} x \sin x + \frac{n-1}{n} \int \cos^{n-2} x dx$임을 설명하시오.

10. $\int x^3 \sin x dx$를 구하시오.

4.4 정적분(definite integral)

4.4.1 정적분

닫힌구간 $[a,b]$에서 연속인 함수 $y=f(x)$가 있다. 닫힌구간 $[a,b]$를 균등하게 $\triangle x = \frac{b-a}{n}$의 길이를 갖는 n개의 소구간으로 **분할**하자. 각 등분점은 $x_0 = a$, $x_1 = a + \Delta x$, ... , $x_i = a + i\Delta x$, ... , $x_n = b$가 된다. 각 소구간 $[x_{i-1}, x_i]$에서 **표본점**(sample point) x_i^*을 임의로 뽑자. 각 소구간에서 밑변을 Δx, 높이를 $f(x_i^*)$로 하는 직사각형을 생각해 볼 수 있다. $f(x_i^*)$에 따라 이 직사각형의 넓이는 0보다 크거나 같을 수도 있고 음수(높이 $f(x_i^*)$가 음수일 때)가 될 수도 있다. n개의 직사각형의 넓이의 합 $R_n = \sum_{i=1}^{n} f(x_i^*)\Delta x$을 **리만합**(Riemann sum)이라 한다. 각 구간에서 표본점을 어떻게 선택하느냐에 따라 $\sum_{i=1}^{n} f(x_i^*)\Delta x$는 달라질 수 있다.

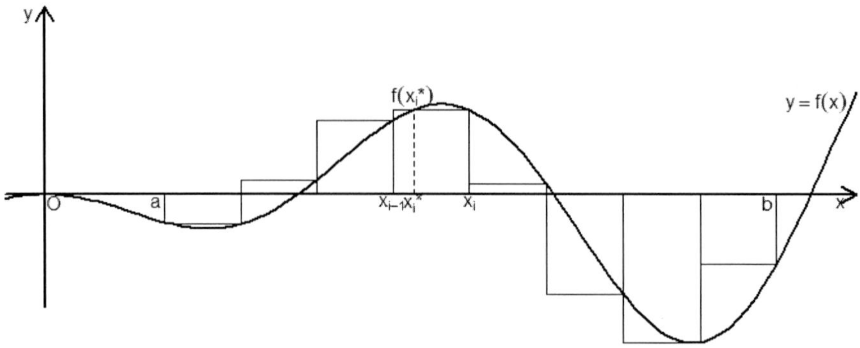

그림 4.1 $y = f(x)$와 구간 $[a,b]$의 분할

그러나 등분의 수 n을 무한히 하면 표본점의 선택을 어떻게 했느냐에 상관없이 극한은 일정한 값으로 나온다(이는 $f(x)$가 연속 함수이기 때문에 가능하다). 이 극한으로 $f(x)$의 a에서 b까지 **정적분**(definite integral)을 정의한다. 표본점을 각 소구간에서 오른쪽 끝점으로 잡든, 왼쪽 끝점으로 잡든 아니면 중점으로 잡든 표본점의 선택 방법에 상관없이 극한이 같은 값으로 나오므로 우리는 편의상 표본점을 각 소구간에서 오른쪽 끝점 $x_i^* = a + \frac{i(b-a)}{n}$으로 잡기로 하자.

정의 4.2 정적분(definite integral)
함수 $y = f(x)$가 닫힌구간$[a,b]$에서 연속일 때 함수 $f(x)$의 a에서 b까지 정적분은 아래와 같이 정의한다. $(a < b)$

$$\int_a^b f(x)dx = \lim_{n \to \infty} \sum_{i=1}^{n} f(x_i^*)\Delta x,$$

여기서 $x_i^* = a + \frac{i(b-a)}{n}$이고, $\Delta x = \frac{(b-a)}{n}$이다.

특별히 $y = f(x) \geq 0$인 경우 $\int_a^b f(x)dx$는 닫힌구간 $[a,b]$에서 x축과 곡선 $y = f(x)$사이의 넓이(area)를 의미한다. 또한, 모든 $x \in [a,b]$에 대하여 $f(x) \geq g(x)$이면, 닫힌구간 $[a,b]$에서 두 곡선 $y = f(x)$와 $y = g(x)$ 사이의 넓이는 $\int_a^b f(x) - g(x)dx$통해 얻을 수 있다.

예제 4.4 정적분(definite integral)

닫힌구간 $[1,3]$에서 함수 $y=x^2$에 대하여 아래 물음에 답하시오.

(a) $n=4$로 하고, 표본점을 중점 $x_i^*=\dfrac{x_{i-1}+x_i}{2}$으로 하여, 리만합 R_4를 구하시오.

풀이 $\Delta x=\dfrac{1}{2}$, $x_1^*=\dfrac{5}{4}$, $x_2^*=\dfrac{7}{4}$, $x_3^*=\dfrac{9}{4}$, $x_4^*=\dfrac{11}{4}$이므로,

$$R_4=\frac{1}{2}\left[\left(\frac{5}{4}\right)^2+\left(\frac{7}{4}\right)^2+\left(\frac{9}{4}\right)^2+\left(\frac{11}{4}\right)^2\right]=\frac{69}{8}$$

이다.

(b) $n=4$로 하고, 표본점을 오른쪽 끝점 $x_i^*=1+i\Delta x$으로 하여, 리만합 R_4를 구하시오.

풀이 $\Delta x=\dfrac{1}{2}$, $x_1^*=\dfrac{3}{2}$, $x_2^*=2$, $x_3^*=\dfrac{5}{2}$, $x_4^*=3$이므로,

$$R_4=\frac{1}{2}\left[\left(\frac{3}{2}\right)^2+(2)^2+\left(\frac{5}{2}\right)^2+(3)^2\right]=\frac{43}{4}$$

이다.

(c) 닫힌구간 $[1,3]$에서 함수 $y=x^2$와 x축 사이의 넓이를 정적분의 정의를 이용하여 구하시오.

풀이 닫힌구간 $[1,3]$에서 함수 $y=x^2$는 연속함수이다. 닫힌구간 $[1,3]$을 n개로 균등분할을 하면 $\Delta x=\dfrac{2}{n}$이고, $x_i^*=1+\dfrac{2i}{n}$이다. 리만합 R_n은

$$R_n=\sum_{i=1}^{n}f(x_i^*)\Delta x=\sum_{i=1}^{n}\left(1+\frac{2i}{n}\right)^2\frac{2}{n}$$
$$=\sum_{i=1}^{n}\left(1+\frac{4i}{n}+\frac{4i^2}{n^2}\right)\frac{2}{n}=\frac{2n}{n}+\frac{8}{n^2}\sum_{i=1}^{n}i+\frac{8}{n^3}\sum_{i=1}^{n}i^2$$

이다. 따라서 넓이는

$$A=\int_1^3 x^2dx=\lim_{n\to\infty}\left(2+\frac{8}{n^2}\frac{n(n+1)}{2}+\frac{8}{n^3}\frac{n(n+1)(2n+1)}{6}\right)=2+4+\frac{8}{3}=\frac{26}{3}$$

이다.

정리 4.4 정적분(definite integral)의 성질

두 함수 $f(x)$와 $g(x)$는 닫힌구간 $[a,b]$에서 연속이고, k와 c는 상수이다. $(a<b)$

(a) $\int_a^a f(x)dx = 0$

(b) $\int_a^b kf(x)dx = k\int_a^b f(x)dx$

(c) $\int_a^b f(x) \pm g(x)dx = \int_a^b f(x)dx \pm \int_a^b g(x)dx$

(d) $\int_a^b f(x)dx = -\int_b^a f(x)dx$

(e) $\int_a^b kdx = k(b-a)$

(f) $\int_a^b f(x)dx = \int_a^c f(x)dx + \int_c^b f(x)dx$, $(a<c<b)$

(g) 모든 $x \in [a,b]$에 대하여 $f(x) \geq 0$이면, $\int_a^b f(x)dx \geq 0$이다.

(h) 모든 $x \in [a,b]$에 대하여 $f(x) \geq g(x)$이면, $\int_a^b f(x)dx \geq \int_a^b g(x)dx$이다.

(i) 모든 $x \in [a,b]$에 대하여 $m \leq f(x) \leq M$이면, $m(b-a) \leq \int_a^b f(x)dx \leq M(b-a)$

이다.

예제 4.5 정적분(definite integral)의 성질

정리 4.4의 (i)를 이용하여 $\int_0^2 e^{-x^2}dx$의 근삿값을 추정하시오.

풀이 닫힌구간 $[0,2]$에서 $\frac{1}{e^4} \leq e^{-x^2} \leq 1$이므로, $\frac{2}{e^4} \leq \int_0^2 e^{-x^2}dx \leq 2$ 이다.

4.4.2 미적분학의 기본정리

리만합에 극한을 취하여 정적분의 정의를 했지만, 이 정의가 실제로 계산하기에 편한 방법은 아니다. 미적분학의 기본 정리는 이러한 계산의 불편함을 줄여주는 중요한 정리이다.

정리 4.5 미적분학의 기본 정리(fundamental theorem of calculus)

함수 $y = f(x)$는 닫힌구간 $[a,b]$에서 연속인 함수이다. $F(x)$는 $f(x)$의 한 원시함수로 $F'(x) = f(x)$인 함수이다.

(a) $g(x) = \int_a^x f(t)dt$, $(a \leq x \leq b)$로 정의한 함수 $g(x)$는 미분 가능하고, $a < x < b$에 대하여 $g'(x) = f(x)$ 이다.

(b) $\int_a^b f(x)dx = F(b) - F(a)$

증명 (a) x, $x+h \in (a,b)$라 하자. $(h \neq 0)$ 편의상 $h > 0$로 가정하자. 그러면,

$$\frac{1}{h}(g(x+h) - g(x)) = \frac{1}{h}\left(\int_a^{x+h} f(t)dt - \int_a^x f(t)dt\right) = \frac{1}{h}\int_x^{x+h} f(t)dt$$

이다.

$f(x)$는 $[x, x+h]$에서 연속이므로 구간 안에서 최댓값 M과 최솟값 m을 가지므로, $f(u) = M$, $f(v) = m$이 되는 u, v가 구간 $[x, x+h]$ 안에 존재한다. 그러므로

$$f(v)h = mh \leq \int_x^{x+h} f(t)dt \leq Mh = f(u)h$$

이 되고,

$$f(v) \leq \frac{1}{h}\int_x^{x+h} f(t)dt \leq f(u)$$

이 만족한다. $h \to 0$이면 u, $v \to x$가 되어,

$$g'(x) = \lim_{h \to 0}\frac{1}{h}(g(x+h) - g(x)) = f(x)$$

이 성립한다.

(b) $g(x) = \int_a^x f(t)dt$라 하자. (a)에 의해 $g'(x) = f(x)$이므로 $g(x)$는 $f(x)$의 한 원시함수이다. $F(x)$도 $f(x)$의 원시함수이므로, $F(x) = g(x) + C$이다.

$$F(b) - F(a) = g(b) + C - (g(a) + C) = \int_a^b f(t)dt - \int_a^a f(t)dt = \int_a^b f(t)dt$$

이다.

그러므로 $\int_a^b f(x)dx = F(b) - F(a)$이 성립한다.

〈참고〉 치환적분에 의한 정적분은 f가 닫힌구간 $[g(a),g(b)]$에서 연속이고, $u=g'(x)$가 닫힌구간 $[a,b]$에서 연속이면, $\int_a^b f(g(x))g'(x)dx = \int_{g(a)}^{g(b)} f(u)du$로 구할 수 있다. 또한, 부분적분에 의한 정적분은 $f(x)$, $g(x)$가 미분 가능하고, $f'(x)$, $g'(x)$이 연속이면, $\int_a^b f'(x)g(x)dx = f(x)g(x)\Big|_a^b - \int_a^b f(x)g'(x)dx$로 구할 수 있다.

예제 4.6 미적분학의 기본 정리

(a) 닫힌구간 $[1,3]$에서 함수 $y=x^2$와 x축 사이의 넓이를 미적분학의 기본 정리를 이용하여 구하시오.

풀이 넓이 $A=\int_1^3 x^2dx = \left(\frac{1}{3}x^3\right)\Big|_1^3 = \frac{26}{3}$이다.

(b) $\int_0^\pi x\sin x dx$를 계산하시오.

풀이 $u=x$, $v'=\sin x$, $u'=1$, $v=-\cos x$이라 하면,

$$\int_0^\pi x\sin x dx = (-x\cos x)\Big|_0^\pi + \int_0^\pi \cos x dx = \pi + (\sin x)\Big|_0^\pi = \pi$$

이다.

(c) $\int_0^1 \frac{e^x}{e^x+1}dx$를 계산하시오.

풀이 $u=e^x$, $du=e^xdx$이므로,

$$\int_0^1 \frac{e^x}{e^x+1}dx = \int_1^e \frac{1}{u+1}du = (\ln(u+1))\Big|_1^e = \ln(e+1)-\ln 2$$

이다.

(d) $\frac{d}{dx}\left(\int_{2x}^{x^3}\sqrt{t^3+2t+3}\,dt\right)$를 구하시오.

풀이 $F(x)$는 $F'=f$인 함수라고 하자.

$$\frac{d}{dx}\left(\int_{2x}^{x^3}\sqrt{t^3+2t+3}\,dt\right) = \frac{d}{dx}(F(x^3)-F(2x)) = F'(x^3)3x^2 - F'(2x)2$$

$$= 3x^2 f(x^3) - 2f(2x)$$
$$= 3x^2\sqrt{x^9 + 2x^3 + 3} - 2\sqrt{8x^3 + 4x + 3}$$

이 된다.

(e) $\int_{-1}^{1} \frac{2x}{1+x^2} dx$를 구하시오.

풀이

$$\int_{-1}^{1} \frac{2x}{1+x^2} dx = \int_{-1}^{0} \frac{2x}{1+x^2} dx + \int_{0}^{1} \frac{2x}{1+x^2} dx = (\ln(1+x^2))\Big|_{-1}^{0} + (\ln(1+x^2))\Big|_{0}^{1}$$
$$= -\ln 2 + \ln 2 = 0$$

이다. 이렇게 직접 계산을 할 수도 있지만 적분구간이 대칭이고, 피적분함수가 기함수이기 때문에 $\int_{-1}^{0} \frac{2x}{1+x^2} dx$, $\int_{0}^{1} \frac{2x}{1+x^2} dx$의 값이 부호 차이만 난다. 그래서 적분결과가 0이 나온다는 것을 설명할 수도 있다.

예제 4.7 두 곡선 사이의 넓이

닫힌구간 $[-1,1]$에서 $y = e^x$와 $y = e^{-x}$ 사이의 넓이를 구하시오.

풀이 두 곡선 사이의 넓이 A는

$$A = \int_{-1}^{0} e^{-x} - e^x dx + \int_{0}^{1} e^x - e^{-x} dx = (-e^{-x} - e^x)\Big|_{-1}^{0} + (e^x + e^{-x})\Big|_{0}^{1}$$
$$= \left(-1 - 1 + e + \frac{1}{e}\right) + \left(e + \frac{1}{e} - 1 - 1\right) = -4 + 2e + \frac{2}{e}$$

가 된다.

〈**참고**〉 $a > 0$일 때, 닫힌구간 $[-a,a]$에서 함수 f가 연속이라 하자. 치환적분을 적절히 사용하면, 다음이 성립함을 알 수 있다.

(a) f가 우함수이면, $\int_{-a}^{a} f(x)dx = 2\int_{0}^{a} f(x)dx$가 되고,

(b) f가 기함수이면, $\int_{-a}^{a} f(x)dx = 0$ 이 된다.

4.4.3 이상적분

정적분은 유한한 구간 $[a,b]$에서 연속인 함수에 대해 다루었다. 이 적분 구간을 무한인 경우로 확장하기 위해 정적분과 극한의 개념을 이용하여 이상적분(improper integral)을 정의한다.

정의 4.3 이상적분(improper integral)

(a) 함수 $y=f(x)$가 구간 $[a,\infty)$에서 연속인 함수일 때, 이상적분 $\int_a^\infty f(x)dx$은

$$\int_a^\infty f(x)dx = \lim_{t\to\infty}\int_a^t f(x)dx$$ 로 정의하며,

(b) 함수 $y=f(x)$가 구간 $(-\infty,b]$에서 연속인 함수일 때, 이상적분 $\int_{-\infty}^b f(x)dx$은

$$\int_{-\infty}^b f(x)dx = \lim_{t\to-\infty}\int_t^b f(x)dx$$ 로 정의한다.

우변의 극한이 존재할 때 주어진 이상적분은 수렴(convergence)이라고 하고, 극한이 존재하지 않을 때에는 주어진 이상적분은 발산(divergence)이라고 한다.

(c) 임의의 실수 a에 대해, 함수 $y=f(x)$가 구간 $(-\infty,\infty)$에서 연속인 함수일 때, 이상적분 $\int_{-\infty}^\infty f(x)dx$은 $\int_{-\infty}^\infty f(x)dx = \int_{-\infty}^a f(x)dx + \int_a^\infty f(x)dx$로 정의한다. $\int_a^\infty f(x)dx$와 $\int_{-\infty}^a f(x)dx$가 모두 수렴할 때, $\int_{-\infty}^\infty f(x)dx$이 수렴하고, 그 이외의 경우는 $\int_{-\infty}^\infty f(x)dx$이 발산한다.

(c)에서 $\int_a^\infty f(x)dx$와 $\int_{-\infty}^a f(x)dx$중 적어도 하나가 발산하면 $\int_{-\infty}^\infty f(x)dx$은 발산이라고 하는데 그 예로, $\int_{-\infty}^\infty xdx$를 살펴보자. $\int_{-\infty}^\infty xdx = \int_0^\infty xdx + \int_{-\infty}^0 xdx$이다.

우변의 첫 번째 항 $\int_0^\infty xdx = \lim_{t\to\infty}\int_0^t xdx = \lim_{t\to\infty}(\frac{1}{2}t^2-0)=\infty$으로 발산 한다. 그러므로 $\int_{-\infty}^\infty xdx$는 발산한다. 다시 말해서, $\int_{-\infty}^\infty xdx$를 $\lim_{t\to\infty}\int_{-t}^t xdx$로 정의하지 않는다.

예제 4.8 이상적분

(a) $x \geqq 1$에 대해 곡선 $y = \dfrac{1}{x^4}$ 아래의 넓이를 구하여라.

풀이 구하고자 하는 넓이를 A라 하자.

$$A = \int_1^{\infty} \frac{1}{x^4} dx = \lim_{t \to \infty} \int_1^t \frac{1}{x^4} dx$$
$$= \lim_{t \to \infty} \left[-\frac{1}{3} x^{-3} \right]_1^t = \lim_{t \to \infty} -\frac{1}{3}(t^{-3} - 1) = \frac{1}{3}.$$

(b) 이상적분 $\int_{-\infty}^{0} x^2 e^{-x^3} dx$이 수렴하는지 발산하는지 판단하시오.

풀이 $\int_{-\infty}^{0} x^2 e^{-x^3} dx = \lim_{t \to -\infty} \int_t^0 x^2 e^{-x^3} dx = \lim_{t \to -\infty} \left[-\frac{1}{3} e^{-x^3} \right]_t^0 = \infty$이므로 주어진 이상적분은 발산한다.

이상적분은 통계에서 연속확률밀도함수와 관련된 적분을 할 때 필요하므로 공부해 둘 필요가 있다. 이상적분은 구간이 무한인 경우와 적분 구간에 불연속인 점을 포함하는 경우가 있지만 이 책에서는 적분 구간이 무한인 경우만 다루기로 한다.

4절의 내용은 아래와 같이 요약해 볼 수 있다.

➔ 함수 $y = f(x)$가 닫힌구간 $[a,b]\,(a < b)$에서 연속일 때 함수 $f(x)$의 a에서 b까지 정적분은 $\int_a^b f(x)dx = \lim_{n \to \infty} \sum_{i=1}^{n} f(x_i^*) \Delta x$, $x_i^* = a + \dfrac{i(b-a)}{n}$, $\Delta x = \dfrac{(b-a)}{n}$이다.

➔ 미적분학의 기본정리 : 닫힌구간 $[a,b]$에서 연속함수 $f(x)$에 대해, $\dfrac{d}{dx} \int_a^x f(t)dt = f(x)$가 성립한다. 또한, $f(x)$의 원시함수 $F(x)$에 대해, $\int_a^b f(x)dx = F(b) - F(a)$가 성립한다.

➔ $\int_a^{\infty} f(x)dx = \lim_{t \to \infty} \int_a^t f(x)dx$로 정의하며, 우변의 극한이 존재할 때 주어진 이상적분은 수렴(convergence)이라고 하고, 극한이 존재하지 않을 때에는 주어진 이상적분은 발산(divergence)이라고 한다.

연습문제 4.4

1. 다음 정적분을 구하시오.

(a) $\int_0^3 (x^3+x)dx$ (b) $\int_{-1}^1 (x^3+x^2)dx$

(c) $\int_0^{\pi} (\sin x+\cos x)dx$ (d) $\int_1^2 \frac{x^4-x^3+2x+1}{x^2}dx$

(e) $\int_0^1 xe^{-x^2}dx$ (f) $\int_0^{\frac{\pi}{2}} e^x \sin 2x dx$

2. $\lim_{n\to\infty}\sum_{i=1}^{n}\frac{2}{n}e^{-\frac{2i}{n}}$ 를 구하시오.

3. $\int_{-\frac{\pi}{2}}^{\frac{\pi}{2}} \frac{x^4 \sin x}{1+x^6}dx$ 의 값을 구하시오.

4. 두 곡선 $y=x$ 와 $y=x^3$ 으로 둘러싸인 영역의 넓이를 정적분을 이용해서 구하시오.

5. (회전체의 부피) 함수 $y=f(x)$ 가 닫힌 구간 $[a,b]$ 에서 연속이고 $f(x)\geq 0$ 을 만족할 때, f 의 그래프와 x 축, 및 두 직선 $x=a$ 와 $x=b$ 로 둘러싸인 영역을 x 축에 관하여 회전하여 얻은 회전체의 부피 V 는 $V=\int_a^b \pi[f(x)]^2dx$ 로 구할 수 있다. 이를 이용해서 곡선 $y=\sin x$ 를 구간 $[0,\pi]$ 에서 x 축에 관해 회전하여 얻은 회전체의 부피를 구하시오.

6. 이상적분 $\int_0^{\infty} \frac{1}{1+x^2}dx$ 의 수렴값을 구하시오.

7. $\int_0^{\frac{\pi}{2}} e^{\cos x}\sin(2x)dx$ 와 $\int_0^{\frac{\pi}{2}} e^{\sin x}\sin(2x)dx$ 는 같은가?

8. 함수 $g(x)=\int_0^x \frac{1}{1+t^2+t^4}dt$는 극댓값이나 극솟값을 가질 수 있는가?

9. $\int_{-2}^{2} 1+\sqrt{4-x^2}+e^{x^2}\sin x dx$를 계산하시오.

10. 함수 $f(x)=1+\int_0^{\sin x}\sqrt{1+t^2}\,dt$의 $x=0$에서의 접선(tangent line)의 방정식을 구하시오.

○ 제 5 장 ○

다변수 함수의 편미분과 다중적분

5.1 다변수 함수(Multi-Variables Functions)

앞에서 일변수 함수에 대해서 다루었는데, 드론을 이용한 배송의 경우에도 배송하는데 걸리는 시간은 드론의 속력에만 영향을 받거나 배송 이동 거리에만 영향을 받는 게 아닌, 드론의 속력과 배송 거리 모두에 영향을 받을 수 있다. 이처럼 종속 변수가 여러 독립 변수에 영향을 받는 경우를 **다변수 함수**(multi-variables function)라 한다. 우리는 그 중 **이변수 함수**(two variables function)에 대해 다루기로 한다.

정의 5.1 이변수 함수

$\mathbb{R}^2$의 부분집합 D에 속하는 각 순서쌍 (x,y)에 하나의 실수 $f(x,y)$를 대응시키는 규칙을 이변수 함수 f라 한다. 여기서, D를 함수 f의 정의역이라 하고, 함숫값들의 집합 $\{f(x,y)|(x,y)\in D\}$을 치역이라 한다. 또한, 이변수 함수를 $z=f(x,y)$로 표현할 때, x, y를 독립 변수, z를 종속 변수라 한다.

예제 5.1 이변수 함수 $f(x,y)=\dfrac{\sqrt{x+y+3}}{x-2}$의 정의역을 구하고, $f(3,1)$을 구하시오.

풀이 주어진 함수가 정의되기 위해서는 $x+y+3\geq 0$과 $x-2\neq 0$을 만족해야 한다. 따라서 정의역 D는 $D=\{(x,y)|x+y+3\geq 0, x\neq 2\}$이고, 순서쌍 $(3,1)$은 정의역에 포함되므로 함숫값은 대입해서 풀면, $f(3,1)=\dfrac{\sqrt{3+1+3}}{3-2}=\sqrt{7}$이다.

정의 5.2 이변수 함수의 그래프

정의역 D를 갖는 이변수 함수 f에 대해, f의 그래프는 (x,y)가 D에 속하는 순서쌍에 대해 $z=f(x,y)$를 만족하는 $\mathbb{R}^3$의 점 (x,y,z)들의 집합이다.

즉, 집합 $(x,y,z)|z=f(x,y),\ (x,y)\in D$를 이변수 함수 f의 그래프라 한다.

예제 5.2 이변수 함수 $z=f(x,y)=8-2x+4y$의 그래프를 $\mathbb{R}^3$에 그리시오.

풀이 각 절편을 구하면, $x-$절편은 $y=0,\ z=0$을 대입해서 구하면, $(4,0,0)$이다. 같은 방식으로 나머지 절편을 구하면, $y-$절편은 점 $(0,-2,0)$, $z-$절편은 점 $(0,0,8)$이다. 따라서 주어진 함수의 그래프는 세 점을 지나는 평면이 된다. 일반적으로 $z=f(x,y)=ax+by+c$의 그래프는 $\mathbb{R}^3$에서 평면이 그려진다.

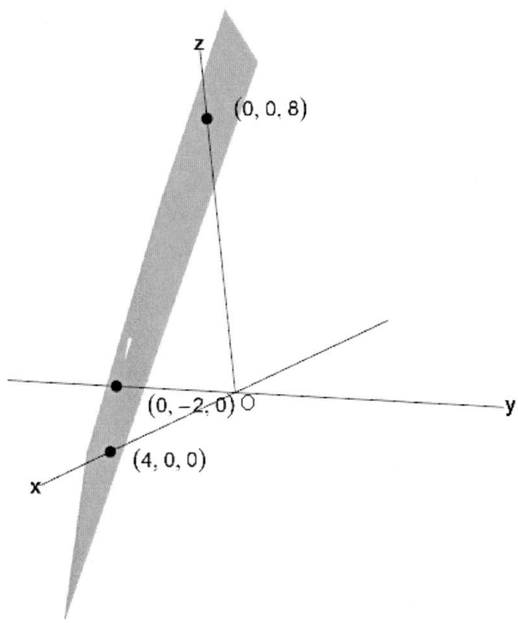

그림 5.1 $z=f(x,y)=8-2x+4y$의 그래프

일반적으로 그래프를 그리기 위해서는 정의역에 속하는 순서쌍(점)들 중에서 적당히 선택해서 함숫값을 구해 $\mathbb{R}^3$의 점 $(x,y,f(x,y))$을 많이 구해서 연결해 주면 된다. 그러나 이렇게 해서 그래프를 그리기는 쉽지 않다. 이에 일변수 함수의 그래프를 이용해서 이변수 함수의 그래프를 그리는 방법을 소개한다.

정의 5.3 등고선(level curve, 등위선)

이변수 함수 f의 등고선은 k가 치역에 속하는 실수 값일 때, $f(x,y)=k$를 만족하는 (x,y,k)들의 집합(곡선)을 의미한다.

예제 5.3 이변수 함수 $z = \sqrt{4 - x^2 - y^2}$ 의 그래프를 등고선을 이용해서 그리시오.

풀이 주어진 이변수 함수는 치역이 $[0,2]$ 이므로, $k = 0$ 이면 등고선은 $x^2 + y^2 = 4$ 로, 반지름이 2 이고 중심이 원점인 원이 나오고, $k = 1$ 이면 등고선은 $x^2 + y^2 = 3$ 으로, 반지름이 $\sqrt{3}$ 이고 중심이 원점인 원이 나온다. 일반적으로 $0 \le k \le 2$ 에 대해, 등고선은 $x^2 + y^2 = 4 - k^2$ 으로 중심이 원점이고 반지름이 $\sqrt{4 - k^2}$ 인 원이 나온다. 따라서, 이 원들을 z −축으로 쌓아올리면 구하고자 하는 주어진 함수의 그래프는 xy −평면 위에 놓인 반구가 나온다.

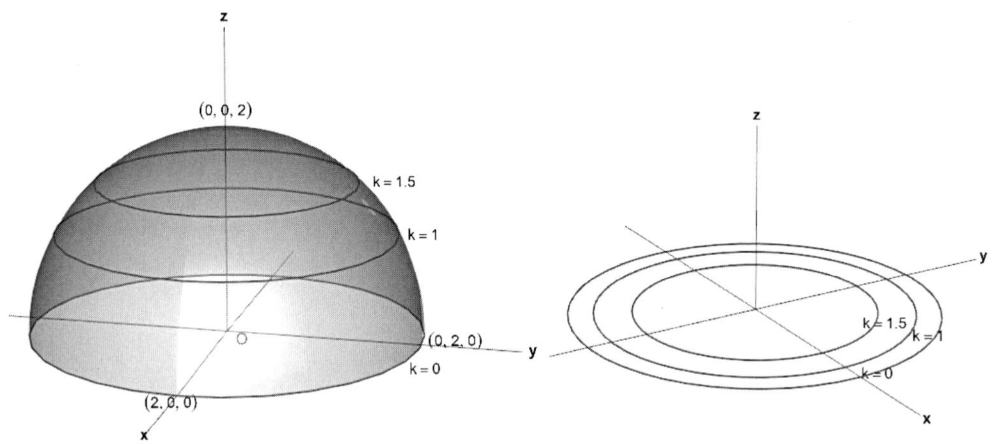

그림 5.2 $z = \sqrt{4 - x^2 - y^2}$ 의 그래프와 등고선

〈참고〉 이변수 함수의 경우에는 독립 변수가 2개이고 종속 변수가 1개인 함수인 것처럼, 일반적인 n **변수 함수**(n variables function)는 독립변수가 x_1, x_2, ... , x_n 이고 종속변수가 z 인 함수로 $z = f(x_1, x_2, \ldots, x_n)$ 의 형태로 표현한다.

정의 5.4 극한

정의역 D 내에서 점 (a,b) 에 충분히 가까운 점들을 선택했을 때, 함숫값 $f(x,y)$ 가 특정값 L 에 충분히 가까운 값들이 나올 때, "함수 $f(x,y)$ 는 점 (a,b) 에서 극한 L 을 갖는다"라고 하고, 이를 $\lim_{(x,y)\to(a,b)} f(x,y) = L$ 로 표현한다. 이를 일변수 함수의 극한에서처럼 수학적으로 표현하면 $\lim_{(x,y)\to(a,b)} f(x,y) = L$ 이라는 것은 임의의 양수 ε 이 주어졌을 때, 정의역 내

$(x,y)\in D$에 대해, $0<\sqrt{(x-a)^2+(y-b)^2}<\delta$이면 $|f(x,y)-L|<\varepsilon$을 만족시켜주는 적당한 양수 δ가 항상 존재할 수 있을 때이다.

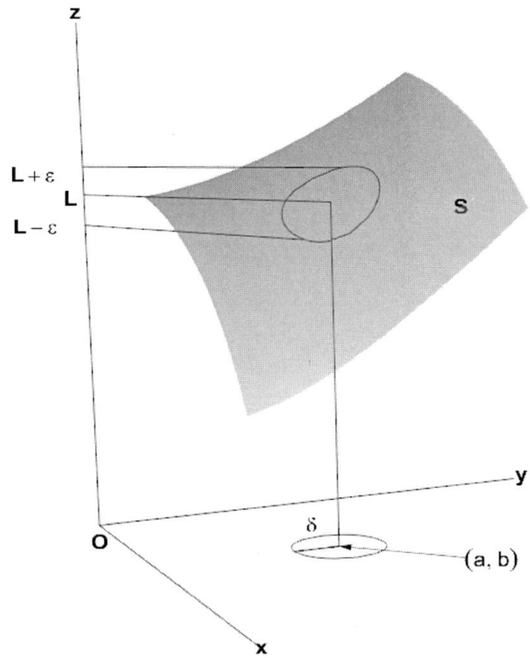

그림 5.3 이변수 함수의 극한

〈참고〉 일변수 함수에서 극한을 구할 때에는 일반적으로 1) 대입, 2) 로피탈의 정리, 3) 조임정리를 이용해서 구할 수 있다. 그러나, 이변수 함수에서 극한을 구할 때에는 로피탈의 정리가 성립하지 않으므로, 조심할 필요가 있다.

예제 5.4 $\lim_{(x,y)\to(1,1)}(8-2x+4y)$를 구하시오.

풀이 대입해서 구하면, $\lim_{(x,y)\to(1,1)}(8-2x+4y)=8-2+4=10$.

이변수 함수에서 극한을 구하는 것은 쉬운 문제가 아니다. 특히, 로피탈의 정리가 성립하지 않기 때문에 극한을 구할 때 사용할 수 있는 방법이 대입–뒤에서 설명하지만 이 경우는 주어진 함수가 (a,b)에서 연속일 때–이나 조임정리를 이용해서 구해야 하는데, 조임정리의 경우에도 적용이 쉽지 않다. 반면, 극한이 존재하지 않을 때에는 어떤 성질을 갖는지 알아보자. 다음 정리는 극한이 없는 경우에 성립한다.

정리 5.1 $f(x,y)$ 의 극한이 존재하지 않을 때

이변수 함수 $f(x,y)$ 가 정의역 내에서 경로 C_1 을 따라 (a,b) 로 접근할 때 극한이 L_1 이고 경로 C_2 를 따라 접근할 때에는 극한이 L_2 이면서 $L_1 \neq L_2$ 이면 극한 $\lim_{(x,y)\to(a,b)} f(x,y)$ 는 존재하지 않는다.

예제 5.5 극한 $\lim_{(x,y)\to(0,0)} \dfrac{xy}{x^2+y^2}$ 이 존재하지 않음을 설명하시오.

풀이 먼저, x 축($y=0$)을 따라 접근하면, $\lim_{(x,y)\to(0,0)} \dfrac{xy}{x^2+y^2} = \lim_{x\to 0}\dfrac{0}{x^2+0^2} = \lim_{x\to 0} 0 = 0$ 이다. 반면, 직선 $y=x$ 를 따라 접근하면, $\lim_{(x,y)\to(0,0)} \dfrac{xy}{x^2+y^2} = \lim_{x\to 0}\dfrac{x^2}{x^2+x^2} = \lim_{x\to 0}\dfrac{1}{2} = \dfrac{1}{2}$ 이다. 따라서 주어진 극한은 두 경로를 따라 접근할 때 값이 달라지므로 극한이 없다.

〈**참고**〉 이변수 함수의 극한을 구하는 것은 어렵지만, 극한이 없는지를 체크하는 것은 보다 쉽다. 위 정리에서 두 경로를 따라 접근할 때 극한값이 다른 값이 나와서 극한이 없다는 것을 설명하는데, 이렇게 경로를 이용하는 이유는 주어진 이변수 함수를 일변수 함수로 변형해서 일변수 함수의 극한 성질을 이용하기 위해서이다. 경로 C를 따라 접근한다는 것은 두 독립 변수 x, y 에 관계성 $y=g(x)$ 또는 $x=h(y)$ 를 주어서, 주어진 이변수 함수의 극한을 일변수 함수의 극한으로 변형하기 위함이다. 여기서 조심할 것은 몇 개의 경로를 따라서 구한 극한이 다 같은 값이 나온다고 해서 극한이 있다고 할 수 없다는 것이다. 극한이 있다는 것은 임의의 모든 경로를 따라 접근하더라도 다 같은 값이 나올 수 있어야 한다.

정의 5.5 연속

이변수 함수 $f(x,y)$ 가 점 (a,b) 에서 연속이라는 것은 $\lim_{(x,y)\to(a,b)} f(x,y) = f(a,b)$ 가 성립할 때이다.

이는 일변수 함수와 같이, 1) 함수 f 가 점 (a,b) 에서 정의되고, 2) 함수 f 가 점 (a,b) 에서 극한이 존재하고, 3) 함수 f의 점 (a,b)에서 함숫값과 극한값이 같을 때를 의미한다. 따라서 위에 세 가지 중에 하나라도 성립하지 않으면 함수 f는 점 (a,b)에서 불연속이다. 함수 $f(x,y)$가 정의역 내 모든 점 (a,b)에서 연속이면, f는 D 위에서 연속이라고 한다.

〈참고〉 이변수 함수도 일변수 함수처럼 1) 다항함수는 $\mathbb{R}^2$ 전체에서 연속이고, 2) 유리함수나 무리함수는 정의역 내에서 연속이다. 초월함수의 경우에도 일변수 함수와 비슷하게 분수 함수의 형태일 때, 분모가 0이 되는 경우를 제외하고 연속이다.

예제 5.6 이변수 함수 $z=e^{xy}$는 $\mathbb{R}^2$ 전체에서 연속이다.

1절의 내용은 아래와 같이 요약해 볼 수 있다.

➔ 정의역이 $\mathbb{R}^2$의 부분집합인 D에 속하는 한 점 (x,y)에 단 하나의 실수 값 z를 대응시키는 함수 $z=f(x,y)$를 이변수 함수라 한다.

➔ 이변수 함수 $z=f(x,y)$과 치역에 속하는 값 k에 대해, $k=f(x,y)$를 만족하는 점들의 집합을 등고선이라 한다.

➔ $\lim_{(x,y)\to(a,b)} f(x,y)=L$이라는 것은 임의의 양수 ε이 주어졌을 때, 정의역 내 $(x,y)\in D$에 대해, $0<\sqrt{(x-a)^2+(y-b)^2}<\delta$이면 $|f(x,y)-L|<\varepsilon$을 만족시켜주는 적당한 양수 δ가 항상 존재할 수 있을 때이다.

➔ 이변수 함수 $f(x,y)$가 정의역 내에서 서로 다른 경로 C_1과 C_2를 따라 (a,b)로 접근할 때 극한이 각각 L_1, L_2이면서 $L_1 \neq L_2$이면 극한 $\lim_{(x,y)\to(a,b)} f(x,y)$는 존재하지 않는다.

➔ 이변수 함수 $f(x,y)$가 점 (a,b)에서 연속이라는 것은 $\lim_{(x,y)\to(a,b)} f(x,y)=f(a,b)$가 성립할 때이다.

연습문제 5.1

1. 다음 이변수 함수의 정의역을 구하시오.

   (a) $f(x,y)=\ln(x^2-y^2-9)$　　(b) $g(x,y)=\dfrac{1+\sin(xy)}{xy}$

   (c) $x^2+4y^2+9z^2=36$

2. 다음 이변수 함수의 등고선 유형에 대해 설명하시오.

   (a) $x^2+4y^2+9z^2=36$　　(b) $z=-xy$

3. 다음 극한을 구하시오.

   (a) $\displaystyle\lim_{(x,y)\to(0,0)}(5+2xy-y^2)$　　(b) $\displaystyle\lim_{(x,y)\to(0,0)}\frac{e^{xy}\sin(xy)}{xy}$

4. 극한 $\displaystyle\lim_{(x,y)\to(0,0)}\frac{x^2}{x^2+y^2}$ 이 존재하지 않음을 설명하시오.

5. 이변수 함수 $f(x,y)=\sin(y/x)$는 어디에서 연속인지 찾으시오.

6. 극한 $\displaystyle\lim_{(x,y)\to(0,0)}\frac{x^3+y^3}{x^2+y^2}$ 를 구하시오.(힌트 : 수식에서 $x=r\cos\theta,\ y=r\sin\theta$를 이용하시오.)

7. 극한 $\displaystyle\lim_{(x,y)\to(1,1)}\frac{xy-x-y+1}{(x-1)^2+(y-1)^2}$ 이 존재하지 않음을 설명하시오.

5.2 다변수 함수의 편미분(Partial Derivatives)

높이 h, 반지름 r인 원기둥의 부피 V는 $V=\pi r^2 h$이다. 이 원기둥의 반지름이 고정이고, 높이가 변화할 때 부피는 어떻게 변화가 될 것인가? 반대로, 높이가 고정이고 반지름이 변화할 때 부피의 변화량은 어떻게 될 것인가? 높이와 반지름이 모두 변화하고 있을 때에는 부피의 변화량을 어떻게 구할 것인가? 이를 구하기 위해서는 편미분의 개념이 필요하다.

이변수 함수 $f(x,y)$에 대해, 점 (a,b)에서 $y=b$로 고정하고 x를 a근방에서 변화를 주었을 때, 함숫값의 변화량은 $g(x)=f(x,b)$인 일변수 함수로 보고 구할 수 있다. 즉, $x=a$에서 $g(x)$가 미분 가능이면 이 미분계수를 이변수 함수 f의 점 (a,b)에서의 x에 대한 **편미분계수**(partial derivative coefficient)라 하고, $f_x(a,b)$로 표현한다. 이를 직접 구해보면,

$$f_x(a,b)=g'(a)=\lim_{h\to 0}\frac{g(a+h)-g(a)}{h}=\lim_{h\to 0}\frac{f(a+h,b)-f(a,b)}{h}$$

이다.

같은 방식으로, 점 (a,b)에서 $x=a$로 고정하고 y를 b근방에서 변화를 주었을 때, 함숫값의 변화량은 $h(y)=f(a,y)$인 일변수 함수로 보고, $y=b$에서 $h(y)$가 미분 가능하면 이 미분계수를 이변수 함수 f의 점 (a,b)에서의 y에 대한 편미분계수라 하고, $f_y(a,b)$로 표현한다. 따라서

$$f_y(a,b)=h'(b)=\lim_{h\to 0}\frac{h(b+h)-f(b)}{h}=\lim_{h\to 0}\frac{f(a,b+h)-f(a,b)}{h}$$

이다.

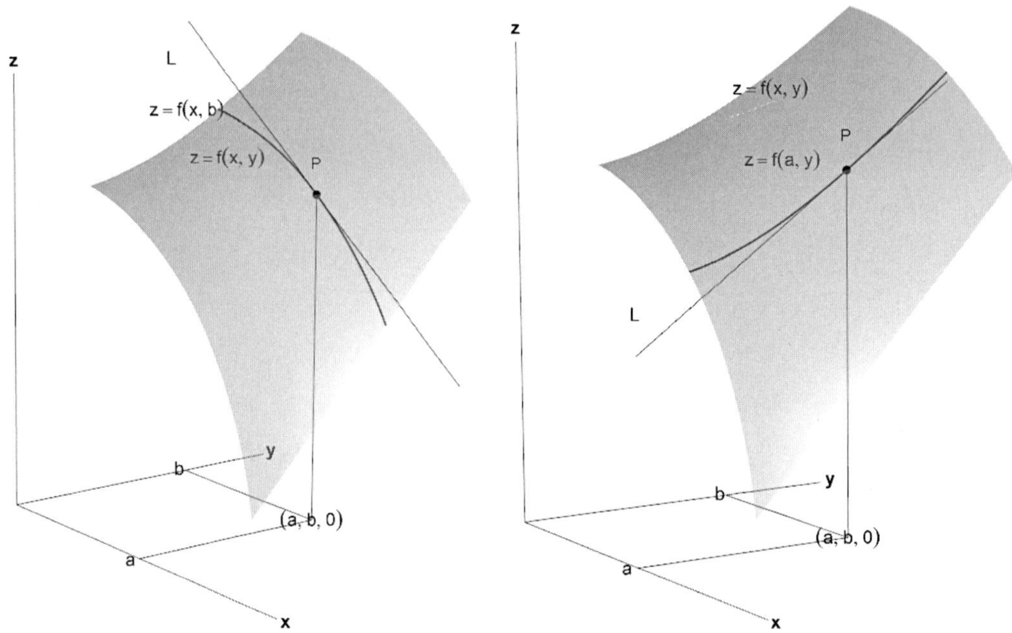

그림 5.4 x에 대한 편미분계수와 y에 대한 편미분계수

정의 5.6 편도함수

이변수 함수 $z=f(x,y)$에 대해, **편도함수**(partial derivatives) f_x와 f_y를 다음과 같이 정의한다.

$$f_x(x,y)=\lim_{h\to 0}\frac{f(x+h,y)-f(x,y)}{h}=f_x=\frac{\partial f}{\partial x}=\frac{\partial}{\partial x}f(x,y)$$

$$f_y(x,y)=\lim_{h\to 0}\frac{f(x,y+h)-f(x,y)}{h}=f_y=\frac{\partial f}{\partial y}=\frac{\partial}{\partial y}f(x,y)$$

예제 5.7 이변수 $f(x,y)=x^2y$에 대해, 편도함수 f_x와 f_y를 구하고, 편미분계수 $f_x(1,2)$와 $f_y(1,2)$를 구하시오.

풀이 정의로부터 $f_x(x,y)=2xy$, $f_y(x,y)=x^2$이고, $f_x(1,2)=4$, $f_y(1,2)=1$이다. 이를 이용해서 반지름이 x, 높이가 y인 원기둥의 부피 V는 $V=\pi x^2y=\pi f(x,y)$이므로, 반지름 1이고 높이가 2인 원기둥은 높이가 고정이고 반지름이 증가하면 부피는 4π씩 증가하고, 반지름이 고정이고 높이가 증가하면 부피는 π씩 증가한다.

정리 5.2 $z=f(x,y)$ 의 편도함수 구하기

(a) f_x 를 찾기 위해서는 주어진 함수에서 y 는 상수로 취급하여, 주어진 함수를 x 에 관한 일변수 함수로 보고 x 에 관해 미분한다.

(b) f_y 를 찾기 위해서는 주어진 함수에서 x 는 상수로 취급하여, 주어진 함수를 y 에 관한 일변수 함수로 보고 y 에 관해 미분한다.

예제 5.8 이변수 함수 $z=f(x,y)=(\sin x)e^{xy^2}$ 에 대해, 편도함수 f_x 와 f_y 를 구하시오.

풀이 x 에 관한 편도함수를 구하기 위해 주어진 함수에서 y 는 상수로 보고 x 에 관해 미분하면, 곱의 미분법과 합성함수의 미분법에 의해

$$f_x=\frac{\partial z}{\partial x}=(\cos x)e^{xy^2}+(\sin x)y^2e^{xy^2}$$

이고, 같은 방식으로,

$$f_y=(\sin x)(2xy)e^{xy^2}=(2xy\sin x)e^{xy^2}$$

이다.

예제 5.9 z 가 이변수 x 와 y 에 관한 음함수 형태로 정의된 $x^2+y^2+z^2+2xyz=1$ 일 때, $\frac{\partial z}{\partial x}$ 와 $\frac{\partial z}{\partial y}$ 를 구하시오.

풀이 x 에 관한 편도함수를 구할 때에는 주어진 함수를 z 는 종속 변수, x 는 독립 변수, y 는 상수로 보고 음함수 미분법을 적용하면, $2x+2z\frac{\partial z}{\partial x}+2yz+2xy\frac{\partial z}{\partial x}=0$ 이다. 이를 정리하면, $\frac{\partial z}{\partial x}=-\frac{2x+2yz}{2z+2xy}=-\frac{x+yz}{z+xy}$. 같은 방법으로 y 에 관한 편도함수를 구하면, $\frac{\partial z}{\partial y}=-\frac{y+xz}{z+xy}$ 이다.

정의 5.7 이계 편도함수(second partial derivatives)

$z=f(x,y)$ 에 대해,

$$(f_x)_x=f_{xx}=\frac{\partial}{\partial x}\left(\frac{\partial f}{\partial x}\right)=\frac{\partial^2 f}{\partial x^2}=\frac{\partial^2 z}{\partial x^2},\ (f_x)_y=f_{xy}=\frac{\partial}{\partial y}\left(\frac{\partial f}{\partial x}\right)=\frac{\partial^2 f}{\partial y\partial x}=\frac{\partial^2 z}{\partial y\partial x},$$

$$(f_y)_x = f_{yx} = \frac{\partial}{\partial x}\left(\frac{\partial f}{\partial y}\right) = \frac{\partial^2 f}{\partial x \partial y} = \frac{\partial^2 z}{\partial x \partial y}, \ (f_y)_y = f_{yy} = \frac{\partial}{\partial y}\left(\frac{\partial f}{\partial y}\right) = \frac{\partial^2 f}{\partial y^2} = \frac{\partial^2 z}{\partial y^2}.$$

예제 5.10 이변수 함수 $f(x,y) = x^2 y$에 대해, 이계 편도함수를 모두 구하시오.

풀이 예제 5.7에서 $f_x = 2xy$, $f_y = x^2$ 이므로,

$$f_{xx} = 2y, \ f_{xy} = 2x, \ f_{yx} = 2x, \ f_{yy} = 0$$

이다.

〈**참고**〉 예제 5.10에서 $f_{xy} = f_{yx}$가 성립하였다. 일반적으로는 $f_{xy} \neq f_{yx}$이지만, 이계 편도함수 f_{xy}와 f_{yx}가 점 (a,b)를 포함하는 근방에서 모두 존재하고 연속이면, $f_{xy}(a,b) = f_{yx}(a,b)$가 성립한다. 이를 **클레로**(Clairaut)**의 정리**라 한다.

일변수 함수 $y = f(x)$에서 미분계수를 이용하여 접선의 방정식을 구한 것처럼, 이변수 함수 $z = f(x,y)$에서는 편미분계수를 이용하여 **접평면**(tangent plane)의 방정식을 구할 수 있다.

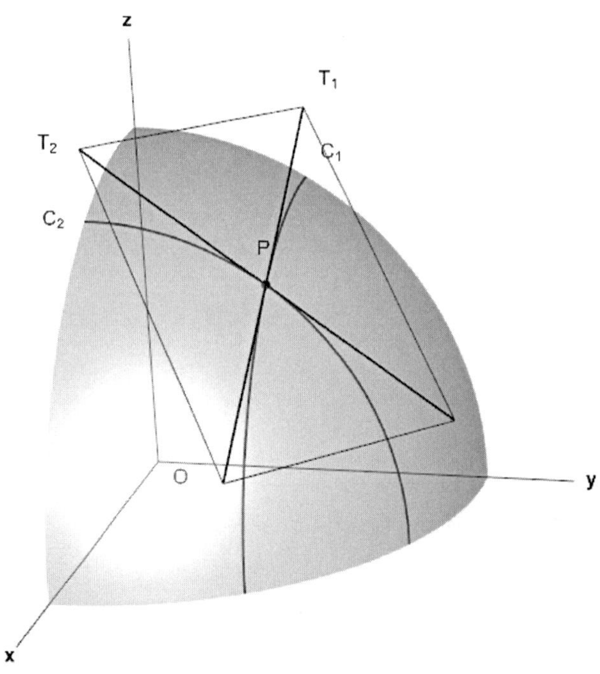

그림 5.5 점 P에서의 $z = f(x,y)$의 접평면

정의 5.8 접평면의 방정식

이변수 함수 $z=f(x,y)$가 점 (a,b) 근방에서 연속인 편도함수를 가질 때, 점 $(a,b,f(a,b))$에서의 접평면의 방정식은 $z=f(a,b)+f_x(a,b)(x-a)+f_y(a,b)(y-b)$이다.

예제 5.11 이변수 함수 $z=f(x,y)=x^2y$ 위의 점 $(1,2)$에서 접평면의 방정식을 구하시오.

풀이 예제 5.7에서 $f_x(1,2)=4$, $f_y(1,2)=1$이므로, 구하고자 하는 접평면의 방정식은 $z=2+4(x-1)+1(y-2)$가 되어 $z=4x+y-4$이다.

〈참고〉 이변수 함수 $z=f(x,y)$의 점 (a,b)에서 접평면의 방정식을 이용해서 점 (a,b) 근방에서 주어진 점 (x,y)에서의 근삿값을 구할 수 있다.
예를 들어, 예제 5.11에서 주어진 이변수 함수에 대해, $f(1.1,1.9)$의 정확한 값은 $f(1.1,1.9)=(1.1)^2\times 1.9=2.299$이고, 이를 접평면의 방정식을 이용해서 구하면, 근삿값은 $2+4\times 0.1+1\times(-0.1)=2.3$을 얻을 수 있다. 이렇게 구한 근삿값을 선형근사라 한다.

〈참고〉 일변수 함수 $y=f(x)$에서는 $x=a$에서 미분계수가 존재하면, $x=a$에서 미분 가능하다고 한다. 이변수 함수 $z=f(x,y)$에서는 편미분계수는 정의하지만, 미분계수를 정의하지는 않는다. 대신, 다루지는 않겠지만 **방향미분계수**(directional derivative)라는 개념이 있다. 미분계수라는 개념은 변화량을 의미한다. 이는 연습문제에서 소개하기로 한다.

〈참고〉 입력 값이 $x=a$ 근방에서 Δx만큼 변화할 때, 접선의 기울기는 $f'(a)$이므로 출력 값의 변화량의 근삿값은 $\Delta x f'(a)$이 된다. 이를 이용해서, 일변수 함수에서 **미분(또는 전미분**, total differential) dy을 $dy=f'(a)dx$로 정의한다. 이변수 함수일 때도 같은 방식으로 전미분 dz을 $dz=f_xdx+f_ydy$로 정의하여, 이를 이용해서 점 (a,b)에서 입력 값이 변화할 때, 출력 값의 변화량 Δz을 근사적으로 구할 수 있다.
예를 들어, 금속으로 만들어진 두께가 1 mm인 속인 빈 밀폐된 원기둥(음료가 들어있지 않은 원기둥 캔)의 반지름이 5 cm이고 높이가 10 cm라고 할 때, 금속의 함량을 전미분을 통해서 근사적으로 구하면,
$V=\pi r^2h \rightarrow dV=2\pi rhdr+\pi r^2dh$이므로, $r=5$, $dr=0.1$, $h=10$, $dh=0.2$를

대입해서 구하면, $\Delta V \approx dV = 15\pi$ 이다.

반면, 직접 구하면 $\Delta V = \pi \times 5^2 \times 10 - \pi \times (4.9)^2 \times 9.8 = 14.702\pi$ 를 얻을 수 있다.

2절의 내용은 아래와 같이 요약해 볼 수 있다.

➔ 이변수 함수 $z = f(x,y)$ 에서, $\frac{\partial z}{\partial x} = f_x = \lim_{h \to 0} \frac{f(x+h,y) - f(x,y)}{h}$ 를 x 에 관한 편도함수, $\frac{\partial z}{\partial y} = f_y = \lim_{h \to 0} \frac{f(x,y+h) - f(x,y)}{h}$ 를 y 에 관한 편도함수라 한다.

➔ $z = f(x,y)$ 에 대해, 이계 편도함수는 f_{xx}, f_{xy}, f_{yx}, f_{yy}가 있다.

➔ 이변수 함수 $z = f(x,y)$가 점 (a,b)근방에서 연속인 편도함수를 가질 때, 점 $(a,b,f(a,b))$ 에서의 접평면의 방정식은 $z = f(a,b) + f_x(a,b)(x-a) + f_y(a,b)(y-b)$ 이다.

➔ 이변수 함수 $z = f(x,y)$ 에 대해, $dz = f_x(x,y)dx + f_y(x,y)dy$ 를 전미분이라 하며, Δx 와 Δy 가 충분히 0 에 가까우면, $\Delta z \approx dz$ 가 성립한다.

연습문제 5.2

1. 다음 주어진 함수 $f(x,y)$ 에 대해, 편도함수 f_x 와 f_y 를 구하시오.

   (a) $f(x,y) = x^2 + xy$ (b) $f(x,y) = xe^{x^2 y}$

   (c) $f(x,y) = x\sin y + y\cos x$ (d) $f(x,y) = \frac{x+y}{x-y}$

2. 이변수 함수 $z = x^2 e^{y^2}$ 에 대해, 이계 편도함수를 구하시오.

3. 이변수 함수 $z = f(x,y)$ 에 대해, 정의역 내 한 점 (x_0, y_0) 에서 단위벡터 $\vec{u} = < a,b >$ 방향으로의 변화율 $\lim_{h \to 0} \frac{f(x_0 + ha, y_0 + hb) - f(x_0, y_0)}{h}$ 을 방향미분계수라 하며, $D_{\vec{u}} f(x_0, y_0)$

로 나타낸다. $f(x,y)=x^2+xy$ 의 한 점 $(1,2)$ 에서 $\vec{u}=<\frac{4}{5},\frac{3}{5}>$ 방향으로의 방향미분계수 $D_{\vec{u}}f(1,2)$ 를 구하시오.

4. $z=f(x,y)$의 그래프가 아래와 같이 주어졌다. $f_x(a,b)$, $f_y(a,b)$, $f_{xx}(a,b)$, $f_{yy}(a,b)$의 부호를 설명하시오. 단, 점$(a,b,f(a,b))$는 제1 팔분 공간에 있다.

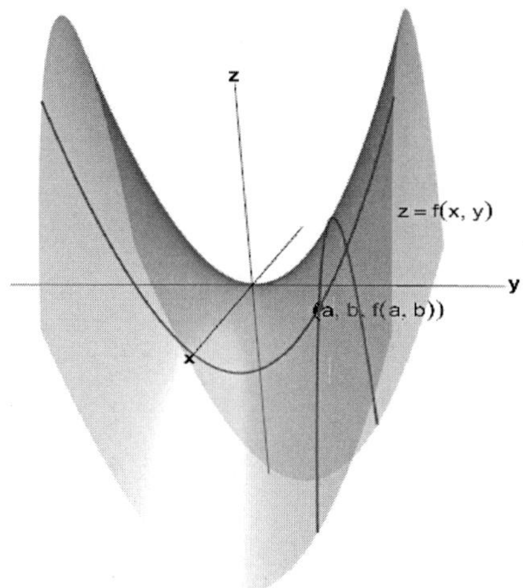

그림 5.6 $z=f(x,y)$의 그래프

5. $z=f(x,y)=2x^2+2y^2$의 점$(1,1,4)$에서의 접평면의 방정식을 구하시오.

6. $F(x,y)=\int_x^y t^2e^{3t}dt$일 때, $F_x(x,y)$와 $F_y(x,y)$를 구하시오.

7. 이변수 함수 $f(x,y)=y(x^2+y^2)^{-\frac{3}{2}}\cos(x^2y)$에 대해, $f_y(0,1)$을 구하시오.

8. $f(x,y)=x\sqrt{y}$라 하자. $(1,4)$에서 접평면(tangent plane)을 이용하여 $f(1.1,3.9)$의 선형 근삿값을 구하시오.

9. $z=f(x,y)=\tan^{-1}(xy^2)$일 때, 전미분(total differential) dz를 구하시오.

10. 직사각형의 가로와 세로의 길이가 각각 20cm, 12cm로 측정되었다. 각각의 측정 오차가 기껏해야 0.2cm라고 한다. 직사각형 넓이의 최대 오차를 미분(differential)을 이용하여 근삿값을 구하시오.

5.3 다변수 함수의 다중적분

연속인 이변수 함수 $z=f(x,y)$가 주어진 영역 D 위에서 함숫값이 양수이면, 영역 D 위에서의 부피를 생각해 볼 수 있다. 이는 일변수 함수 $y=f(x)$에 대해 닫힌구간 $[a,b]$에서 양수일 때, x축과 $y=f(x)$ 사이의 넓이를 구하는 것과 같은 개념이다. 일변수 함수에서 정적분을 구할 때, 직사각형의 넓이를 이용해서 구하는 것처럼 이변수 함수에서는 직육면체의 부피를 이용해서 구할 수 있다. 이중적분을 정의하기 위해 먼저 단순한 영역에 대해 생각해 보자.

1. 이변수 함수 $z=f(x,y)$가 닫힌 직사각형 영역

$$R=[a,b]\times[c,d]=\{(x,y)\in\mathbb{R}^2|a\le x\le b, c\le y\le d\}$$

   위에서 연속인 함수라 하자.

2. 영역 R을 분할하기 위해, 구간 $[a,b]$를 길이가 $\Delta x=\dfrac{b-a}{m}$인 m개의 소구간으로 균등 분할하고, 구간 $[c,d]$를 길이가 $\Delta y=\dfrac{d-c}{n}$인 n개의 소구간으로 균등 분할을 한다.

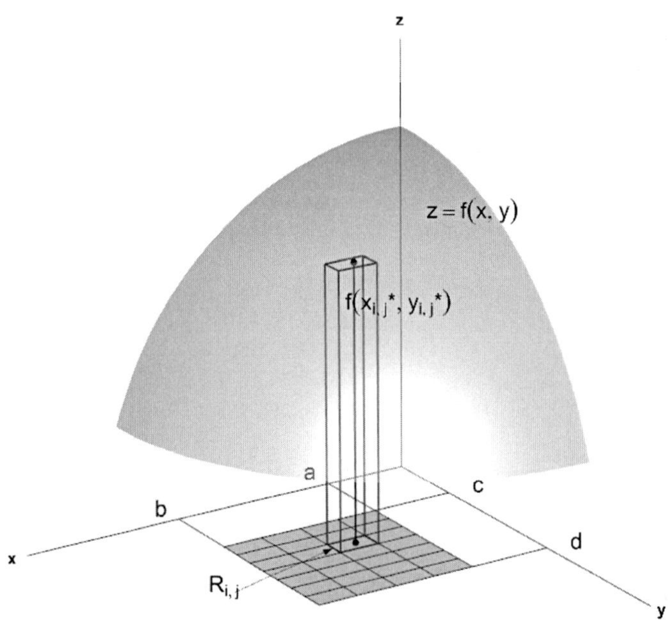

그림 5.7 영역 R의 분할

3. $R_{ij}=[x_{i-1},x_i]\times[y_{j-1},y_j]$ 이라 하면, R_{ij} 의 면적은 모두 ΔA 로 $\Delta A=\Delta x\Delta y$ 가 성립한다.
4. R_{ij} 에서 표본 점 (x_{ij}^*, y_{ij}^*) 를 선택한다.
5. 구하고자 하는 부피 V 는 $V=\lim_{n\to\infty}\lim_{m\to\infty}\sum_{j=1}^{n}\sum_{i=1}^{m}f(x_{ij}^*, y_{ij}^*)\Delta A$ 로 구할 수 있다. 여기서, $\sum_{j=1}^{n}\sum_{i=1}^{m}f(x_{ij}^*, y_{ij}^*)\Delta A$ 를 **이중 리만합**(double riemann sum)이라 한다.

정의 5.9 직사각형 영역 위에서 이중적분(Double Integral)

직사각형 영역 R 위에서 연속인 이변수 함수 f 의 **이중적분**은 이중 리만합의 극한이 존재할 때

$$\iint_R f(x,y)dA=\lim_{n\to\infty}\lim_{m\to\infty}\sum_{j=1}^{n}\sum_{i=1}^{m}f(x_{ij}^*, y_{ij}^*)\Delta A$$

로 정의한다.

이 책에서는 연속인 이변수 함수 f 를 다룰 것이므로 이중적분의 정의도 적분 영역에서 연속인 이변수 함수에 대해서 정의를 내리도록 한다.

정리 5.3 이중적분 중점 법칙

$[x_{i-1},x_i]$ 의 중점을 $\overline{x_i}$, $[y_{j-1},y_j]$ 의 중점을 $\overline{y_j}$ 라 하면,

$$\iint_R f(x,y)dA\approx\sum_{j=1}^{n}\sum_{i=1}^{m}f(\overline{x_i}, \overline{y_j})\Delta A$$

가 성립한다.

예제 5.12 영역 $R=[0,2]\times[1,2]$ 위에서 이중적분 $\iint_R (x^2-xy)dA$ 의 근삿값을 $m=n=2$ 일 때 중점 법칙을 이용해서 구하시오.

풀이 $m=n=2$ 이므로, 닫힌구간 $[0,2]$ 를 2개의 소구간으로, 구간 $[1,2]$ 도 2개의 소구간으로 나누면,

1. $\{x_0=0, x_1=1, x_2=2\}$, $\Delta x=1$ 이고 $\{y_0=1, y_1=1.5, ,y_2=2\}$, $\Delta y=\frac{1}{2}$ 이다.

2. 면적이 $\Delta A = \Delta x \Delta y = 1 \times \frac{1}{2} = \frac{1}{2}$ 인 총 4개의 소영역 $R_{11} = [0,1] \times [1,1.5]$,

   $R_{12} = [1,2] \times [1,1.5]$, $R_{21} = [0,1] \times [1.5,2]$, $R_{22} = [1,2] \times [1.5,2]$.

3. 표본점은 중점으로 선택해서 이중적분을 구하면,

   $$\iint_R (x^2 - xy)dA \approx \frac{1}{2}[f(0.5,1.25) + f(1.5,1.25) + f(0.5,1.75) + f(1.5,1.75)] = -1.$$

정의 5.10 반복적분(Iterated Integral)

$f(x,y)$가 직사각형 영역 $R = [a,b] \times [c,d]$ 에서 연속일 때,

$$\int_a^b \int_c^d f(x,y)dydx \quad 또는 \quad \int_c^d \int_a^b f(x,y)dxdy$$

를 반복적분이라 한다. 계산은 각각

$$\int_a^b \int_c^d f(x,y)dydx = \int_a^b \left(\int_c^d f(x,y)dy \right) dx$$

와

$$\int_c^d \int_a^b f(x,y)dxdy = \int_c^d \left(\int_a^b f(x,y)dx \right) dy$$

로 계산한다.

예제 5.13 반복적분 $\int_0^2 \int_1^2 (x^2 - xy)dydx$ 를 구하시오.

풀이
$$\int_0^2 \int_1^2 (x^2 - xy)dydx = \int_0^2 \left[\int_1^2 (x^2 - xy)dy \right] dx = \int_0^2 \left(x^2 y - \frac{1}{2}xy^2 \right) \Big|_1^2 dx$$
$$= \int_0^2 \left(x^2 - \frac{3x}{2} \right) dx = \left(\frac{x^3}{3} - \frac{3x^2}{4} \right) \Big|_0^2 = -\frac{1}{3}$$

정리 5.4 Fubini(푸비니)의 정리

이변수 함수 f가 직사각형 영역 $R = [a,b] \times [c,d]$ 에서 연속이면,

$$\iint_R f(x,y)dA = \int_a^b \left(\int_c^d f(x,y)dy \right) dx = \int_c^d \left(\int_a^b f(x,y)dx \right) dy$$

가 성립한다.

예제 5.14 직사각형 영역 $R=[0,2]\times[1,2]$ 에서 이중적분 $\iint_R (x^2-xy)dA$ 를 구하시오.

풀이 푸비니 정리에 의해, 주어진 이중적분을 반복적분을 이용해서 구하면 예제 5.13에서 구한 값을 얻을 수 있다. 즉,

$$\iint_R (x^2-xy)dA = \int_0^2\int_1^2 (x^2-xy)dydx = -\frac{1}{3}.$$

이렇게 구한 값을 예제 5.12에서 구한 근삿값과 비교해 보시오. 예제 5.12에서 분할의 개수를 늘리면 어떤 변화가 생기는지 확인해 보시오.

> **따름정리**
>
> 연속인 이변수 함수 $f(x,y)$ 가 $f(x,y)=g(x)h(y)$ 로 표현될 때, 직사각형 영역 $R=[a,b]\times[c,d]$ 에서 이중적분은 다음과 같이 구할 수 있다.
>
> $$\iint_R g(x)h(y)dydx = \left(\int_a^b g(x)dx\right)\left(\int_c^d h(y)dy\right)$$

예제 5.15 직사각형 영역 $R=[-1,1]\times[0,1]$ 에서 이중적분 $\iint_R \frac{xy}{1+x^4}dA$ 를 구하시오.

풀이 따름정리에 의해, $\iint_R \frac{xy}{1+x^4}dA = \left(\int_{-1}^1 \frac{x}{1+x^4}dx\right)\left(\int_0^1 ydy\right)=0$ 이다.

예제 5.16 반복적분 $\int_0^1\int_0^\pi y\cos(xy)dydx$ 를 계산하시오.

풀이 주어진 반복적분은 순서대로 적분하면 적분이 어렵지만, 푸비니 정리에 의해 적분 순서를 바꾸면,

$$\int_0^1\int_0^\pi y\cos(xy)dydx = \int_0^\pi\int_0^1 y\cos(xy)dxdy = \int_0^\pi \sin(xy)\Big|_0^1 dy$$
$$= \int_0^\pi \sin y dy = -\cos y\Big|_0^\pi = 2$$

으로 구할 수 있다.

직사각형 영역이 주어졌을 때 이중적분을 구하는 방법에 대해 배웠다. 이를 이용해서 일반적인 영역이 주어졌을 때 이중적분을 구하는 방법에 대해서 알아보기로 하자.

$\mathbb{R}^2$의 부분집합 D와 영역 D 위에서 정의된 이변수 함수 $f(x,y)$가 주어졌다고 하자. 영역 D를 포함하는 직사각형 영역 R과 이변수 함수

$$F(x,y)=\begin{cases} f(x,y), & (x,y)\in D \\ 0, & (x,y)\in R-D \end{cases}$$

에 대해, 이중적분 $\iint_D f(x,y)dA=\iint_R F(x,y)dA$로 구한다. 이를 계산하기 위해서 영역 D를 다음 두 가지 타입으로 파악한다.

1. 타입 I 영역 $=\{(x,y)|a\le x\le b, g_1(x)\le y\le g_2(x)\}$,
2. 타입 II 영역 $=\{(x,y)|c\le y\le d, h_1(y)\le x\le h_2(y)\}$.

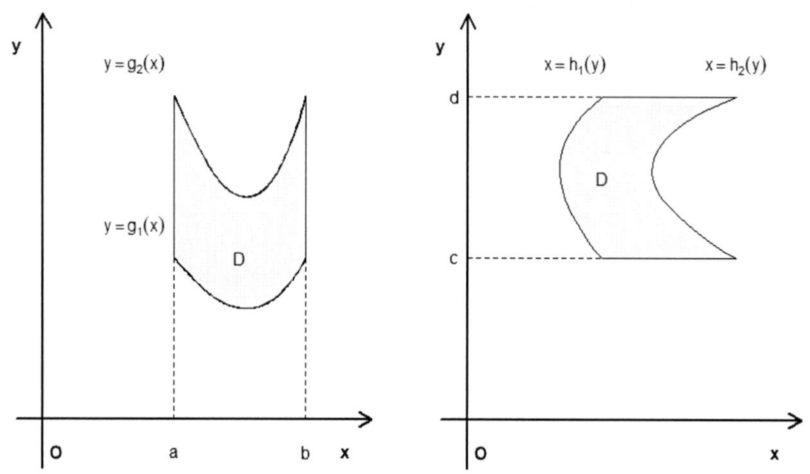

그림 5.8 적분영역

정리 5.5 일반 영역 위에서의 이중적분

이변수 함수 f가 타입 I 영역 $D=\{(x,y)|a\le x\le b, g_1(x)\le y\le g_2(x)\}$ 위에서 연속이면, 이중적분은 $\iint_D f(x,y)dA=\int_a^b\int_{g_1(x)}^{g_2(x)} f(x,y)dydx$로 구한다. 반면, 타입 II 영역 D인 경우에는, $\iint_D f(x,y)dA=\int_c^d\int_{h_1(y)}^{h_2(y)} f(x,y)dxdy$로 구한다.

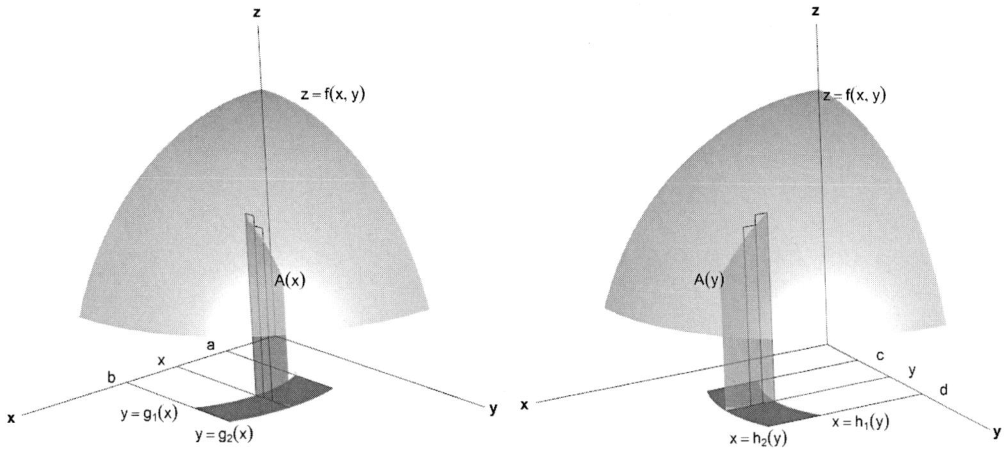

그림 5.9 반복적분

예제 5.17 D가 세 직선 $y=x$, $x=1$, $y=0$으로 둘러싸인 영역일 때, 이중적분 $\iint_D xydA$를 구하시오.

풀이 세 직선으로 둘러싸인 영역을 타입 I 영역으로 보고 이중적분을 구하면,

$$\iint_D xydA = \int_0^1 \int_0^x xydydx = \int_0^1 \frac{1}{2}x^3dx = \frac{1}{8} \text{ 이다.}$$

또는, 주어진 영역을 타입 II 영역으로 보고 이중적분을 구하면,

$$\iint_D xydA = \int_0^1 \int_y^1 xydxdy = \int_0^1 \left(\frac{1}{2}y - \frac{1}{2}y^3\right)dy = \frac{1}{8} \text{ 로 구할 수도 있다.}$$

정리 5.6 이중적분의 성질

(a) $\iint_D [f(x,y)+g(x,y)]dA = \iint_D f(x,y)dA + \iint_D g(x,y)dA$.

(b) $\iint_D cf(x,y)dA = c\iint_D f(x,y)dA$, c는 상수.

(c) 영역 D 내의 모든 (x,y)에 대해 $f(x,y) \ge g(x,y)$가 성립하면,

$\iint_D f(x,y)dA \ge \iint_D g(x,y)dA$ 성립한다.

(d) 영역 D가 경계를 제외하고는 겹치지 않게 두 영역 D_1과 D_2의 합집합으로 표현이 되면, $\iint_D f(x,y)dA = \iint_{D_1} f(x,y)dA + \iint_{D_2} f(x,y)dA$ 성립한다.

(e) 영역 D의 넓이 $A(D)$는 $A(D) = \iint_D 1dA$ 이다.

(f) 영역 D 내에서 $m \le f(x,y) \le M$이면, $mA(D) \le \iint_D f(x,y)dA \le MA(D)$가 성립한다.

예제 5.18 영역 D가 원점이 중심이고 반지름 1인 원의 내부일 때, 이중적분 $\iint_D e^{x^2+y^2}dA$ 값의 범위를 논하시오.

풀이 영역 D의 면적 $A(D)$는 $A(D)=\pi$이고, 영역 D 내에서 $0 \le x^2+y^2 \le 1$이므로 $e^0 = 1 \le e^{x^2+y^2} \le e^1 = e$이 성립하므로, 주어진 이중적분 값은 다음 범위에 존재한다.

$$1 \times \pi = \pi \le \iint_D e^{x^2+y^2}dA \le e \times \pi = e\pi.$$

예제 5.19 $z=x^2$, $z=2x^2$, $y=x^2$, $y=4-x^2$으로 둘러싸인 입체의 부피 V를 구하시오.

풀이 $z=2x^2$과 $z=x^2$ 사이의 입체를 두 포물선 $y=x^2$과 $y=4-x^2$으로 둘러싸인 영역에서 이중적분으로 부피를 구하면,

$$V = \iint_D (2x^2 - x^2)dA = \int_{-\sqrt{2}}^{\sqrt{2}} \int_{x^2}^{4-x^2} x^2 dydx = \frac{32\sqrt{2}}{15} \text{ 이다.}$$

〈참고〉 통계에서 자주 사용되는 표준정규분포의 확률밀도함수 $f(x)$는 $f(x) = \frac{1}{\sqrt{2\pi}}e^{-\frac{x^2}{2}}$ 이다. $f(x)$가 확률밀도함수이므로, $\int_{-\infty}^{\infty} f(x)dx = 1$을 만족해야 한다. 그러나 e^{-x^2}의 원시함수를 알 수 없어서 이 함수의 적분을 구할 수 없다. 이 적분 값을 구하기 위해, 다음과 같은 방식으로 접근한다. 단, $g(x) = e^{-x^2}$이라 하자.

1. $I=\int_{-\infty}^{\infty} g(x)dx$ 라 하자.

2. $I^2=\int_{-\infty}^{\infty} g(x)dx\int_{-\infty}^{\infty} g(y)dy=\iint_{\mathbb{R}^2} g(x)g(y)dA=\iint_{\mathbb{R}^2} e^{-x^2-y^2}dA$

3. $x=r\cos\theta$, $y=r\sin\theta$ 로 치환하여 극좌표 적분을 이용해서 구하면($dA=rdrd\theta$ 가 성립하므로), $\iint_{\mathbb{R}^2} e^{-x^2-y^2}dA=\iint_{\mathbb{R}^2} e^{-r^2}rdrd\theta=\int_0^{2\pi}\int_0^{\infty} re^{-r^2}drd\theta$ 로 구할 수 있다.

4. 이상적분을 이용해서 구하면, $I^2=\left(\int_0^{2\pi} d\theta\right)\left(\int_0^{\infty} re^{-r^2}dr\right)=2\pi\times\frac{1}{2}=\pi$ 가 성립하므로, 구하고자 하는 적분 I는 $I=\int_{-\infty}^{\infty} e^{-x^2}dx=\sqrt{\pi}$ 가 성립한다.

따라서 $\int_{-\infty}^{\infty} e^{-\frac{x^2}{2}}dx=\sqrt{2\pi}$ 이므로, $\int_{-\infty}^{\infty}\frac{1}{\sqrt{2\pi}}e^{-\frac{x^2}{2}}dx=1$ 이 성립한다.

여기서, **극좌표**(polar coordinate system) 개념이 나오는데, 이는 $\mathbb{R}^2$를 직사각형의 개념으로 보는 직교좌표계, 원의 개념으로 보는 극좌표계에 관한 이해가 필요하다. $\mathbb{R}^2$의 고정된 점(원점)과 이 고정된 점에서 시작하는 반직선(극축, x축의 양의 방향)을 이용하여, 한 점이 주어졌을 때, 이 점을 원점까지의 거리 r과 극축에서 원점과 점을 이은 선분까지의 반시계 방향으로의 각 θ를 가지고 점을 표현하는 방법을 극좌표계라 한다. 직교좌표계에서 점 (x,y)를 극좌표계의 점으로 표현하면, $r=x^2+y^2$과 $\tan\theta=\frac{y}{x}$가 성립하도록 r과 θ를 구하면 된다. 단, 극좌표계에서는 한 점을 표현하는 방법이 무수히 많기 때문에 조심할 필요가 있다. 일반적으로 θ를 구할 때에는 점 (x,y)가 속하는 사분면을 보고 결정하면 된다. 직교좌표계에서는 면적소 ΔA가 $\Delta A=\Delta x\Delta y$가 성립하여, $dA=dxdy$를 이용해서 적분을 했다면, 극좌표계에서는 $\Delta A=r\Delta r\Delta\theta$가 성립하여, $dA=rdrd\theta$를 이용해서 적분한다. 따라서 주어진 영역 D가 극좌표계에서 $D=\{(r,\theta)|a\le r\le b,\alpha\le\theta\le\beta\}$로 표현되고, 함수 f가 D 위에서 연속이면, $\iint_D f(x,y)dA=\int_\alpha^\beta\int_a^b f(r\cos\theta,r\sin\theta)rdrd\theta$를 이용해서 구할 수 있다. 이를 이용해서 반지름 a인 반구($z=\sqrt{a^2-x^2-y^2}$)의 부피 V는

$$V = \iint_D \sqrt{a^2 - x^2 + y^2}\,dA = \int_0^{2\pi}\int_0^a r\sqrt{a^2 - r^2}\,drd\theta = 2\pi \times \frac{a^3}{3} = \frac{2\pi}{3}a^3$$

이므로, 반지름 a인 구의 부피는 $\frac{4\pi}{3}a^3$이다. 만약 영역 D가 좀 더 일반적인 영역인 $D = \{(r,\theta)|\alpha \le \theta \le \beta, g_1(\theta) \le r \le g_2(\theta)\}$ 라면, 극좌표계에서의 이중적분은 $\iint_D f(x,y)dA = \int_\alpha^\beta \int_{g_1(\theta)}^{g_2(\theta)} f(r\cos\theta, r\sin\theta) r dr d\theta$ 이다.

3절의 내용은 아래와 같이 요약해 볼 수 있다.

➔ $\mathbb{R}^2$의 영역 $R = [a,b] \times [c,d]$ 에서 연속인 이변수 함수 $z = f(x,y)$의 이중적분은 $\iint_R f(x,y)dA = \lim_{n\to\infty}\lim_{m\to\infty}\sum_{i=1}^{n}\sum_{j=1}^{m} f(x_i^*, y_j^*)\Delta A$, $\Delta A = \Delta x \Delta y$로 정의한다.

➔ 푸비니 정리 : 이변수 함수 $z = f(x,y)$가 영역 $R = [a,b] \times [c,d]$ 에서 연속일 때, $\iint_R f(x,y)dA = \int_a^b \int_c^d f(x,y)dydx = \int_c^d \int_a^b f(x,y)dxdy$가 성립한다.

➔ 영역 $D = \{(x,y)|a \le x \le b, g_1(x) \le y \le g_2(x)\}$ 에서 연속인 이변수 함수 $z = f(x,y)$의 이중적분은 $\iint_D f(x,y)dA = \int_a^b \int_{g_1(x)}^{g_2(x)} f(x,y)dydx$ 로,

영역 $D = \{(x,y)|c \le y \le d, h_1(y) \le x \le h_2(y)\}$ 에서 이중적분은 $\iint_D f(x,y)dA = \int_c^d \int_{h_1(y)}^{h_2(y)} f(x,y)dxdy$로 구할 수 있다.

➔함수 f가 D 위에서 연속이면,

$D = \{(r,\theta)|a \le r \le b, \alpha \le \theta \le \beta\}$ 일 때, $\iint_D f(x,y)dA = \int_\alpha^\beta \int_a^b f(r\cos\theta, r\sin\theta) r dr d\theta$,

일반적인 영역 $D = \{(r,\theta)|\alpha \le \theta \le \beta, g_1(\theta) \le r \le g_2(\theta)\}$ 일 때는,

$\iint_D f(x,y)dA = \int_\alpha^\beta \int_{g_1(\theta)}^{g_2(\theta)} f(r\cos\theta, r\sin\theta) r dr d\theta$ 이다.

연습문제 5.3

1. 다음 주어진 영역에서의 이중 적분을 구하시오.

(a) $\iint_R xy^2 dA$, $R=[0,1]\times[1,2]$. (b) $\iint_R (e^x+\cos y)dA$, $R=[0,1]\times[0,\pi]$.

2. 두 곡선 $y=x^2$과 $y=x$로 둘러싸인 영역을 D라 할 때, $\iint_D xy dA$를 구하시오.

3. 곡면 $z=1-x^2-y^2$과 평면 $x=0$, $y=0$, $x+y=1$, $z=0$으로 둘러싸인 입체의 부피를 구하시오.

4. $\int_0^1 \int_{3y}^3 f(x,y)dxdy$의 적분 순서를 바꾸어서 표현하시오.

5. $\int_{-1}^1 \int_0^1 e^{x^2+y^2}\sin y dxdy$를 구하시오.

6. $\int_0^{\sqrt{\pi}} \int_y^{\sqrt{\pi}} \cos(x^2)dxdy$를 계산하시오.

7. 영역 $D=\{(x,y)|-2 \leqq x \leqq 2, -3 \leqq y \leqq 3\}$일 때, $\iint_D 2x^3+3y^3+\sqrt{4-x^2}\,dA$의 값을 구하시오.

8. 영역 $D=\left\{(x,y)|1 \leqq x^2+y^2 \leqq 2, 0 \leqq y \leqq \frac{x}{\sqrt{3}}\right\}$일 때, $\iint_D \tan^{-1}\left(\frac{y}{x}\right)dA$값을 구하시오.(힌트: 극좌표계 $x=r\cos\theta$, $y=r\sin\theta$를 이용하시오.)

9. 곡면 $z=4x^2+4y^2$의 위쪽이고, 곡면 $z=2\sqrt{x^2+y^2}$의 아래쪽에 해당하는 입체의 부피를 구하시오.

10. 네 평면 $z=2x$, $y=x$, $x+y=1$, 그리고 $z=0$에 의해 둘러싸인 입체의 부피를 이중 적분을 이용하여 구하시오.

“선형대수(Linear Algebra)”

다양한 원인에 의해 결과가 나타난다. 나타난 결과를 보고 다양한 원인을 파악할 때 연립방정식을 종종 사용한다. 특히 일차방정식으로 이루어진 연립방정식은 행렬을 이용하여 그 해를 쉽게 찾을 수 있다. 행렬은 이처럼 연립방정식의 해를 구하는 도구로 사용되기도하고 컴퓨터공학 또는 정보이론에서 정보를 다루는 도구로 사용되기도 한다.

벡터는 자연현상에서 방향과 크기를 가진 성분을 나타내고 이 성분들의 작용을 설명할 때 사용된다. 벡터들은 행렬을 통해 쉽게 처리될 수 있어서 행렬과도 밀접한 관계를 가진다. 특히 벡터와 행렬을 이용하면 무인기의 진행방향, 자세 등의 제어식을 효과적으로 표현할 수도 있다.

6장에서는 연립일차방정식과 행렬을 관계를 통해 행렬의 성질과 이를 통해 연립일차방정식의 해를 구하는 방법에 대해 살펴볼 것이다. 7장에서는 벡터들의 성질을 살펴볼 것인데 이때 앞서 배웠던 행렬을 이용하여 벡터들의 작용을 효과적으로 설명하는 방법도 함께 살펴볼 것이다

○ 제 6 장 ○

행렬과 행렬식

6.1 행렬과 연산

6.1.1 행렬이란?

m과 n이 자연수일 때, mn개의 실수 a_{ij} $(1 \le i \le m,\ 1 \le j \le n)$를

$$A = \begin{bmatrix} a_{11} & a_{12} & \cdots & a_{1j} & \cdots & a_{1n} \\ a_{21} & a_{22} & \cdots & a_{2j} & \cdots & a_{2n} \\ \vdots & \vdots & \ddots & \vdots & \ddots & \vdots \\ a_{i1} & a_{i2} & \cdots & a_{ij} & \cdots & a_{in} \\ \vdots & \vdots & \ddots & \vdots & \ddots & \vdots \\ a_{m1} & a_{m2} & \cdots & a_{mj} & \cdots & a_{mn} \end{bmatrix}$$

와 같이 직사각형의 모양으로 나열한 것을 $m \times n$ **행렬**(m by n matrix) 또는 크기(size)가 $m \times n$인 행렬이라고 한다. 행렬 A에서 위에서 i번째 가로줄인

$$a_{i1}\ a_{i2}\ \cdots\ a_{in}$$

를 행렬 A의 i**번째 행**(ith row)라 하고 왼쪽에서 j번째 세로줄인

$$\begin{matrix} a_{j1} \\ a_{j2} \\ \vdots \\ a_{jm} \end{matrix}$$

를 행렬 A의 j**번째 열**(jth column)이라고 한다.

위의 행렬 A를 $A = [a_{ij}]_{m \times n}$ 또는 $A_{m \times n}$으로 간단히 나타내기도 한다. 행렬의 크기가 중요하지 않거나 문맥을 통해 확인할 수 있을 때엔 $A = [a_{ij}]$로 나타내기도 한다.

행렬 A의 행의 개수와 열의 개수가 같을 때, 즉 $A = [a_{ij}]_{n \times n}$일 때 행렬 A를 n**차 정사각 행렬**(square matrix of degree n)이라고 한다. 그리고 단 하나의 성분만 가지는 행렬 $[a]$는 실수 a와 같은 것으로 간주한다. 또한 모든 성분이 0인 $m \times n$ 행렬을 $m \times n$ **영행렬**

(zero matrix)라고 하고 $O_{m\times n}$ 또는 O로 나타낸다.

6.1.2 행렬의 연산

행렬은 연립일차방정식을 풀기 위한 도구로 오랜 시간동안 사용되었다. 행렬은 서양에서는 1800년 대 이후에 배열(array)라는 개념으로 알려져 왔으며 동양에서는 이보다 훨씬 이전에 배열을 이용하여 연립일차방정식을 푸는 방법에 대해 알고 있었고 이는 구장산술 8장에 서술되어 있다. 실제로 행렬을 이용하면 연립일차방정식을 효과적으로 표현할 수 있으며 그 풀이를 알고리즘적으로 서술할 수 있어 컴퓨터를 활용하여 효율적으로 해를 구할 수 있다. 현재 행렬은 연립일차방정식의 풀이 이외에도 정보 저장과 처리의 방법, 검색의 도구로서 역할을 하고 있으며 통신, 암호, 인공지능 등의 분야에서 활발히 사용되고 있다. 이렇게 다양한 분야에서 행렬을 효과적으로 활용하기 위해서는 행렬들 사이의 연산이 필요하다.

연산을 정의하기 전에 우선 두 행렬이 같음을 정의하자.

정의 6.1 두 행렬 $A=[a_{ij}]_{m\times n}$, $B=[b_{ij}]_{r\times s}$에 대하여 $m=r$, $n=s$이고 $1\leq ilem$, $1\leq j\leq n$인 모든 i와 j에 대하여 $a_{ij}=b_{ij}$이면 A와 B는 같다(A and B are identical)고 하고 $A=B$로 나타낸다.

행렬이 같은지 확인하기 위해서는 정의 6.1과 같이 그 행렬이 가지고 있는 내용뿐만 아니라 행렬의 크기도 함께 비교 해야 한다.

행렬의 덧셈은 다음과 같이 정의한다.

정의 6.2 두 $m\times n$ 행렬 $A=[a_{ij}]_{m\times n}$와 $B=[b_{ij}]_{m\times n}$에 대하여 **행렬 덧셈**(matrix addition) $A+B$는

$$A+B=[a_{ij}+b_{ij}]_{m\times n}$$

으로 정의한다.

같은 행렬을 여러 번 더하는 경우 행렬에 자연수를 곱해 나타낼 수 있다. 이는 행렬과 실수 사이의 곱으로 다음과 같이 확장하여 정의할 수 있다.

정의 6.3 $m\times n$ 행렬 $A=[a_{ij}]_{m\times n}$와 실수 k에 대하여 행렬의 **스칼라곱**(scalar multiplication) kA는

$$kA=[ka_{ij}]_{m\times n}$$

으로 정의한다.

예제 6.1 행렬의 상등, 행렬의 덧셈, 행렬의 스칼라곱의 정의를 이용하면 다음과 같은 연산 결과를 얻는다.

(1) $\begin{bmatrix}1 & 2 & 3\\4 & 5 & 6\end{bmatrix}+\begin{bmatrix}0 & -1 & 2\\1 & 2 & -2\end{bmatrix}=\begin{bmatrix}1 & 1 & 5\\5 & 7 & 4\end{bmatrix}$

(2) $3\begin{bmatrix}1 & 2 & 3\\4 & 5 & 6\end{bmatrix}=\begin{bmatrix}3 & 6 & 9\\12 & 15 & 18\end{bmatrix}$

(3) $-\begin{bmatrix}1 & 2\\3 & -1\end{bmatrix}=\begin{bmatrix}-1 & -2\\-3 & 1\end{bmatrix}$

(4) $\begin{bmatrix}1\\2\end{bmatrix}+[1\quad 2]$는 두 행렬의 크기가 다르므로 연산할 수 없다.

정리 6.1 임의의 세 $m\times n$ 행렬 A,B,C 와 임의의 두 실수 k, l에 대하여 다음이 성립한다.

(1) $(A+B)+C=A+(B+C)$

(2) $A+B=B+A$

(3) $A+O=O+A=A$

(4) $A+(-A)=(-A)+A=O$

(5) $k(A+B)=kA+kB$

(6) $(k+l)A=kA+lA$

(7) $(kl)A=k(lA)$

(8) $1A=A$

두 $m\times n$ 행렬 A와 B의 **뺄셈**(subtraction)은 행렬의 덧셈과 스칼라곱을 이용하면

$$A-B=A+(-B)$$

와 같이 정의할 수 있다. 즉 $A-B=[a_{ij}-b_{ij}]$이다.

예제 6.2 행렬의 뺄셈은 다음과 같이 계산할 수 있다.

$$\begin{bmatrix}1 & 2 & 3\\4 & 5 & 6\end{bmatrix}-\begin{bmatrix}-1 & 2 & -1\\2 & 7 & 5\end{bmatrix}=\begin{bmatrix}2 & 0 & 4\\2 & -2 & 1\end{bmatrix}$$

정의 6.4 $m\times n$행렬 $A=[a_{ij}]_{m\times n}$와 $n\times r$ 행렬 $B=[b_{ij}]_{n\times r}$에 대하여, **행렬곱**(product) AB는 $m\times r$행렬이며, AB의 (i,j) 성분을 c_{ij}라고 하면, c_{ij}는 행렬 A의 i번째 행 $\begin{matrix}a_{i1} & a_{i2} & \cdots & a_{in}\end{matrix}$과 행렬 B의 j번째 열 $\begin{matrix}b_{1j}\\b_{2j}\\\vdots\\b_{nj}\end{matrix}$로부터

$$c_{ij}=a_{i1}b_{1j}+a_{i2}b_{2j}+\cdots+a_{in}b_{nj}$$

로 얻어진다.

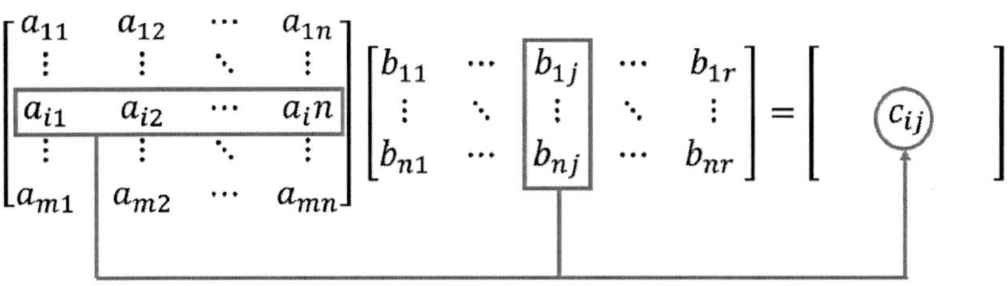

$$c_{ij}=a_{i1}b_{1j}+a_{i2}b_{2j}+\cdots+a_{in}b_{nj}$$

〈참고〉 행렬곱의 정의에 따라 $m\times n$ 행렬 A와 $n\times r$ 행렬 B의 곱 AB는 $m\times r$ 행렬이 된다. 이때 행렬 A의 열의 개수와 행렬 B의 열의 개수가 다르면 두 행렬의 곱은 정의되지 않는다. 예를 들어 두 행렬 $\begin{bmatrix}1 & 2 & 4\\2 & 5 & 1\end{bmatrix}$와 $\begin{bmatrix}2 & -1\\4 & 1\end{bmatrix}$에 대해서 행렬곱 $\begin{bmatrix}2 & -1\\4 & 1\end{bmatrix}\begin{bmatrix}1 & 2 & 4\\2 & 5 & 1\end{bmatrix}$은 정의되고 그 결과는 $\begin{bmatrix}0 & -1 & 7\\6 & 13 & 17\end{bmatrix}$이지만, 행렬곱 $\begin{bmatrix}1 & 2 & 4\\2 & 5 & 1\end{bmatrix}\begin{bmatrix}2 & -1\\4 & 1\end{bmatrix}$은 앞의 행렬의 열의 개수와 뒤의 행렬의 행의 개수가 다르므로 정의되지 않는다.

예제 6.3 (1) 두 행렬 $A=\begin{bmatrix}1 & 2 & 4\\2 & 5 & 1\end{bmatrix}$와 $B=\begin{bmatrix}1 & -1\\2 & 3\\3 & -2\end{bmatrix}$에 대하여, 행렬 A는 2×3 행렬이고 행렬 B는 3×2 행렬이다. 정의 6.4에 의해 AB는 2×2행렬 $C=\begin{bmatrix}c_{11} & c_{12}\\c_{21} & c_{22}\end{bmatrix}$이며 각 성

분은

$$c_{11}=1\cdot 1+2\cdot 2+4\cdot 3=17,$$
$$c_{12}=1\cdot(-1)+2\cdot 3+4\cdot(-2)=-3$$
$$c_{21}=2\cdot 1+5\cdot 2+1\cdot 3=15,$$
$$c_{22}=2\cdot(-1)+5\cdot 3+1\cdot(-2)=11$$

이므로

$$AB=\begin{bmatrix}1 & 2 & 4\\ 2 & 5 & 1\end{bmatrix}\begin{bmatrix}1 & -1\\ 2 & 3\\ 3 & -2\end{bmatrix}=\begin{bmatrix}17 & -3\\ 15 & 11\end{bmatrix}$$

이다.

(2) (1)에서의 두 행렬 A와 B에 대하여 BA는

$$BA=\begin{bmatrix}1 & -1\\ 2 & 3\\ 3 & -2\end{bmatrix}\begin{bmatrix}1 & 2 & 4\\ 2 & 5 & 1\end{bmatrix}=\begin{bmatrix}-1 & -3 & 3\\ 8 & 19 & 11\\ -1 & -4 & 10\end{bmatrix}$$

으로 $BA\neq AB$이다.

(3) 1×3 행렬 $[1 \quad 2 \quad 3]$와 3×1 행렬 $\begin{bmatrix}2\\ -1\\ 3\end{bmatrix}$의 곱을 생각해보면

$$[1 \quad 2 \quad 3]\begin{bmatrix}2\\ -1\\ 3\end{bmatrix}=[9]$$

이고

$$\begin{bmatrix}2\\ -1\\ 3\end{bmatrix}[1 \quad 2 \quad 3]=\begin{bmatrix}2 & 4 & 6\\ -1 & -2 & -3\\ 3 & 6 & 9\end{bmatrix}$$

이다.

예제 6.3에서처럼 두 행렬 A와 B에 대하여 행렬곱 AB와 BA는 일반적으로 같지 않다. 즉 행렬곱셈에서는 교환법칙이 성립하지 않을 수 있다. 행렬곱셈에 대한 연산 법칙은 다음과 같다.

정리 6.2 행렬곱이 정의되는 세 행렬 A, B, C와 실수 k에 대하여 다음 등식이 성립한다.
(1) $(AB)C = A(BC)$
(2) $A(B+C) = AB + AC$, $(A+B)C = AC + BC$
(3) $k(AB) = (kA)B = A(kB)$

정의 6.5 n차 정사각행렬 I_n은 $1 \le i \le n$인 모든 i에 대하여 (i,i)성분은 1이고 그 밖의 성분은 0인 행렬이다. 즉 $I_n = \begin{bmatrix} 1 & 0 & 0 & \cdots & 0 \\ 0 & 1 & 0 & \cdots & 0 \\ 0 & 0 & 1 & \cdots & 0 \\ \vdots & \vdots & \vdots & \ddots & \vdots \\ 0 & 0 & 0 & \cdots & 1 \end{bmatrix}$이다. 이러한 I_n을 **항등행렬**(identity matrix) 또는 **단위행렬**이라고 한다.

정리 6.3 $m \times n$ 행렬 A에 대하여

$$AI_n = A,\ I_mA = A$$

이다.

6.1.3 전치행렬

정의 6.6 $m \times n$ 행렬 $A = \begin{bmatrix} a_{11} & \cdots & a_{1n} \\ \vdots & \ddots & \vdots \\ a_{m1} & \cdots & a_{mn} \end{bmatrix}_{m \times n}$에 대하여 A의 행을 열로 바꾸어 정의한 $n \times m$ 행렬 $\begin{bmatrix} a_{11} & \cdots & a_{m1} \\ a_{12} & \cdots & a_{m2} \\ \vdots & \ddots & \vdots \\ a_{1n} & \cdots & a_{mn} \end{bmatrix}_{n \times m}$을 행렬 A의 **전치행렬**(transpose)라고 하고 A^T로 나타낸다.

정리 6.4 행렬 A와 B는 $m \times n$ 행렬이고 k는 실수일 때 다음이 성립한다.
(1) $(A+B)^T = A^T + B^T$ (2) $(A^T)^T = A$ (3) $(kA)^T = kA^T$

예제 6.4 행렬 $A=\begin{bmatrix} 2 & -1 & 3 \\ -1 & 3 & 4 \end{bmatrix}$와 행렬 $B=\begin{bmatrix} -1 & 2 & 1 \\ 4 & 1 & 2 \end{bmatrix}$에 대하여 $A+B = \begin{bmatrix} 1 & 1 & 4 \\ 3 & 4 & 6 \end{bmatrix}$이다. 그런데

$$A^T = \begin{bmatrix} 2 & -1 \\ -1 & 3 \\ 3 & 4 \end{bmatrix} \text{이고 } B^T = \begin{bmatrix} -1 & 4 \\ 2 & 1 \\ 1 & 2 \end{bmatrix}$$

이므로 이고 $A^T + B^T = \begin{bmatrix} 1 & 3 \\ 1 & 4 \\ 4 & 6 \end{bmatrix}$이다. 따라서 $(A+B)^T = A^T + B^T$이다.

행렬 곱셈과 전치행렬의 경우, 덧셈이나 스칼리곱과는 달리 계산하는 순서가 다음과 같이 달라짐에 조심해야 한다.

정리 6.5 $m \times n$ 행렬 A와 $n \times r$ 행렬 B에 대하여 $(AB)^T = B^T A^T$이다.

예제 6.5 행렬 $A=\begin{bmatrix} 2 & -1 & 3 \\ -1 & 3 & 4 \end{bmatrix}$와 행렬 $B=\begin{bmatrix} -1 & 4 \\ 2 & 1 \\ 1 & 2 \end{bmatrix}$에 대하여 $AB=\begin{bmatrix} -1 & 13 \\ 11 & 7 \end{bmatrix}$이다.

그런데

$$B^T = \begin{bmatrix} -1 & 2 & 1 \\ 4 & 1 & 2 \end{bmatrix} \text{이고 } A^T = \begin{bmatrix} 2 & -1 \\ -1 & 3 \\ 3 & 4 \end{bmatrix}$$

이므로 $B^T A^T = \begin{bmatrix} -1 & 11 \\ 13 & 7 \end{bmatrix}$이다. 따라서 $(AB)^T = B^T A^T$이다.

정의 6.7 (1) $A^T = A$**인 행렬** A**를 대칭행렬**(symmetric matrix)라고 한다.

(2) $A^T = -A$인 행렬 A를 **반대칭행렬**(skew symmetric matrix) 또는 **교대행렬**(alternating matrix)라고 한다.

〈**참고**〉 행렬 A가 대칭행렬이거나 반대칭행렬이면 행의 개수와 열의 개수가 같아야 하므로 행렬 A는 정사각행렬이다.

예제 6.6 (1) n차 정사각행렬 A에 대하여 행렬 $A + A^T$는

$$(A+A^T)^T = A^T + (A^T)^T = A^T + A = A + A^T$$

이므로 대칭행렬이다.

(2) n차 정사각행렬 B에 대하여 행렬 $B-B^T$는

$$(B-B^T)^T = B^T - (B^T)^T = B^T - B = -(B-B^T)$$

이므로 반대칭행렬이다.

(3) $m \times n$ 행렬 A에 대하여

$$(AA^T)^T = (A^T)^T A^T = AA^T$$

이므로 대칭행렬이다. 특히 AA^T는 m차 정사각행렬이다. 마찬가지로 A^TA는 n차 정사각행렬인 대칭행렬이다.

6.1.4 요약

6.1절의 내용을 요약하면 다음과 같다.

➔ 행렬 $A = \begin{bmatrix} a_{11} & a_{12} & \cdots & a_{1j} & \cdots & a_{1n} \\ a_{21} & a_{22} & \cdots & a_{2j} & \cdots & a_{2n} \\ \vdots & \vdots & \ddots & \vdots & \ddots & \vdots \\ a_{i1} & a_{i2} & \cdots & a_{ij} & \cdots & a_{in} \\ \vdots & \vdots & \ddots & \vdots & \ddots & \vdots \\ a_{m1} & a_{m2} & \cdots & a_{mj} & \cdots & a_{mn} \end{bmatrix}$의 행과 열 그리고 크기

➔ 행렬의 덧셈 $A+B = [a_{ij}+b_{ij}]_{m \times n}$과 스칼라곱셈 $kA = [ka_{ij}]_{m \times n}$

➔ 행렬의 곱셈

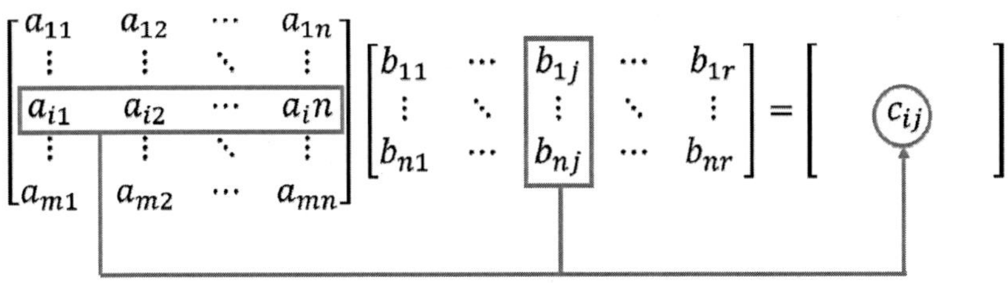

$$c_{ij} = a_{i1}b_{1j} + a_{i2}b_{2j} + \cdots + a_{in}b_{nj}$$

➔ 행렬의 연산법칙

정리 6.1 임의의 세 $m \times n$ 행렬 A, B, C 와 임의의 두 실수 k, l에 대하여 다음이 성립한다.

(1) $(A+B)+C=A+(B+C)$ (2) $A+B=B+A$

(3) $A+O=O+A=A$ (4) $A+(-A)=(-A)+A=O$

(5) $k(A+B)=kA+kB$ (6) $(k+l)A=kA+lA$

(7) $(kl)A=k(lA)$ (8) $1A=A$

정리 6.2 행렬곱이 정의되는 세 행렬 A, B, C와 실수 k에 대하여 다음 등식이 성립한다.

(1) $(AB)C=A(BC)$

(2) $A(B+C)=AB+AC$, $(A+B)C=AC+BC$

(3) $k(AB)=(kA)B=A(kB)$

➔ 여러 가지 행렬:

– 항등행렬 $I_n=\begin{bmatrix} 1 & 0 & 0 & \cdots & 0 \\ 0 & 1 & 0 & \cdots & 0 \\ 0 & 0 & 1 & \cdots & 0 \\ \vdots & \vdots & \vdots & \ddots & \vdots \\ 0 & 0 & 0 & \cdots & 1 \end{bmatrix}$

– 행렬$A=\begin{bmatrix} a_{11} & \cdots & a_{1n} \\ \vdots & \ddots & \vdots \\ a_{m1} & \cdots & a_{mn} \end{bmatrix}_{m \times n}$ 의 전치행렬 $A^T=\begin{bmatrix} a_{11} & \cdots & a_{m1} \\ a_{12} & \cdots & a_{m2} \\ \vdots & \ddots & \vdots \\ a_{1n} & \cdots & a_{mn} \end{bmatrix}_{n \times m}$

연습문제 6.1

1. 다음을 계산하시오.

(1) $\begin{bmatrix} 2 & 5 & -3 \\ -1 & 0 & 7 \end{bmatrix}+\begin{bmatrix} 4 & -2 & 5 \\ 5 & 3 & 2 \end{bmatrix}$

(2) $2\begin{bmatrix} 1 & 2 & -3 \\ 5 & 0 & 8 \end{bmatrix}-3\begin{bmatrix} 0 & -2 & 1 \\ 2 & 4 & 5 \end{bmatrix}$

(3) $\begin{bmatrix} 2 & 5 & -3 \\ -1 & 0 & 7 \end{bmatrix}\begin{bmatrix} 4 \\ 2 \\ -3 \end{bmatrix}$

(4) $\begin{bmatrix} 0 & 0 \\ 0 & 1 \\ 1 & 0 \end{bmatrix}\begin{bmatrix} 1 & 2 \\ 3 & 4 \end{bmatrix}$

2. 행렬 A와 B는 대칭행렬이다. 상수 a, b, c를 구하시오.

$$A=\begin{bmatrix} 3 & 2a+3b & b \\ a & -5 & -c \\ c-a & 2 & -2 \end{bmatrix} \qquad B=\begin{bmatrix} 6 & -5a-3b & a+b \\ 2a+c & 3 & -1 \\ -c & -b-c & 7 \end{bmatrix}$$

3. 두 행렬 $A=\begin{bmatrix} 1 & 2 & 3 \\ -1 & 0 & 2 \end{bmatrix}$와 $B=\begin{bmatrix} -1 & 1 \\ 0 & -3 \end{bmatrix}$에 대하여 A^T, B^T, $(BA)^T$와 A^TB^T를 각각 구하시오.

4. 2차 정사각 행렬 $A=\begin{bmatrix} 3 & -1 \\ 2 & -1 \end{bmatrix}$에 대하여 $AX=\begin{bmatrix} 1 & 0 \\ 0 & 1 \end{bmatrix}$인 2차 정사각행렬 $X=\begin{bmatrix} x & y \\ z & w \end{bmatrix}$를 구하시오.

5. 행렬 $A=\begin{bmatrix} 6 & -2 \\ 1 & 6 \end{bmatrix}$에 대하여 AA^T와 A^TA를 구하시오.

6. 2차 정사각행렬 $A=\begin{bmatrix} 1 & 2 \\ 2 & 4 \end{bmatrix}$에 대하여 $AX=\begin{bmatrix} 0 & 0 \\ 0 & 0 \end{bmatrix}$이 되는 2차 정사각행렬 $X=\begin{bmatrix} x & y \\ z & w \end{bmatrix}$를 구하시오.

7. n차 정사각행렬 A와 B가 대칭행렬일 때, $AB=BA$는 AB가 대칭행렬인 필요충분조건임을 증명하시오.

8. n차 정사각행렬 A에 대하여, A는 대칭행렬과 반대칭행렬의 합으로 유일하게 나타낼 수 있음을 보이시오.

9. n차 정사각행렬 $A=[a_{ij}]_{n\times n}$에 대하여 $a_{11}+a_{22}+\cdots+a_{nn}$을 행렬 A의 **대각합**(trace)라고 하고 $tr(A)$로 나타낸다. 임의의 실수 a, b에 대하여 $A=\begin{bmatrix} 0 & a \\ b & 0 \end{bmatrix}$라 할 때, A^{2n}, A^{2n+1}, $tr(A^{2n})$, $tr(A^{2n+1})$을 각각 구하시오. 단, n은 임의의 자연수이다.

6.2 연립일차방정식

6.2.1 연립일차방정식

상수 a_1, a_2, ..., a_n, b에 대하여

$$a_1x_1+a_2x_2+\cdots+a_nx_n=b \text{ (단, } a_1, a_2, \ldots, a_n \text{ 중 적어도 하나는 0이 아님)}$$

를 x_1, x_2, ..., x_n에 대한 **일차방정식**(linear equation)이라고 한다. 이때 x_i는 **미지수**(unknown), a_i는 x_i의 **계수**(coefficient)라고 한다.

이 절에서는 여러 개의 일차방정식을 동시에 만족하는 미지수를 구하는 효과적인 방법에 대해 생각해 볼 것이다.

정의 6.8 (1) 미지수 x_1, x_2, ... ,x_n에 대한 일차방정식 m개의 모임

$$\begin{cases} a_{11}x_1+a_{12}x_2+\cdots+a_{1n}x_n=b_1 \\ a_{21}x_1+a_{22}x_2+\cdots+a_{2n}x_n=b_2 \\ \quad\vdots \\ a_{m1}x_1+a_{m2}x_2+\cdots+a_{mn}x_n=b_m \end{cases} \tag{6.1}$$

을 **연립일차방정식**(system of linear equations)이라고 한다.

(2) 식 (6.1)에서 $m\times n$ 행렬 $A=\begin{bmatrix} a_{11} & a_{12} & \cdots & a_{1n} \\ a_{21} & a_{22} & \cdots & a_{2n} \\ \vdots & \vdots & \ddots & \vdots \\ a_{m1} & a_{m2} & \cdots & a_{mn} \end{bmatrix}$는 **계수행렬**(coefficient matrix), $n\times 1$ 행렬 $X=\begin{bmatrix} x_1 \\ x_2 \\ \vdots \\ x_n \end{bmatrix}$는 **미지수행렬**(unknown matrix), $m\times 1$ 행렬 $B=\begin{bmatrix} b_1 \\ b_2 \\ \vdots \\ b_m \end{bmatrix}$는 **상수행렬**(constant matrix)라고 한다. 이를 이용하면 식 (6.1)은 $AX=B$와 같이 행렬 곱셈을 이용하여 나타낼 수 있다.

(3) 계수행렬 A와 상수행렬 B를 이용하여 식 (6.1)을 $m\times(n+1)$행렬

$$[A\,|\,B]=\left[\begin{array}{cccc|c} a_{11} & a_{12} & \cdots & a_{1n} & b_1 \\ a_{21} & a_{22} & \cdots & a_{2n} & b_2 \\ \vdots & \vdots & \ddots & \vdots & \vdots \\ a_{m1} & a_{m2} & \cdots & a_{mn} & b_m \end{array}\right]$$

로 나타내는데 이 행렬을 식 (6.1)의 **덧붙인 행렬**(augmented matrix)라고 한다.

(4) 적당한 실수 s_1, s_2, ..., s_n에 대하여 $x_1 = s_1$, $x_2 = s_2$, ..., $x_n = s_n$가 식 (6.1)의 모든 일차방정식을 만족시키면 이를 연립일차방정식 (6.1)의 **해**(solution)이라고 하고,

$$(x_1, x_2, ..., x_n) = (s_1, s_2, ..., s_n), \quad \begin{cases} x_1 = s_1 \\ x_2 = s_2 \\ \vdots \\ x_n = s_n \end{cases}, \text{ 또는 } \begin{bmatrix} x_1 \\ x_2 \\ \vdots \\ x_n \end{bmatrix} = \begin{bmatrix} s_1 \\ s_2 \\ \vdots \\ s_n \end{bmatrix}$$

로 나타낸다. 그리고 집합

$$\left\{ X = \begin{bmatrix} x_1 \\ x_2 \\ \vdots \\ x_n \end{bmatrix} \middle| \, AX = B \right\}$$

를 식 (6.1)의 **해집합**(solution set)이라고 한다.

(5) 서로 다른 두 연립일차방정식이 같은 해를 가지면 두 연립일차방정식은 **해동치**(solution-equivalent)라고 한다.

예제 6.7 두 연립일차방정식 $\begin{cases} 2x_1 + x_2 = 8 \\ x_1 + 3x_2 = 9 \end{cases}$와 $\begin{cases} x_1 + 3x_2 = 9 \\ \qquad x_2 = 2 \end{cases}$의 해는 모두 $(x_1, x_2) = (3, 2)$이다. 따라서 두 연립일차방정식은 해동치이다.

우리는 연립일차방정식을 풀 때 여러 가지 방법을 이용하여 미지수를 소거하여 방정식을 푼다. 이때 사용하는 방법은 다음의 세 가지 방법으로 요약할 수 있다.

정의 6.9 다음 세 가지 연산을 연립일차방정식의 **기본 연산**(elemetary operation)이라고 한다.

(I) 두 식의 위치를 바꾼다.

(II) 식 하나에 실수 k를 곱한다.

(III) 식 하나에 실수 k를 곱해 다른 식에 더한다.

정의 6.9의 기본 연산을 이용하여 주어진 연립일차방정식을 변형하면 미지수가 소거되면서 처음과 다른 연립일차방정식을 얻을 수 있다. 이렇게 해서 얻어진 연립일차방정식은 처음 주어진 연립일차방정식과 해동치이다. 다시말해 두 연립방정식은 해가 같다.

연립일차방정식을 기본연산을 이용하여 체계적으로 풀어보자.

예제 6.8 연립일차방정식 $\begin{cases} 2x_1 + x_2 = 8 \\ x_1 + 3x_2 = 9 \end{cases}$의 해를 구하시오.

풀이 연립방정식의 첫 번째 일차식은 ①, 두 번째 일차식은 ②라고 번호를 붙이자. 즉,

$$\begin{cases} 2x_1 + x_2 = 8 \cdots\cdots ① \\ x_1 + 3x_2 = 9 \cdots\cdots ② \end{cases} \tag{6.2}$$

라고 하자.

우선, 기본 연산 (I)을 이용하여 ①과 ②의 순서를 바꾸어 ①을 ②로, ②를 ①이라 하면

$$\begin{cases} x_1 + 3x_2 = 9 \cdots\cdots ① \\ 2x_1 + x_2 = 8 \cdots\cdots ② \end{cases} \tag{6.3}$$

이다. 기본 연산 (III)을 이용하여 ①×(−2)+②을 한 후 그 결과를 다시 ②라고 하면

$$\begin{cases} x_1 + 3x_2 = 9 \quad \cdots\cdots ① \\ \quad -5x_2 = -10 \cdots\cdots ② \end{cases} \tag{6.4}$$

이다. 이제 기본 연산 (II)를 이용하여 ②$\times\left(-\frac{1}{5}\right)$를 한 후 그 결과를 다시 ②라고 하면

$$\begin{cases} x_1 + 3x_2 = 9 \cdots\cdots ① \\ \quad x_2 = 2 \cdots\cdots ② \end{cases} \tag{6.5}$$

이다. 끝으로 기본 연산 (III)을 이용하여 ②×(−3)+①을 한 후 그 결과를 다시 ①이라고 하면

$$\begin{cases} x_1 \quad = 3 \cdots\cdots ① \\ \quad x_2 = 2 \cdots\cdots ② \end{cases} \tag{6.6}$$

이다.

기본 연산을 이용해서 얻은 연립방정식 (6.3)~(6.6)는 모두 주어진 연립일차방정식 (6.2)와 해동치, 즉 해가 같다. 그런데 식 (6.6)의 해가 $x_1 = 3$, $x_2 = 2$임은 바로 알 수 있다. 따라서 주어진 연립일차방정식의 해는 $x_1 = 3$, $x_2 = 2$이다.

예제 6.9 예제 6.8의 연립방정식 (6.2)~(6.6)을 덧붙인 행렬로 나타내면 다음과 같다.

$$\begin{cases} 2x_1 + x_2 = 8 \cdots\cdots ① \\ x_1 + 3x_2 = 9 \cdots\cdots ② \end{cases} \longrightarrow \left[\begin{array}{cc|c} 2 & 1 & 8 \\ 1 & 3 & 9 \end{array}\right]$$

$$① \leftrightarrow ②$$

$$\begin{cases} x_1 + 3x_2 = 9 \cdots\cdots ① \\ 2x_1 + x_2 = 8 \cdots\cdots ② \end{cases} \longrightarrow \left[\begin{array}{cc|c} 1 & 3 & 9 \\ 2 & 1 & 8 \end{array}\right]$$

$$① \times (-2) + ② \rightarrow ②$$

$$\begin{cases} x_1 + 3x_2 = 9 \quad \cdots\cdots ① \\ \quad -5x_2 = -10 \cdots\cdots ② \end{cases} \longrightarrow \left[\begin{array}{cc|c} 1 & 3 & 9 \\ 0 & -5 & -10 \end{array}\right]$$

$$② \times \left(-\frac{1}{5}\right) \rightarrow ②$$

$$\begin{cases} x_1 + 3x_2 = 9 \cdots\cdots ① \\ \quad\quad x_2 = 2 \cdots\cdots ② \end{cases} \longrightarrow \left[\begin{array}{cc|c} 1 & 3 & 9 \\ 0 & 1 & 2 \end{array}\right]$$

$$② \times (-3) + ① \rightarrow ①$$

$$\begin{cases} x_1 \quad\quad = 3 \cdots\cdots ① \\ \quad\quad x_2 = 2 \cdots\cdots ② \end{cases} \longrightarrow \left[\begin{array}{cc|c} 1 & 0 & 3 \\ 0 & 1 & 2 \end{array}\right]$$

여기서 덧붙인 행렬이 나타내는 모든 연립방정식은 서로 해동치이다 그리고 행렬 $\left[\begin{array}{cc|c} 1 & 0 & 3 \\ 0 & 1 & 2 \end{array}\right]$는 행렬 곱셉으로 나타내면

$$\begin{bmatrix} 1 & 0 \\ 0 & 1 \end{bmatrix} \begin{bmatrix} x_1 \\ x_2 \end{bmatrix} = \begin{bmatrix} 3 \\ 2 \end{bmatrix}$$

이고 이를 계산하면

$$\begin{bmatrix} x_1 \\ x_2 \end{bmatrix} = \begin{bmatrix} 3 \\ 2 \end{bmatrix}, \text{ 즉 } \begin{cases} x_1 = 3 \\ x_2 = 2 \end{cases}$$

가 되어 연립방정식 (6.2)의 해가 $x_1 = 3$, $x_2 = 2$임을 알 수 있다.

예제 6.9에서처럼 연립일차방정식을 기본연산을 이용해서 풀면 푸는 과정에 나타나는 연립방정식은 모두 덧붙인 행렬로 나타낼 수 있으므로 덧붙인 행렬만을 이용해서 연립일차방정식을 풀 수도 있다.

예제 6.9의 마지막 덧붙인 행렬 $\left[\begin{array}{cc|c} 1 & 0 & 3 \\ 0 & 1 & 2 \end{array}\right]$에서 계수행렬 부분은 $\begin{bmatrix} 1 & 0 \\ 0 & 1 \end{bmatrix}$으로 2차 단위행렬이다. 계수행렬이 단위행렬인 연립일차방정식은 바로 해를 알 수 있는 모습이다. 이처럼 계수행렬이 단위행렬인 덧붙인 행렬은 연립일차방정식을 풀 때 해를 알려주는 중요한 역할을 한다.

정의 6.10 다음의 조건을 만족하는 행렬의 형태를 **행사다리꼴**(row echelon form)이라고 한다.

(RE1) 행 하나 전체가 '0'으로 되어 있는 행은 행렬의 제일 마지막 행에 위치한다.

(RE2) 행 전체가 모두 0이 아닌 행에서 처음으로 0이 아닌 성분은 1이다. 이를 **선행성분**(leading component) 또는 **선행** 1(leading 1)이라고 한다.

(RE3) $i<j$인 두 자연수 i와 j에 대하여, j번째 행의 선행 1은 i번째 행의 선행 1보다 오른쪽에 위치한다.

정의 6.11 다음 조건을 만족하는 행사다리꼴 행렬을 **기약 행사다리꼴**(reduced row echelon form)이라고 한다.

(RREF1) 선행 1을 포함하는 열은 선행 1을 제외한 나머지 성분은 모두 0이다.

예제 6.10 (1) 다음 행렬은 모두 행사다리꼴이다.

$$\begin{bmatrix}1 & -3 & -2\\0 & 1 & 0\\0 & 0 & 1\end{bmatrix}\ \begin{bmatrix}0 & 0 & 1 & 6 & 0 & 1\\0 & 0 & 0 & 0 & 1 & -5\\0 & 0 & 0 & 0 & 0 & 1\end{bmatrix}\ \begin{bmatrix}1 & -3 & -2 & 0 & 1\\0 & 0 & 1 & 4 & 2\\0 & 0 & 0 & 0 & 0\end{bmatrix}$$

(2) 다음 행렬은 모두 행사다리꼴이 아니다.

$$\begin{bmatrix}1 & -3 & 2\\0 & 0 & 1\\0 & 0 & 1\end{bmatrix}\ \begin{bmatrix}0 & 0 & 1 & 6 & 0 & 1\\1 & 0 & 1 & 0 & 1 & -5\\0 & 0 & 0 & 0 & 0 & 1\end{bmatrix}\ \begin{bmatrix}2 & -3 & -2 & 0 & 1\\0 & 0 & 0 & 0 & 1\\0 & 0 & 1 & 4 & 2\end{bmatrix}$$

(3) 다음 행렬은 모두 기약 행사다리꼴이다.

$$\begin{bmatrix}1 & 0\\0 & 0\end{bmatrix}\ \begin{bmatrix}1 & 0\\0 & 1\end{bmatrix}\ \begin{bmatrix}0 & 1 & 2 & 0 & 3\\0 & 0 & 0 & 1 & -1\\0 & 0 & 0 & 0 & 0\end{bmatrix}\ \begin{bmatrix}1 & 0 & 0 & 3 & 5 & 0 & -6\\0 & 0 & 1 & -2 & -3 & 0 & 1\\0 & 0 & 0 & 0 & 0 & 1 & 4\end{bmatrix}$$

(4) 예제 6.9의 마지막 행렬 $\left[\begin{array}{cc|c}1 & 0 & 3\\0 & 1 & 2\end{array}\right]$은 기약 행사다리꼴이다.

정의 6.12 행렬 A에 다음 세 가지 작업을 수행하는 것을 **기본 행 연산**(elementary row operation)이라고 한다.

(I) i번째 행과 j번째 행을 바꾼다.

(II) i번째 행에 실수 k를 곱한다.

(III) i번째 행에 k를 곱한 후 이를 j번째 행에 더한다.

정의 6.9와 정의 6.12를 비교하면 연립방정식의 기본 연산과 행렬의 기본 행 연산은 근본적으로 같은 작업이다.

정의 6.13 행렬 A에 기본 행 연산을 수행하여 얻은 행렬 B에 대하여, 행렬 A와 B는 서로 **행동치**(row-equivalent)라고 한다.

예제 6.11 행렬 $\begin{bmatrix} 2 & 1 & 8 \\ 1 & 3 & 9 \end{bmatrix}$와 다음 행렬은 모두 행동치이다.

(1) 1행과 2행을 바꿔서 얻은 행렬 $\begin{bmatrix} 1 & 3 & 9 \\ 2 & 1 & 8 \end{bmatrix}$

(2) 2행에 -1을 곱해 얻은 행렬 $\begin{bmatrix} 2 & 1 & 8 \\ -1 & -3 & -9 \end{bmatrix}$

(3) 2행에 -2를 곱한 후 1행에 더해서 얻은 행렬 $\begin{bmatrix} 0 & -5 & -10 \\ 1 & 3 & 9 \end{bmatrix}$

행동치는 기본 행 연산을 이용해서 행렬을 얻을 수 있는지 여부에 따라 결정되므로 다음과 같은 정리를 쉽게 생각할 수 있다.

정리 6.5 $m \times n$ 행렬 A, B, C에 대하여 다음이 성립한다.

(1) 행렬 A는 자신과 행동치이다.

(2) 행렬 A가 행렬 B와 행동치이면 행렬 B는 행렬 A와 행동치이다.

(3) 행렬 A가 행렬 B와 행동치이고 행렬 B가 행렬 C와 행동치이면 행렬 A는 행렬 C와 행동치이다.

정의 6.14 (1) 연립일차방정식의 제일 마지막 식으로부터 미지수를 차례로 결정하여 해를 구하는 방법을 **후치법**(back substitution) 혹은 후진대입법(backward substitution)이라고 한다.

(2) 연립일차방정식을 덧붙인 행렬로 변환하고 기본 행 연산을 이용하여 행사다리꼴로 변형한 후 후치법을 이용하여 해를 구하는 방법을 **가우스 소거법**(Gauss elimination)이라고 한다.

(3) 연립일차방정식을 덧붙인 행렬로 변환하고 기본 행 연산을 이용하여 기약 행사다리꼴로 변형하여 해를 구하는 방법을 **가우스-조던 소거법**(Gauss-Jordan elimination)이라고 한다.

예제 6.12 연립일차방정식 $\begin{cases} 3x_1 - 7x_2 + 2x_3 = 4 \\ 2x_1 - 4x_2 + \ \ x_3 = 1 \end{cases}$를 가우스 소거법을 이용하여 푸시오.

풀이 주어진 연립일차방정식을 덧붙인 행렬로 나타내면

$$\begin{bmatrix} 3 & -7 & 2 & 4 \\ 2 & -4 & 1 & 1 \end{bmatrix}$$

이다. 이제 기본 행 연산을 수행하면 다음과 같은 과정을 통해 행사다리꼴 행렬로 변형된다.

$$\begin{bmatrix} 3 & -7 & 2 & 4 \\ 2 & -4 & 1 & 1 \end{bmatrix} \xrightarrow{②\times(-1)+①} \begin{bmatrix} 1 & -3 & 1 & 3 \\ 2 & -4 & 1 & 1 \end{bmatrix} \xrightarrow{①\times(-2)+②} \begin{bmatrix} 1 & -3 & 1 & 3 \\ 0 & 2 & -1 & -5 \end{bmatrix}$$

$$\xrightarrow{②\times(1/2)} \begin{bmatrix} 1 & -3 & 1 & 3 \\ 0 & 1 & -1/2 & -5/2 \end{bmatrix}$$

여기서 행렬 $\begin{bmatrix} 1 & -3 & 1 & 3 \\ 0 & 1 & -1/2 & -5/2 \end{bmatrix}$은 행사다리꼴이다.

이제 이를 다시 연립일차방정식으로 변환하면

$$\begin{cases} x_1 - 3x_2 + \quad x_3 = 3 \\ \qquad x_2 - \dfrac{1}{2}x_3 = -\dfrac{5}{2} \end{cases}$$

이다. 후치법을 이용하여 이 연립방정식의 마지막 식부터 풀면, $x_3 = t$라고 하면 $x_2 = -\dfrac{5}{2} + \dfrac{1}{2}t$이고 이를 다시 첫 번째 식에 대입하면 $x_1 = 3 + 3x_2 - x_3 = -\dfrac{9}{2} + \dfrac{1}{2}t$이다.

따라서 주어진 연립방정식의 해는

$$\begin{cases} x_1 = -\dfrac{9}{2} + \dfrac{1}{2}t \\ x_2 = -\dfrac{5}{2} + \dfrac{1}{2}t \\ x_3 = t \end{cases} \text{ (단, } t\text{는 임의의 실수)}$$

이다.

예제 6.13 연립일차방정식 $\begin{cases} 3x_1 - 7x_2 + 2x_3 = 4 \\ 2x_1 - 4x_2 + \ \ x_3 = 1 \end{cases}$를 가우스-조던 소거법을 이용하여 푸시오.

풀이 주어진 연립일차방정식을 덧붙인 행렬로 나타내면

$$\begin{bmatrix} 3 & -7 & 2 & 4 \\ 2 & -4 & 1 & 1 \end{bmatrix}$$

이다. 이제 기본 행 연산을 수행하면 다음과 같은 과정을 통해 행사다리꼴 행렬로 변형된다.

$$\begin{bmatrix} 3 & -7 & 2 & 4 \\ 2 & -4 & 1 & 1 \end{bmatrix} \xrightarrow{②\times(-1)+①} \begin{bmatrix} 1 & -3 & 1 & 3 \\ 2 & -4 & 1 & 1 \end{bmatrix} \xrightarrow{①\times(-2)+②} \begin{bmatrix} 1 & -3 & 1 & 3 \\ 0 & 2 & -1 & -5 \end{bmatrix}$$

$$\xrightarrow{②\times(1/2)}\begin{bmatrix}1 & -3 & 1 & 3\\ 0 & 1 & -1/2 & -5/2\end{bmatrix}\xrightarrow{②\times 3+①}\begin{bmatrix}1 & 0 & -1/2 & -9/2\\ 0 & 1 & -1/2 & -5/2\end{bmatrix}$$

여기서 $\begin{bmatrix}1 & 0 & -1/2 & -9/2\\ 0 & 1 & -1/2 & -5/2\end{bmatrix}$는 기약 행사다리꼴이다.

이제 이를 연립방정식으로 다시 변환하면

$$\begin{cases} x_1 \qquad -\frac{1}{2}x_3 = -\frac{9}{2} \\ \qquad x_2 - \frac{1}{2}x_3 = -\frac{5}{2} \end{cases}$$

이고 $x_3 = t$라고 하면 $x_1 = -\frac{9}{2}+\frac{1}{2}t$, $x_2 = -\frac{5}{2}+\frac{1}{2}t$를 얻는다. 따라서 주어진 연립방정식의 해는

$$\begin{cases} x_1 = -\frac{9}{2}+\frac{1}{2}t \\ x_2 = -\frac{5}{2}+\frac{1}{2}t \\ x_3 = t \end{cases} \text{(단, } t\text{는 임의의 실수)}$$

로 예제 6.12의 결과와 같음을 알 수 있다.

〈참고〉 예제 6.12와 6.13에서 해 $\begin{cases} x_1 = -\frac{9}{2}+\frac{1}{2}t \\ x_2 = -\frac{5}{2}+\frac{1}{2}t \\ x_3 = t \end{cases}$ (단, t는 임의의 실수)를 **일반해**(general solution)이라고 한다. 특정 $t = t_0$에 대한 해를 **특수해**(particular solution)이라고 한다.

덧붙인 행렬과 계수행렬의 선행 1의 개수를 비교하여 연립일차방정식의 해의 존재성과 유일성 등에 대하여 다음과 같이 이야기할 수 있다.

정리 6.6 $m\times n$행렬 A를 계수행렬, $n\times 1$ 행렬 X를 미지수 행렬, $m\times 1$ 행렬 B를 상수행렬로 하는 연립일차방정식 $AX=B$의 덧붙인 행렬이 $[A|B]$라고 할 때, 다음이 성립한다.

(1) 행렬 A의 선행 1의 개수가 행렬 $[A|B]$의 선행 1의 개수보다 작으면 연립방정식 $AX=B$의 해는 존재하지 않는다.

(2) 행렬 A의 선행 1의 개수가 행렬 $[A|B]$의 선행 1의 개수와 같으면 연립방정식 $AX=B$의 해는 존재한다.

해가 존재하는 경우, 미지수의 개수와 선행 1의 개수를 비교하여 해의 개수를 다음과 같이

판별할 수 있다.

정리 6.7 해를 갖는 연립일차방정식 $\begin{cases} a_{11}x_1 + a_{12}x_2 + \cdots + a_{1n}x_n = b_1 \\ a_{21}x_1 + a_{22}x_2 + \cdots + a_{2n}x_n = b_2 \\ \quad \vdots \\ a_{m1}x_1 + a_{m2}x_2 + \cdots + a_{mn}x_n = b_m \end{cases}$ 의 계수행렬과 행동치힌 기약 행 사다리꼴 행렬 R에 대하여 다음이 성립한다.

(1) R의 선행 1의 개수와 미지수의 개수가 같으면 주어진 연립방정식은 유일한 해를 갖는다.

(2) R의 선행 1의 개수가 미지수의 개수보다 작으면 주어진 연립방정식은 무수히 많은 해를 갖는다.

예제 6.14 예제 6.12에서 $\begin{cases} 3x_1 - 7x_2 + 2x_3 = 4 \\ 2x_1 - 4x_2 + \ \ x_3 = 1 \end{cases}$은 해

$$\begin{cases} x_1 = -\dfrac{9}{2} + \dfrac{1}{2}t \\ x_2 = -\dfrac{5}{2} + \dfrac{1}{2}t \\ x_3 = t \end{cases} \text{(단, } t\text{는 임의의 실수)}$$

를 가짐을 확인하였다. 주어진 연립방정식의 계수행렬과 행동치인 기약 행 사다리꼴 행렬 $\begin{bmatrix} 1 & 0 & -1/2 & -9/2 \\ 0 & 1 & -1/2 & -5/2 \end{bmatrix}$은 선행 1의 개수가 2이지만 미지수의 개수는 3으로 선행 1의 개수보다 많기 때문에 해를 무수히 많이 가짐을 알 수 있따.

예제 6.15 연립방정식 $\begin{cases} 2x_1 - \ \ 6x_2 - \ \ 8x_3 = 10 \\ 3x_1 - \ \ 8x_2 - 14x_3 = 8 \\ 4x_1 - 11x_2 - 17x_3 = 15 \end{cases}$ 을 푸시오.

풀이 주어진 연립방정식의 덧붙인 행렬을 구하면

$$\begin{bmatrix} 2 & -6 & -8 & 10 \\ 3 & -8 & -14 & 8 \\ 4 & -11 & -17 & 15 \end{bmatrix}$$

이고 기본 행 연산을 이용하여 기약 행사다리꼴을 구하면 다음과 같다.

$$\begin{bmatrix} 1 & -3 & -4 & 5 \\ 3 & -8 & -14 & 8 \\ 4 & -11 & -17 & 15 \end{bmatrix} \xrightarrow[\text{①} \times (-4) + \text{③}]{\text{①} \times (-3) + \text{②}} \begin{bmatrix} 1 & -3 & -4 & 5 \\ 0 & 1 & -2 & -7 \\ 0 & 1 & -1 & -5 \end{bmatrix}$$

$$\xrightarrow[\text{②}\times(-1)+\text{③}]{\text{②}\times(3)+\text{①}}\begin{bmatrix}1 & 0 & -10 & -16\\0 & 1 & -2 & -7\\0 & 0 & 1 & 2\end{bmatrix}$$

$$\xrightarrow[\text{②}\times(-1)+\text{③}]{\text{②}\times(3)+\text{①}}\begin{bmatrix}1 & 0 & 0 & 4\\0 & 1 & 0 & -3\\0 & 0 & 1 & 2\end{bmatrix}$$

이므로 주어진 연립방정식의 해는 $\begin{cases}x=4\\y=-3\\z=2\end{cases}$이다.

여기서 주어진 연립방정식의 계수행렬과 행동치인 기약 행 사다리꼴의 선행 1의 계수는 미지수의 개수와 같으므로 해가 유일하게 존재함을 할 수 있다.

예제 6.16 연립방정식 $\begin{cases}3x_1+4x_2-2x_3=4\\2x_1+3x_2+2x_3=4\\4x_1+5x_2-6x_3=8\end{cases}$을 푸시오.

풀이 주어진 연립방정식의 덧붙인 행렬을 구하면

$$\begin{bmatrix}3 & 4 & -2 & 4\\2 & 3 & 2 & 4\\4 & 5 & -6 & 8\end{bmatrix}$$

이고 기본 행 연산을 이용하여 기약 행사다리꼴을 구하면 다음과 같다.

$$\begin{bmatrix}3 & 4 & -2 & 4\\2 & 3 & 2 & 4\\4 & 5 & -6 & 8\end{bmatrix}\xrightarrow{\text{②}\times(-1)+\text{①}}\begin{bmatrix}1 & 1 & -4 & 0\\2 & 3 & 2 & 4\\4 & 5 & -6 & 8\end{bmatrix}$$

$$\xrightarrow[\text{①}\times(-4)+\text{③}]{\text{①}\times(-2)+\text{②}}\begin{bmatrix}1 & 1 & -4 & 0\\0 & 1 & 10 & 4\\0 & 1 & 10 & 8\end{bmatrix}$$

$$\xrightarrow{\text{②}\times(-1)+\text{③}}\begin{bmatrix}1 & 1 & -4 & 0\\0 & 1 & 10 & 4\\0 & 0 & 0 & 4\end{bmatrix}$$

$$\xrightarrow{\text{③}\times(1/4)}\begin{bmatrix}1 & 1 & -4 & 0\\0 & 1 & 10 & 4\\0 & 0 & 0 & 1\end{bmatrix}$$

그런데 주어진 연립방정식의 덧붙인 행렬의 기약 행 사다리꼴은 선행 1의 개수가 계수행렬의 선행 1의 개수보다 많으므로 해가 없다. 기약 행 사다리꼴 행렬의 마지막 행을 식으로 나타내면 $0=1$인데 이는 해가 없는 불능이므로 주어진 연립방정식을 만족하는 해는 없다.

연립일차방정식 $\begin{cases} a_{11}x_1 + a_{12}x_2 + \cdots + a_{1n}x_n = 0 \\ a_{21}x_1 + a_{22}x_2 + \cdots + a_{2n}x_n = 0 \\ \vdots \\ a_{m1}x_1 + a_{m2}x_2 + \cdots + a_{mn}x_n = 0 \end{cases}$ 과 같이 상수항이 모두 0인 연립방정식을 **동차연립일차방정식**(homogeneous system of linear equations)라고 한다. 동차연립일차방정식은 $(0,0,\ldots,0)$을 항상 해로 가지는데 이 해를 **자명한 해**(trivial solution)라고 한다.

가우스 소거법을 통해 덧붙인 행렬을 기약 행사다리꼴로 변형했을 때 다음과 같이 연립일차방정식의 해가 결정된다.

정리 6.8 연립일차방정식 $\begin{cases} a_{11}x_1 + a_{12}x_2 + \cdots + a_{1n}x_n = b_1 \\ a_{21}x_1 + a_{22}x_2 + \cdots + a_{2n}x_n = b_2 \\ \vdots \\ a_{m1}x_1 + a_{m2}x_2 + \cdots + a_{mn}x_n = b_m \end{cases}$ 의 덧붙인 행렬을 기약 행사다리꼴로 변형한 행렬이

$$\left[\begin{array}{ccccc|c} r_{11} & r_{12} & \cdots & & r_{1n} & c_1 \\ 0 & r_{22} & \cdots & & r_{2n} & c_2 \\ & & \vdots & & & \vdots \\ 0 & 0 & \cdots\ r_{kk} & \cdots & r_{kn} & c_k \\ \hline 0 & 0 & \cdots & & 0 & c_{k+1} \\ & & \vdots & & & \vdots \\ 0 & 0 & \cdots & & 0 & c_m \end{array}\right]_{m\times(n+1)}$$

라고 하자. 여기서 모든 $i=1,\ 2,\ \ldots,\ k$에 대하여 $r_{ii}=1$이다. 그러면 다음이 성립한다.

(1) $k=n$이면 주어진 연립방정식은 유일한 해를 갖는다.

(2) $k<n$이고 $c_{k+1}=\cdots=c_m=0$이면 주어진 연립방정식은 무수히 많은 해를 갖는다.

(3) $k<m$이고 $c_{r+1},\ \ldots,\ c_m$ 중 적어도 하나가 0이 아니면 주어진 연립방정식은 해가 없다.

6.2.2 요약

6.2절을 요약하면 다음과 같다.

➔ 연립일차방정식 $\begin{cases} a_{11}x_1 + a_{12}x_2 + \cdots + a_{1n}x_n = b_1 \\ a_{21}x_1 + a_{22}x_2 + \cdots + a_{2n}x_n = b_2 \\ \vdots \\ a_{m1}x_1 + a_{m2}x_2 + \cdots + a_{mn}x_n = b_m \end{cases}$

➔ 연립일차방정식의 덧붙인 행렬

$$[A\,|\,B] = \left[\begin{array}{cccc|c} a_{11} & a_{12} & \cdots & a_{1n} & b_1 \\ a_{21} & a_{22} & \cdots & a_{2n} & b_2 \\ \vdots & \vdots & \ddots & \vdots & \vdots \\ a_{m1} & a_{m2} & \cdots & a_{mn} & b_m \end{array}\right]$$

여기서 $A = \begin{bmatrix} a_{11} & a_{12} & \cdots & a_{1n} \\ a_{21} & a_{22} & \cdots & a_{2n} \\ \vdots & \vdots & \ddots & \vdots \\ a_{m1} & a_{m2} & \cdots & a_{mn} \end{bmatrix}$는 계수행렬, $B = \begin{bmatrix} b_1 \\ b_2 \\ \vdots \\ b_m \end{bmatrix}$는 상수행렬

➔ 행사다리꼴과 기약행사다리꼴

다음의 (RE1)~(RE3)까지 만족하는 행렬을 '행사다리꼴'이라 하고 행사다리꼴 행렬 중 (RREF1)을 만족하는 행렬을 '기약행사다리꼴'이라고 한다.

(RE1) 행 하나 전체가 '0'으로 되어 있는 행은 행렬의 제일 마지막 행에 위치한다.

(RE2) 행 전체가 모두 0이 아닌 행에서 처음으로 0이 아닌 성분은 1이다. 이를 **선행성분**(leading component) 또는 **선행** 1(leading 1)이라고 한다.

(RE3) $i < j$인 두 자연수 i와 j에 대하여, j번째 행의 선행 1은 i번째 행의 선행 1보다 오른쪽에 위치한다.

(RREF1) 선행 1을 포함하는 열은 선행 1을 제외한 나머지 성분은 모두 0이다.

➔ 행렬 A에 다음 세 가지 작업을 수행하는 것을 **기본 행 연산**(elementary row operation)이라고 한다.

(I) i번째 행과 j번째 행을 바꾼다.

(II) i번째 행에 실수 k를 곱한다.

(III) i번째 행에 k를 곱한 후 이를 j번째 행에 더한다.

➔ 기본행연산을 이용하여 연립일차방정식의 덧붙인 행렬을 행사다리꼴로 바꾼 후 이에 대응하는 연립일차방정식으로 다시 변환하여 맨 아래쪽의 식부터 풀어 위쪽으로 식까지 풀어내어 연립일차방정식의 해를 구하는 방법을 '가우스소거법'이라 한다.
이때, 기약행사다리꼴로 변형하여 연립일차방정식을 푸는 경우는 '가우스-조던 소거법'이라고 한다.

➔ 연립일차방정식의 해의 개수

정리 6.8 연립일차방정식 $\begin{cases} a_{11}x_1 + a_{12}x_2 + \cdots + a_{1n}x_n = b_1 \\ a_{21}x_1 + a_{22}x_2 + \cdots + a_{2n}x_n = b_2 \\ \quad\vdots \\ a_{m1}x_1 + a_{m2}x_2 + \cdots + a_{mn}x_n = b_m \end{cases}$ 의 덧붙인 행렬을 기약행사다리꼴로 변형한 행렬이

$$\left[\begin{array}{cccccc|c} r_{11} & r_{12} & & \cdots & & r_{1n} & c_1 \\ 0 & r_{22} & & \cdots & & r_{2n} & c_2 \\ & & & \vdots & & & \vdots \\ 0 & 0 & \cdots & r_{kk} & \cdots & r_{kn} & c_k \\ \hline 0 & 0 & & \cdots & & 0 & c_{k+1} \\ & & & \vdots & & & \vdots \\ 0 & 0 & & \cdots & & 0 & c_m \end{array}\right]_{m \times (n+1)}$$

라고 하자. 여기서 모든 $i = 1, 2, \ldots, k$에 대하여 $r_{ii} = 1$이다. 그러면 다음이 성립한다.

(1) $k = n$이면 주어진 연립방정식은 유일한 해를 갖는다.
(2) $k < n$이고 $c_{k+1} = \cdots = c_m = 0$이면 주어진 연립방정식은 무수히 많은 해를 갖는다.
(3) $k < m$이고 $c_{r+1}, \ldots, c_m$ 중 적어도 하나가 0이 아니면 주어진 연립방정식은 해가 없다.

연습문제 6.2

1. 기본 행연산을 이용하여 다음 행렬을 기약 행사다리꼴 행렬로 변형하시오.

(1) $\begin{bmatrix} 0 & 1 & 5 & 0 & 4 \\ 2 & 4 & -8 & 6 & 10 \\ 0 & 0 & 0 & 3 & -9 \end{bmatrix}$

(2) $\begin{bmatrix} 0 & 0 & 0 & -3 & 0 & -9 \\ 0 & 2 & -2 & 6 & 0 & 1 \\ 0 & 4 & -4 & 13 & 3 & 3 \end{bmatrix}$

(3) $\begin{bmatrix} 1 & -2 & 3 & 1 & 2 \\ 1 & 1 & 4 & -1 & 3 \\ 2 & 5 & 9 & -2 & 8 \end{bmatrix}$

2. 다음 연립일차방정식을 푸시오.

(1) $\begin{cases} x_1 + x_2 + x_3 = 6 \\ x_1 - 2x_2 + 2x_3 = -2 \\ 3x_2 + 2x_2 - 4x_3 = 8 \end{cases}$

(2) $\begin{cases} x_1 + 2x_2 + x_3 = 7 \\ x_1 - x_2 - x_3 = -4 \end{cases}$

(3) $\begin{cases} x_1 + x_2 = 2 \\ 3x_1 - x_2 = 2 \\ x_1 - x_2 = 0 \end{cases}$

(4) $\begin{cases} x_1 + x_2 + 3x_3 - x_4 = 0 \\ x_1 + x_2 + x_3 + x_4 = 1 \\ x_1 - 2x_2 + x_3 + x_4 = 1 \\ 4x_1 + x_2 + 8x_3 - x_4 = 0 \end{cases}$

3. 행렬 $A = \begin{bmatrix} 2 & 2 & 3 \\ 1 & 2 & 1 \\ 2 & -2 & 1 \end{bmatrix}$와 $X = \begin{bmatrix} x_1 \\ x_2 \\ x_3 \end{bmatrix}$에 대하여 다음 물음에 답하시오.

(1) $AX = X$를 만족하는 X를 구하시오.

(2) $(4I - A)X = O$을 만족하는 X를 구하시오.

4. 다음 연립일차방정식이 해를 가질 수 있도록 상수 a의 값을 결정하시오.

$$\begin{cases} x-2y-z+w=a \\ 2x-4y+3z-3w=4 \\ x-2y+z-w=-1 \end{cases}$$

5. 다음 연립방정식이 하나 이상의 해를 가지기 위한 a, b의 값 또는 조건을 구하시오.

$$\begin{cases} x+\ \ 2y+2z=1 \\ x+\ \ ay+3z=3 \\ x+11y+az=b \end{cases}$$

6. 세 행렬 $E_1=\begin{bmatrix} 0 & 1 \\ 1 & 0 \end{bmatrix}$, $E_2=\begin{bmatrix} 2 & 0 \\ 0 & 1 \end{bmatrix}$, $E_3=\begin{bmatrix} 1 & 0 \\ 3 & 1 \end{bmatrix}$와 임의의 2차 정사각행렬 A에 대하여 E_1A, E_2A, E_3A를 계산한 결과를 원래의 행렬 A와 비교했을 때 어떤 변화가 있는지 설명하시오.

7. n차 항등행렬 I_n에 기본행연산을 1회 시행하여 얻은 행렬을 기본행렬(elementray matrix))라고 한다. 3차 항등행렬 $I_3=\begin{bmatrix} 1 & 0 & 0 \\ 0 & 1 & 0 \\ 0 & 0 & 1 \end{bmatrix}$에

(1) 1행과 3행을 바꿔는 기본행연산,

(2) 2행에 -2를 곱하는 기본행연산,

(3) 3행에 -1을 곱해 2행에 더하는 기본행연산

을 시행하여 얻은 기본행렬을 각각 E_1, E_2, E_3라 할 때, E_1, E_2, E_3구하고, 또한 3차 정사각형행렬 $A=\begin{bmatrix} 1 & 2 & 3 \\ 4 & 5 & 6 \\ 7 & 8 & 9 \end{bmatrix}$에 대하여 E_1A, E_2A, E_3A를 구하시오.

8. 기본행연산을 이용하면 n차 정사각행렬 A을 상삼각행렬로 만들 수 있다. 문제 7에서처럼 기본행연산은 기본행렬로 나타낼 수 있고, 행렬 A에 기본행연산을 시행하는 것은 A에 기본행렬을 곱하는 것으로 나타낼 수 있다. 결국 행렬 A는 기본행렬들과 상삼각행렬(행사다리꼴 행렬)의 곱으로 나타낼 수 있다. 이를 **LU분해**(LU decomposition)라고 한다. 3차 정사각행렬 $A=\begin{bmatrix} 1 & 2 & -3 \\ -3 & -4 & 13 \\ 2 & 1 & -5 \end{bmatrix}$의 LU분해를 구하시오.

6.3 행렬식

6.3.1 행렬식의 정의

연립일차방정식

$$\begin{cases} a_{11}x + a_{12}y = b_1 \\ a_{21}x + a_{22}y = b_2 \end{cases}$$

가 유일한 해를 갖는다면 그 해는 $a_{11}a_{22} - a_{12}a_{21} \neq 0$일 때,

$$x = \frac{a_{22}b_1 - a_{12}b_2}{a_{11}a_{22} - a_{12}a_{21}}, \quad y = \frac{a_{21}b_1 - a_{11}b_2}{a_{11}a_{22} - a_{12}a_{21}}$$

이다. 만일 $a_{11}a_{22} - a_{12}a_{21} = 0$이라면 x와 y는 정의되지 않아 유일한 해를 갖는다고 할 수 없다. 결국 분모를 미리 계산해낼 수 있다면 연립 일차 방정식의 해가 유일한지 아닌지를 어렵지 않게 결정할 수 있을 것이다. 이때 $a_{11}a_{22} - a_{12}a_{21}$를 행렬 $\begin{bmatrix} a_{11} & a_{12} \\ a_{21} & a_{22} \end{bmatrix}$의 **행렬식** (determinant)이라고 하고 $\det\begin{bmatrix} a_{11} & a_{12} \\ a_{21} & a_{22} \end{bmatrix}$ 또는 $\begin{vmatrix} a_{11} & a_{12} \\ a_{21} & a_{22} \end{vmatrix}$로 나타낸다.

정의 6.15 (1) 1차 정사각행렬 $[a]$의 행렬식은 a이다. 즉, $\det[a] = a$이다.

(2) 2차 정사각행렬 $\begin{bmatrix} a_{11} & a_{12} \\ a_{21} & a_{22} \end{bmatrix}$의 행렬식은 $a_{11}a_{22} - a_{12}a_{21}$이다. 즉 $\det\begin{bmatrix} a_{11} & a_{12} \\ a_{21} & a_{22} \end{bmatrix} = a_{11}a_{22} - a_{12}a_{21}$이다.

예제 6.17 2차 정사각행렬의 행렬식은 다음과 같이 계산할 수 있다.

(1) $\det\begin{bmatrix} 2 & -3 \\ 1 & 2 \end{bmatrix} = 4 - (-3) = 7$

(2) $\det\begin{bmatrix} 1 & 0 \\ 2 & 0 \end{bmatrix} = 0 - 0 = 0$

(3) $\det\begin{bmatrix} 1 & 2 \\ 2 & 4 \end{bmatrix} = 4 - 4 = 0$

n차 정사각행렬의 행렬식은 다음과 같은 방법으로 귀납적인 방법으로 정의한다.

정의 6.16 행렬 $A=[a_{ij}]_{n\times n}$은 n차 정사각행렬이다.

(1) M_{ij}는 행렬 A에서 i번째 행과 j번째 열을 제거하고 남은 $n-1$차 정사각행렬의 행렬식이다. 즉

$$M_{ij}=\left|\begin{array}{cccc|ccc} a_{1\,1} & a_{1\,2} & \cdots & a_{i\,j-1} & a_{1\,j+1} & \cdots & a_{1n} \\ a_{2\,1} & a_{2\,2} & \cdots & a_{2\,j-1} & a_{2\,j+1} & \cdots & a_{2n} \\ & & \vdots & & \vdots & & \\ a_{i-1\,1} & a_{i-1\,2} & \cdots & a_{i-1\,j-1} & a_{i-1\,j+1} & \cdots & a_{i-1\,n} \\ \hline a_{i+1\,1} & a_{i+1\,2} & \cdots & a_{i+1\,j-1} & a_{i+1\,j+1} & \cdots & a_{i+1\,n} \\ & & \vdots & & \vdots & & \\ a_{n\,1} & a_{n\,2} & \cdots & a_{n\,j-1} & a_{n\,j+1} & \cdots & a_{n\,n} \end{array}\right|$$

(j-th column, i-th row)

M_{ij}를 행렬 A의 (i,j)성분에 대한 **소행렬식**(minor)라고 한다.

(2) $A_{ij}=(-1)^{i+j}M_{ij}$를 행렬 A의 (i,j)성분에 대한 **여인수**(cofactor)라고 한다.

(3) 행렬 A의 행렬식 $\det A$ 또는 $|A|$는

$$\det A = a_{11}A_{11}+a_{12}A_{12}+\cdots+a_{1n}A_{1n}$$

으로 정의한다. 이와 같은 행렬식의 전개를 **라플라스 전개**(Laplace's exapntion)라고 한다.

예제 6.18 (1) 2차 정사각행렬 $A=\begin{bmatrix} a_{11} & a_{12} \\ a_{21} & a_{22} \end{bmatrix}$의 행렬식을 구하시오.

풀이 M_{11}은 행렬 A의 첫 번째 행과 열을 제거하고 남은 $[a_{22}]$의 행렬식이므로 $M_{11}=a_{22}$이다. 마찬가지로 $M_{12}=a_{21}$이다. 따라서 $A_{11}=(-1)^{1+1}M_{11}=a_{22}$이고 $A_{12}=(-1)^{1+2}M_{12}=-a_{21}$이 되고 행렬 A의 행렬식은

$$\det A = a_{11}A_{11}+a_{12}A_{12}=a_{11}a_{22}+a_{12}(-a_{21})=a_{11}a_{22}-a_{12}a_{21}$$

이다. 이는 정의 6.15의 행렬식과 일치한다.

(2) 2차 정사각행렬 $A=\begin{bmatrix} -1 & 3 \\ 2 & 4 \end{bmatrix}$의 행렬식을 구하시오.

풀이 $M_{11}=4$, $M_{12}=2$이므로 $A_{11}=4$, $A_{12}=-2$이다. 따라서 A의 행렬식은

$$\det A=(-1)A_{11}+3A_{22}=(-1)4+3(-2)=-10$$

이다.

(3) 3차 정사각행렬 $A = \begin{bmatrix} a_{11} & a_{12} & a_{13} \\ a_{21} & a_{22} & a_{23} \\ a_{31} & a_{32} & a_{33} \end{bmatrix}$의 행렬식을 구하시오.

풀이 $\det A = a_{11}A_{11} + a_{12}A_{23} + a_{13}A_{13}$이고

$$A_{11} = (-1)^{1+1}\begin{vmatrix} a_{22} & a_{23} \\ a_{32} & a_{33} \end{vmatrix} = a_{22}a_{33} - a_{23}a_{32}$$

$$A_{12} = (-1)^{1+2}\begin{vmatrix} a_{21} & a_{23} \\ a_{31} & a_{33} \end{vmatrix} = -a_{21}a_{33} + a_{23}a_{31}$$

$$A_{13} = (-1)^{1+3}\begin{vmatrix} a_{21} & a_{22} \\ a_{31} & a_{32} \end{vmatrix} = a_{21}a_{33} - a_{23}a_{31}$$

이므로

$$\begin{aligned} \det A &= a_{11}(a_{22}a_{33} - a_{23}a_{32}) + a_{12}(-a_{21}a_{33} + a_{23}a_{31}) + a_{13}(a_{21}a_{33} - a_{23}a_{31}) \\ &= a_{11}a_{22}a_{33} + a_{12}a_{23}a_{33} + a_{13}a_{21}a_{33} - a_{13}a_{23}a_{31} - a_{11}a_{23}a_{32} - a_{12}a_{21}a_{33} \end{aligned}$$

이다.

(4) 3차 정사각행렬 $A = \begin{bmatrix} 1 & -1 & 0 \\ 2 & 1 & 3 \\ 0 & 5 & -1 \end{bmatrix}$의 행렬식을 구하시오.

풀이 여인수 A_{11}, A_{12}, A_{13}를 각각 구하면

$$A_{11} = (-1)^{1+1}\begin{vmatrix} 1 & 3 \\ 5 & -1 \end{vmatrix} = -16$$

$$A_{12} = (-1)^{1+2}\begin{vmatrix} 2 & 3 \\ 0 & -1 \end{vmatrix} = 2$$

$$A_{13} = (-1)^{1+3}\begin{vmatrix} 2 & 1 \\ 0 & 5 \end{vmatrix} = 10$$

이다. 따라서 $\det A = 1A_{11} + (-1)A_{12} + 0A_{13} = -16 - 2 + 0 = -18$이다.

〈**참고**〉 3차 정사각행렬의 행렬식은 다음 그림과 같이 구할 수도 있다.

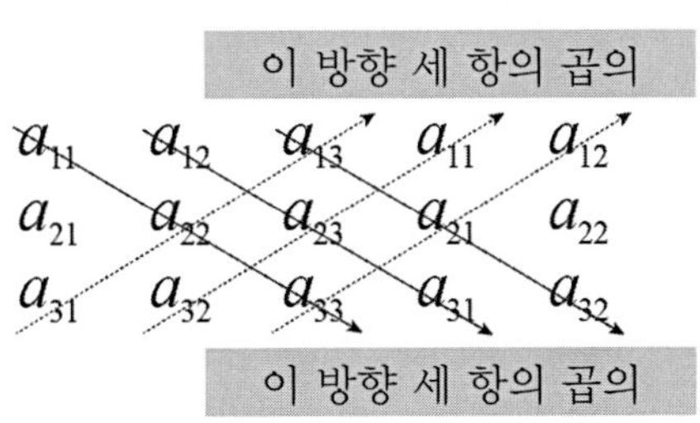

예제 6.19 3차 정사각행렬 $A=\begin{bmatrix} a_{11} & a_{12} & a_{13} \\ a_{21} & a_{22} & a_{23} \\ a_{31} & a_{32} & a_{33} \end{bmatrix}$에서 $a_{21}A_{21}+a_{22}A_{22}+a_{23}A_{23}$을 구하시오.

풀이 여인수 A_{21}, A_{22}, A_{23}을 각각 구하면

$$A_{21}=(-1)^{2+1}\begin{vmatrix} a_{12} & a_{13} \\ a_{32} & a_{33} \end{vmatrix}=-a_{12}a_{33}+a_{13}a_{32}$$

$$A_{22}=(-1)^{2+2}\begin{vmatrix} a_{11} & a_{13} \\ a_{31} & a_{33} \end{vmatrix}=a_{11}a_{33}-a_{13}a_{31}$$

$$A_{23}=(-1)^{2+3}\begin{vmatrix} a_{11} & a_{12} \\ a_{31} & a_{32} \end{vmatrix}=-a_{11}a_{32}+a_{12}a_{31}$$

이므로

$$\begin{aligned} & a_{21}A_{21}+a_{22}A_{22}+a_{23}A_{23} \\ &= a_{21}(-a_{12}a_{33}+a_{13}a_{32})+a_{22}(a_{11}a_{33}-a_{13}a_{31})+a_{23}(-a_{11}a_{32}+a_{12}a_{31}) \\ &= a_{11}a_{22}a_{33}+a_{12}a_{13}a_{32}+a_{12}a_{23}a_{31}-a_{13}a_{22}a_{31}-a_{11}a_{23}a_{32}-a_{12}a_{21}a_{33} \\ &= \det A \end{aligned}$$

이다.

예제 6.19와 같이 라플라스 전개를 이용하여 행렬식을 구할 때, 어떤 행을 택하여 그 성분에 해당하는 여인수를 이용하여 구해도 그 식의 값은 같다. 이는 열을 선택하는 경우도 $\det A$와 같은 결과를 얻는다.

정리 6.9 n차 정사각행렬 $A=[a_{ij}]_{n\times n}$에 대하여

$$\begin{aligned} \det A &= a_{i1}A_{i1}+a_{i2}A_{i2}+\cdots+a_{in}A_{in} \\ &= a_{1j}A_{1j}+a_{2j}A_{2j}+\cdots+a_{nj}A_{nj} \end{aligned}$$

이다. 여기서 $i=1,\ 2,\ \ldots,\ n$이고 $j=1,\ 2,\ \ldots,\ n$이다.

정리 6.9에서와 같이 행 또는 열을 선택하여 행렬식을 구할 수 있으므로 0을 성분으로 가지는 행 또는 열을 선택하면 해당 성분에 대한 여인수를 계산하지 않아도 되므로 행렬식을 구할 때 매우 유리하다.

6.3.2 행렬식의 성질

특수한 행렬의 경우 그 행렬식을 쉽게 구할 수 있다. 다음 정리는 그러한 특수한 행렬 중 하나인 삼각행렬의 행렬식을 설명한다.

정리 6.10 n차 정사각행렬이

$$\begin{bmatrix} a_{11} & a_{12} & a_{13} & \cdots & a_{1\,n-1} & a_{1n} \\ 0 & a_{22} & a_{23} & \cdots & a_{2\,n-1} & a_{2n} \\ 0 & 0 & a_{33} & \cdots & a_{3\,n-1} & a_{3n} \\ \vdots & \vdots & \vdots & \ddots & \vdots & \vdots \\ 0 & 0 & 0 & \cdots & a_{n-1\,n-1} & a_{n-1\,n} \\ 0 & 0 & 0 & \cdots & 0 & a_{nn} \end{bmatrix}$$

또는

$$\begin{bmatrix} a_{11} & 0 & 0 & \cdots & 0 & 0 \\ a_{21} & a_{22} & 0 & \cdots & 0 & 0 \\ a_{31} & a_{32} & a_{33} & \cdots & 0 & 0 \\ \vdots & \vdots & \vdots & \ddots & \vdots & \vdots \\ a_{n-1\,1} & a_{n-1\,2} & a_{n-1\,3} & \cdots & a_{n-1\,n-1} & 0 \\ a_{n1} & a_{n2} & a_{n3} & \cdots & a_{n\,n-1} & a_{nn} \end{bmatrix}$$

의 꼴이면 행렬식은 주대각선 성분을 곱한 $a_{11}a_{22}\cdots a_{nn}$이다.

정리 6.10에서처럼 삼각행렬은 행렬식을 쉽게 구할 수 있다. 주어진 행렬에 기본 행연산을 적용하면 그 행렬은 행사다리꼴이나 기약행사다리꼴처럼 삼각행렬로 변형할 수 있다. 다음 정리에서처럼 기본 행연산이 행렬식에 주는 영향을 알고 있다면 이를 이용하여 행렬식을 쉽게 구할 수 있다.

정리 6.11 n차 정사각행렬 $A=[a_{ij}]_{n\times n}$에 대하여 다음이 성립한다.

(1) 행렬 A의 i번째 행(열)과 j번째 행(열)의 자리를 바꾸어 얻은 행렬을 B라고 하면 $\det B = -\det A$이다.

(2) 행렬 A의 i번째 행(열)에 k를 곱해 얻은 행렬을 B라고 하면 $\det B = k\det A$이다.

(3) 행렬 A의 i번째 행(열)에 k를 곱하여 j번째 행(열)에 더해서 j번째 행(열)을 바꾸어 얻은 행렬을 B라고 하면 $\det B = \det A$이다.

앞서 설명한 정리들을 이용하면 3차 이상의 정사각형 행렬의 행렬식도 비교적 쉽게 구할 수 있다. 3차 정사각행렬과 4차 정사각행렬의 행렬식을 다음과 같이 구해보자.

예제 6.20 기본행연산을 이용하여 행렬식 $\begin{vmatrix} 1 & 2 & 3 \\ 4 & 5 & 6 \\ 7 & 8 & 9 \end{vmatrix}$ 을 구하시오.

풀이 기본 행연산을 이용하여 삼각행렬로 변형한 후 행렬식을 계산하려 한다.

우선 1행의 성분은 1이므로 (1,1)성분을 제외한 1열의 나머지 성분을 0으로 만든다. 즉 1행에 -4를 곱해 2행에 더하여 (2,1)성분을 0으로 만들고 1행에 -7를 곱해 3행에 더하여 (3,1)성분을 0을 만들면 다음과 같다.

$$\begin{vmatrix} 1 & 2 & 3 \\ 4 & 5 & 6 \\ 7 & 8 & 9 \end{vmatrix} = \begin{vmatrix} 1 & 2 & 3 \\ 0 & -3 & -6 \\ 0 & -6 & -12 \end{vmatrix}$$

이때 정리 6.11의 (3)에 의해 행렬식의 값은 바뀌지 않고 다음과 같이 변형할 수 있다.

이제 (2,2)성분의 아래를 0을 만들기 위해 2행에 -2를 곱하여 3행에 더하면 (3,2)성분은 0이 되고 그 결과는 다음과 같다.

$$\begin{vmatrix} 1 & 2 & 3 \\ 0 & -3 & -6 \\ 0 & -6 & -12 \end{vmatrix} = \begin{vmatrix} 1 & 2 & 3 \\ 0 & -3 & -6 \\ 0 & 0 & 0 \end{vmatrix}$$

역시 정리 6.11의 (3)에 의해 행렬식의 값은 우리가 구하고자 하는 행렬의 행렬식의 값과 같다.

그런데 3행이 모두 0이므로 행렬식은 0이 된다.

따라서 $\begin{vmatrix} 1 & 2 & 3 \\ 4 & 5 & 6 \\ 7 & 8 & 9 \end{vmatrix} = 0$이다.

예제 6.21 행렬식 $\begin{vmatrix} 2 & 0 & -4 & 6 \\ 4 & 5 & 1 & 0 \\ 0 & 2 & 6 & -1 \\ -3 & 8 & 9 & 1 \end{vmatrix}$ 을 구하시오.

풀이 기본 행연산을 이용하여 삼각행렬로 변형한 후 행렬식을 계산하려 한다.

우선 1행의 성분은 2를 최대공약수로 가지므로 정리 6.11의 (2)에 의해

$$\begin{vmatrix} 2 & 0 & -4 & 6 \\ 4 & 5 & 1 & 0 \\ 0 & 2 & 6 & -1 \\ -3 & 8 & 9 & 1 \end{vmatrix} = 2 \begin{vmatrix} 1 & 0 & -2 & 3 \\ 4 & 5 & 1 & 0 \\ 0 & 2 & 6 & -1 \\ -3 & 8 & 9 & 1 \end{vmatrix}$$

이다.

1열에서 (1,1)성분을 제외한 나머지 성분을 0으로 만든다. 이때 정리 6.11의 (3)에 의해 행렬식의 값은 바뀌지 않고 다음과 같이 변형할 수 있다.

$$2\begin{vmatrix} 1 & 0 & -2 & 3 \\ 4 & 5 & 1 & 0 \\ 0 & 2 & 6 & -1 \\ -3 & 8 & 9 & 1 \end{vmatrix} = 2\begin{vmatrix} 1 & 0 & -2 & 3 \\ 0 & 5 & 9 & -12 \\ 0 & 2 & 6 & -1 \\ 0 & 8 & 3 & 10 \end{vmatrix}$$

2행과 3행의 자리를 바꾸면 정리 6.11의 (1)의 의해

$$2\begin{vmatrix} 1 & 0 & -2 & 3 \\ 0 & 5 & 9 & -12 \\ 0 & 2 & 6 & -1 \\ 0 & 8 & 3 & 10 \end{vmatrix} = -2\begin{vmatrix} 1 & 0 & -2 & 3 \\ 0 & 2 & 6 & -1 \\ 0 & 5 & 9 & -12 \\ 0 & 8 & 3 & 10 \end{vmatrix}$$

그런데 2행에 $\frac{1}{2}$를 곱하면 행렬식은

$$-2\begin{vmatrix} 1 & 0 & -2 & 3 \\ 0 & 2 & 6 & -1 \\ 0 & 5 & 9 & -12 \\ 0 & 8 & 3 & 10 \end{vmatrix} = -4\begin{vmatrix} 1 & 0 & -2 & 3 \\ 0 & 1 & 3 & -1/2 \\ 0 & 5 & 9 & -12 \\ 0 & 8 & 3 & 10 \end{vmatrix}$$

이다.

이제 2열에서 (2,2)성분 아래를 모두 0으로 만들면 정리 6.11의 (3)에 의해 행렬식은 이전과 바뀌지 않고 다음과 같이 변형할 수 있다.

$$-4\begin{vmatrix} 1 & 0 & -2 & 3 \\ 0 & 1 & 3 & -1/2 \\ 0 & 5 & 9 & -12 \\ 0 & 8 & 3 & 10 \end{vmatrix} = -4\begin{vmatrix} 1 & 0 & -2 & 3 \\ 0 & 1 & 3 & -1/2 \\ 0 & 0 & -6 & -19/2 \\ 0 & 0 & -21 & 14 \end{vmatrix}$$

이제 3열에서 (3,3)성분 아래를 모두 0으로 만들면 정리 6.11의 (3)에 의해 행렬식은 이전과 바뀌지 않고 다음과 같이 변형할 수 있다.

$$-4\begin{vmatrix} 1 & 0 & -2 & 3 \\ 0 & 1 & 3 & -1/2 \\ 0 & 0 & -6 & -19/2 \\ 0 & 0 & -21 & 14 \end{vmatrix} = -4\begin{vmatrix} 1 & 0 & -2 & 3 \\ 0 & 1 & 3 & -1/2 \\ 0 & 0 & -6 & -19/2 \\ 0 & 0 & 0 & 189/4 \end{vmatrix}$$

따라서

$$\begin{vmatrix} 2 & 0 & -4 & 6 \\ 4 & 5 & 1 & 0 \\ 0 & 2 & 6 & -1 \\ -3 & 8 & 9 & 1 \end{vmatrix} = (-4)\cdot 1\cdot 1\cdot(-6)\cdot\frac{189}{4} = 1134$$

이다.

다음 정리는 라플라스 전개를 이용하여 행렬식을 구하는 과정에서 행 또는 열의 선택으로 설명할 수 있다.

정리 6.12 n차 정사각행렬 A에 대하여 다음이 성립한다.

(1) $\det A = \det A^T$

(2) 한 행(열)의 모든 성분이 0이면 $\det A = 0$이다.

(3) 같은 행(열)이 두 개 이상 있으면 $\det A = 0$이다.

행렬의 곱은 교환법칙이 성립하지 않지만, 행렬식은 다음 정리와 같이 교환법칙이 성립한다.

정리 6.13 n차 정사각행렬 A와 B에 대하여 $\det AB = \det A \cdot \det B$이다.

행렬식을 i번째 행을 이용하여 라플라스 전개로 나타내었을 때, 여인수는 i번째 행을 제외한 성분의 정보를 담고 있고 i번째 행의 정보는 여인수에 곱해진 계수들이 담고 있다. 이를 이용하면 다음과 같은 정리를 유도할 수 있다.

정리 6.14 n차 정사각행렬 $= [a_{ij}]_{n \times n}$에 대하여 다음이 성립한다.

(1) $a_{i1}A_{k1} + a_{i2}A_{k2} + \cdots + a_{in}A_{kn} = \begin{cases} |A|, & i = k, \\ 0 & i \neq k. \end{cases}$

(2) $a_{1j}A_{1k} + a_{2j}A_{2k} + \cdots + a_{nj}A_{nk} = \begin{cases} |A|, & j = k, \\ 0, & j \neq k. \end{cases}$

6.3.2 요약

6.3절을 요약하면 다음과 같다.

➔ 행렬 $A = [a_{ij}]_{n \times n}$의 소행렬식, 여인수, 그리고 행렬식

– (i, j)성분에 대한 소행렬식

$$M_{ij} = \begin{vmatrix} a_{1\,1} & a_{1\,2} & \cdots & a_{i\,j-1} & a_{1\,j+1} & \cdots & a_{1n} \\ a_{2\,1} & a_{2\,2} & \cdots & a_{2\,j-1} & a_{2\,j+1} & \cdots & a_{2n} \\ & & \vdots & & \vdots & & \\ a_{i-1\,1} & a_{i-1\,2} & \cdots & a_{i-1\,j-1} & a_{i-1\,j+1} & \cdots & a_{i-1\,n} \\ a_{i+1\,1} & a_{i+1\,2} & \cdots & a_{i+1\,j-1} & a_{i+1\,j+1} & \cdots & a_{i+1\,n} \\ & & \vdots & & \vdots & & \\ a_{n\,1} & a_{n\,2} & \cdots & a_{n\,j-1} & a_{n\,j+1} & \cdots & a_{n\,n} \end{vmatrix}$$

(j-th column, i-th row)

- (i,j)성분에 대한 여인수 $A_{ij} = (-1)^{i+j} M_{ij}$
- 행렬식 $\det(A) = |A| = a_{11}A_{11} + a_{12}A_{12} + \cdots + a_{1n}A_{1n}$
- 라플라스 전개는 한 행의 모든 성분과 각 성분에 해당하는 여인수의 곱의 합 또는 한 열의 모든 성분과 각 성분에 해당하는 여인수의 곱의 합이다.
- 아무런 행 또는 열을 선택하여 라플라스 전개를 하면 항상 행렬식이 나온다. 따라서 0을 많이 포함한 행을 선택하여 라플라스 전개를 하는 것이 유리하다.

➔ 삼각행렬의 행렬식

정리 6.10 n차 정사각행렬이

$$\begin{bmatrix} a_{11} & a_{12} & a_{13} & \cdots & a_{1\,n-1} & a_{1n} \\ 0 & a_{22} & a_{23} & \cdots & a_{2\,n-1} & a_{2n} \\ 0 & 0 & a_{33} & \cdots & a_{3\,n-1} & a_{3n} \\ \vdots & \vdots & \vdots & \ddots & \vdots & \vdots \\ 0 & 0 & 0 & \cdots & a_{n-1\,n-1} & a_{n-1\,n} \\ 0 & 0 & 0 & \cdots & 0 & a_{nn} \end{bmatrix}$$

또는

$$\begin{bmatrix} a_{11} & 0 & 0 & \cdots & 0 & 0 \\ a_{21} & a_{22} & 0 & \cdots & 0 & 0 \\ a_{31} & a_{32} & a_{33} & \cdots & 0 & 0 \\ \vdots & \vdots & \vdots & \ddots & \vdots & \vdots \\ a_{n-1\,1} & a_{n-1\,2} & a_{n-1\,3} & \cdots & a_{n-1\,n-1} & 0 \\ a_{n1} & a_{n2} & a_{n3} & \cdots & a_{n\,n-1} & a_{nn} \end{bmatrix}$$

의 꼴이면 행렬식은 주대각선 성분을 곱한 $a_{11}a_{22}\cdots a_{nn}$이다.

➔ 기본행연산과 행렬식

– 기본행연산과 행렬식의 관계

정리 6.11 n차 정사각행렬 $A=[a_{ij}]_{n\times n}$에 대하여 다음이 성립한다.

(1) 행렬 A의 i번째 행(열)과 j번째 행(열)의 자리를 바꾸어 얻은 행렬을 B라고 하면 $\det B=-\det A$이다.

(2) 행렬 A의 i번째 행(열)에 k를 곱해 얻은 행렬을 B라고 하면 $\det B=k\det A$이다.

(3) 행렬 A의 i번째 행(열)에 k를 곱하여 j번째 행(열)에 더해서 j번째 행(열)을 바꾸어 얻은 행렬을 B라고 하면 $\det B=\det A$이다.

– 가본행연산을 이용하여 삼각행렬을 만들어 행렬식을 계산할 수 있다.

연습문제 6.3

1. 행렬 A는 n차 정사각행렬이고 k는 임의의 실수일 때, $\det(kA)=k^n\det A$임을 증명하시오.

2. 다음 행렬식을 계산하시오.

(1) $\begin{vmatrix} 4 & 5 & 0 \\ 3 & 3 & 1 \\ 3 & -1 & 2 \end{vmatrix}$ (2) $\begin{vmatrix} 1 & 1 & 0 & 0 \\ 1 & 1 & 0 & 1 \\ 0 & 1 & 1 & 0 \\ 0 & 0 & 1 & 1 \end{vmatrix}$

(3) $\begin{vmatrix} 2 & 4 & -6 & 4 \\ 2 & 6 & -1 & 7 \\ 5 & 0 & 3 & 6 \\ 1 & 2 & 0 & 2 \end{vmatrix}$ (4) $\begin{vmatrix} 1 & -2 & 1 & 3 \\ 0 & 0 & 5 & 2 \\ 3 & -3 & 4 & 1 \\ 2 & 0 & -2 & -3 \end{vmatrix}$

(5) $\begin{vmatrix} 2 & 1 & 3 & 0 & 0 \\ 4 & 3 & 5 & 0 & 0 \\ -2 & -1 & 4 & 0 & 0 \\ 0 & 0 & 0 & -3 & 2 \\ 0 & 0 & 0 & 5 & -4 \end{vmatrix}$

3. 3차 정사각 행렬의 행렬식이

$$\begin{vmatrix} a_{11} & a_{12} & a_{13} \\ a_{21} & a_{22} & a_{23} \\ a_{31} & a_{32} & a_{33} \end{vmatrix} = t$$

일 때 다음을 t에 대한 식으로 나타내시오.

(1) $\begin{vmatrix} a_{13} & a_{12} & a_{11} \\ a_{23} & a_{22} & a_{21} \\ a_{33} & a_{32} & a_{31} \end{vmatrix}$ (2) $\begin{vmatrix} 4a_{31} & 4a_{32} & 4a_{33} \\ a_{21} & a_{22} & a_{23} \\ a_{11} & a_{12} & a_{13} \end{vmatrix}$

(3) $\begin{vmatrix} a_{12} & a_{11} & a_{13}-2a_{11} \\ a_{22} & a_{21} & a_{23}-2a_{21} \\ a_{32} & a_{31} & a_{33}-2a_{31} \end{vmatrix}$ (4) $\begin{vmatrix} a_{13} & a_{12} & a_{11} \\ a_{23} & a_{22} & a_{21} \\ a_{33} & a_{32} & a_{31} \end{vmatrix}$

(5) $\begin{vmatrix} 2a_{11}-5a_{21} & 2a_{12}-5a_{22} & 2a_{13}-5a_{23} \\ a_{21} & a_{22} & a_{23} \\ 3a_{31}-4a_{21} & 3a_{32}-4a_{22} & 3a_{33}-4a_{23} \end{vmatrix}$

4. 행렬 $A = \begin{bmatrix} 1 & 2 & 3 \\ 4 & 5 & 6 \\ 7 & 8 & 9 \end{bmatrix}$에 대하여 다음을 구하시오.

(1) (1,2)성분에 대한 소행렬식 M_{12}와 여인수 A_{12},

(2) (2,2)성분에 대한 소행렬식 M_{22}와 여인수 A_{22}

5. 행렬 $A = \begin{bmatrix} 2 & 3 & -4 \\ 0 & -4 & 2 \\ 1 & -1 & 5 \end{bmatrix}$에 대하여 (i,j)성분에 대한 여인수를 A_{ij}라 할 때, 여인수들로 이루어진 행렬 $B = \begin{bmatrix} A_{11} & A_{21} & A_{31} \\ A_{12} & A_{22} & A_{32} \\ A_{13} & A_{23} & A_{33} \end{bmatrix}$를 구하시오.

6. 다음 등식이 성립함을 보이시오.

$$\begin{vmatrix} 1 & 1 & \cdots & 1 \\ x_1 & x_2 & \cdots & x_n \\ x_1^2 & x_2^2 & \cdots & x_n^2 \\ \vdots & \vdots & \ddots & \vdots \\ x_1^{n-1} & x_2^{n-1} & \cdots & x_n^{n-1} \end{vmatrix} = (-1)^{\frac{(n-1)n}{2}} \prod_{1 \le i < j \le n} (x_i - x_j)$$

7. $m < n$인 두 정수 m과 n에 대하여 행렬 A와 B는 $A = [a_{ij}]_{n\times m}$이고 $B = [b_{ij}]_{m\times n}$이라고 하자. 다음을 증명하시오.

(1) 행렬 A'은 행렬 A에 모든 성분이 0인 $n-m$개의 열벡터를 추가하여 만든 n차 정사각행렬이고 행렬 B'은 모든 성분이 0인 $n-m$개의 행벡터를 추가하여 만든 n차 정사각행렬이라고 하자. 그러면 $AB = A'B'$임을 보이시오.

(2) $\det(AB) = 0$이다.

8. n차 정사각행렬 A에 대하여 $\det A^T = \det A$를 보이시오.

9. n차 정사각행렬 A에 대하여 한 행이 모두 0일 때 $\det A = 0$임을 보이시오.

10. n차 정사각행렬 E는 항등행렬 I_n에 기본행연산을 시행하여 얻은 기본행렬일 때, 임의의 행렬 A에 대하여, $\det(EA) = (\det E)(\det A)$임을 보이시오.

6.4 역행렬

6.4.1 가우스 소거법을 이용한 역행렬 구하기

정의 6.17 n차 정사각행렬 A에 대하여

$$AB = BA = I$$

를 만족하는 n차 정사각행렬 B가 존재할 때, 행렬 A는 **가역**(invertible)이라고 한다. 이때 행렬 B를 행렬 A의 **역행렬**(inverse matrix)라고 하고 A^{-1}으로 나타낸다.

예제 6.21 2차 정사각행렬 $A = \begin{bmatrix} 1 & 1 \\ 2 & 3 \end{bmatrix}$과 $B = \begin{bmatrix} 3 & -1 \\ -2 & 1 \end{bmatrix}$는

$$AB = \begin{bmatrix} 1 & 1 \\ 2 & 3 \end{bmatrix} \begin{bmatrix} 3 & -1 \\ -2 & 1 \end{bmatrix} = \begin{bmatrix} 1 & 0 \\ 0 & 1 \end{bmatrix}$$

$$BA = \begin{bmatrix} 3 & -1 \\ -2 & 1 \end{bmatrix} \begin{bmatrix} 1 & 1 \\ 2 & 3 \end{bmatrix} = \begin{bmatrix} 1 & 0 \\ 0 & 1 \end{bmatrix}$$

이므로 행렬 A는 가역이고 행렬 B는 행렬 A의 역행렬이다. 즉 $A^{-1} = \begin{bmatrix} 3 & -1 \\ -2 & 1 \end{bmatrix}$이다.

정리 6.14 2차 정사각행렬 $A = \begin{bmatrix} a & b \\ c & d \end{bmatrix}$의 역행렬 A^{-1}는

$$A^{-1} = \frac{1}{ad - bc} \begin{bmatrix} d & -b \\ -c & a \end{bmatrix}$$

이다.

n차 정사각행렬 $A = [a_{ij}]_{n \times n}$가 가역일 때 A의 역행렬을 구해보자. 행렬 A의 역행렬 A^{-1}를 $A^{-1} = [x_{ij}]_{n \times n}$라고하면 $AA^{-1} = I$이다. 즉

$$\begin{bmatrix} a_{11} & a_{12} & \cdots & a_{1n} \\ a_{21} & a_{22} & \cdots & a_{2n} \\ \vdots & \vdots & \ddots & \vdots \\ a_{n1} & a_{n2} & \cdots & a_{nn} \end{bmatrix} \begin{bmatrix} x_{11} & x_{12} & \cdots & x_{1n} \\ x_{21} & x_{22} & \cdots & x_{2n} \\ \vdots & \vdots & \ddots & \vdots \\ x_{n1} & x_{n2} & \cdots & x_{nn} \end{bmatrix} = \begin{bmatrix} 1 & 0 & \cdots & 0 \\ 0 & 1 & \cdots & 0 \\ \vdots & \vdots & \ddots & \vdots \\ 0 & 0 & \cdots & 1 \end{bmatrix}$$

이다. A^{-1}를 구하기 위해서는 n개의 연립일차방정식을 풀어야 하는데, 이들 방정식은 모

두 같은 계수를 가지고 있다. 따라서 이들은 하나의 덧붙인 행렬로 다음과 같이 나타낼 수 있다.

$$\left[\begin{array}{cccc|cccc} a_{11} & a_{12} & \cdots & a_{1n} & 1 & 0 & \cdots & 0 \\ a_{21} & a_{22} & \cdots & a_{2n} & 0 & 1 & \cdots & 0 \\ \vdots & \vdots & \ddots & \vdots & \vdots & \vdots & \ddots & \vdots \\ a_{n1} & a_{n2} & \cdots & a_{nn} & 0 & 0 & \cdots & 1 \end{array}\right] = [A \mid I]$$

이제 가우스-조던 소거법을 이용하여 덧붙인 행렬을 기약 행사다리꼴로 변형하면, 행렬 A가 가역이면 반드시 항등행렬 I로 변형된다. 이때 항등행렬이 변형된 행렬이 바로 A^{-1}이다. 즉

$$[A \mid I] \xrightarrow{\text{기본 행연산}} \cdots \xrightarrow{\text{기본 행연산}} [I \mid A^{-1}]$$

이다.

덧붙인 행렬 $[A \mid I]$의 기약 행사다리꼴에서 왼쪽의 행렬 A가 항등행렬 I로 변환되지 않는다면 행렬 A는 역행렬을 갖지 않는다.

예제 6.22 3차 정사각행렬 $A = \begin{bmatrix} -1 & 1 & 2 \\ 3 & -1 & 1 \\ -1 & 3 & 4 \end{bmatrix}$의 역행렬을 가우스-조던 소거법을 이용하여 구하시오.

풀이 덧붙인 행렬 $[A \mid I]$을 가우스-조던 소거법을 이용하여 기약행사다리꼴로 변형하면 다음과 같다.

$$\left[\begin{array}{ccc|ccc} -1 & 1 & 2 & 1 & 0 & 0 \\ 3 & -1 & 1 & 0 & 1 & 0 \\ -1 & 3 & 4 & 0 & 0 & 1 \end{array}\right] \to \left[\begin{array}{ccc|ccc} 1 & -1 & -2 & -1 & 0 & 0 \\ 3 & -1 & 1 & 0 & 1 & 0 \\ -1 & 3 & 4 & 0 & 0 & 1 \end{array}\right]$$

$$\to \left[\begin{array}{ccc|ccc} 1 & -1 & -2 & -1 & 0 & 0 \\ 0 & 2 & 7 & 3 & 1 & 0 \\ 0 & 2 & 2 & -1 & 0 & 1 \end{array}\right] \to \left[\begin{array}{ccc|ccc} 1 & -1 & -2 & -1 & 0 & 0 \\ 0 & 2 & 2 & -1 & 0 & 1 \\ 0 & 2 & 7 & 3 & 1 & 0 \end{array}\right]$$

$$\to \left[\begin{array}{ccc|ccc} 1 & -1 & -2 & -1 & 0 & 0 \\ 0 & 1 & 1 & -\frac{1}{2} & 0 & \frac{1}{2} \\ 0 & 2 & 7 & 3 & 1 & 0 \end{array}\right] \to \left[\begin{array}{ccc|ccc} 1 & 0 & -1 & -\frac{3}{2} & 0 & \frac{1}{2} \\ 0 & 1 & 1 & -\frac{1}{2} & 0 & \frac{1}{2} \\ 0 & 0 & 5 & 4 & 1 & -1 \end{array}\right]$$

$$\rightarrow\left[\begin{array}{ccc|ccc} 1 & 0 & -1 & -\frac{3}{2} & 0 & \frac{1}{2} \\ 0 & 1 & 1 & -\frac{1}{2} & 0 & \frac{1}{2} \\ 0 & 0 & 1 & \frac{4}{5} & \frac{1}{5} & -\frac{1}{5} \end{array}\right]\rightarrow\left[\begin{array}{ccc|ccc} 1 & 0 & 0 & -\frac{7}{10} & \frac{1}{5} & \frac{3}{10} \\ 0 & 1 & 0 & -\frac{13}{10} & -\frac{1}{5} & \frac{7}{10} \\ 0 & 0 & 1 & \frac{4}{5} & \frac{1}{5} & -\frac{1}{5} \end{array}\right]$$

따라서

$$A^{-1}=\begin{bmatrix} -\frac{7}{10} & \frac{1}{5} & \frac{3}{10} \\ -\frac{13}{10} & -\frac{1}{5} & \frac{7}{10} \\ \frac{4}{5} & \frac{1}{5} & -\frac{1}{5} \end{bmatrix}$$

이다.

6.4.2 여인수와 행렬식을 이용한 역행렬 구하기

정의 6.18 n차 정사각행렬 $A=[a_{ij}]_{n\times n}$에 대하여 A_{ij}를 행렬 A의 (i,j)성분에 대한 여인수라고 하자. 그러면 행렬

$$\operatorname{cof}(A)=\begin{bmatrix} A_{11} & A_{12} & \cdots & A_{1n} \\ A_{21} & A_{22} & \cdots & A_{2n} \\ \vdots & \vdots & \ddots & \vdots \\ A_{n1} & A_{n2} & \cdots & A_{nn} \end{bmatrix}$$

를 행렬 A의 **여인수 행렬**(cofactor matrix)이라고 한다. 그리고 행렬

$$\operatorname{adj}(A)=\operatorname{cof}(A)^T=\begin{bmatrix} A_{11} & A_{21} & \cdots & A_{n1} \\ A_{12} & A_{22} & \cdots & A_{n2} \\ \vdots & \vdots & \ddots & \vdots \\ A_{1n} & A_{2n} & \cdots & A_{nn} \end{bmatrix}$$

를 행렬 A의 **수반행렬**(adjoint matrix)라고 한다.

가역행렬 A의 역행렬은 다음과 같이 행렬 A의 수반행렬 $\operatorname{adj}(A)$를 이용하여 구할 수 있다.

정리 6.15 n차 정사각행렬 A에 대하여, $\det A \neq 0$이면

$$A^{-1} = \frac{1}{\det A}\operatorname{adj}(A) = \frac{1}{\det A}\begin{bmatrix} A_{11} & A_{21} & \cdots & A_{n1} \\ A_{12} & A_{22} & \cdots & A_{n2} \\ \vdots & \vdots & \ddots & \vdots \\ A_{1n} & A_{2n} & \cdots & A_{nn} \end{bmatrix}$$

이고 그 역도 성립한다.

연립일차방정식은 계수행렬 $A_{m\times n}$, 미지수행렬 $X_{n\times 1}$, 상수행렬 $B_{m\times 1}$을 이용하여 행렬의 곱$AX=B$로 나타낼 수 있다. 그런데 행렬 A가 정사각행렬이고 가역이면 $X=A^{-1}B$임을 쉽게 알 수 있다. 이를 정리하면 다음과 같다.

정리 6.16 n차 정사각형행렬 A와 $n\times 1$행렬 X에 대하여 다음은 서로 동치이다.

(1) A는 가역이다.

(2) $\det A \neq 0$

(3) 임의의 $n\times 1$행렬 B에 대하여 연립일차방정식 $AX=B$는 유일한 해를 갖는다.

(4) 연립일차방정식 $AX=O$는 자명한 해를 갖는다.

(5) A를 기약행사다리꼴로 변형하면 I가 된다.

6.4.3 크래머 공식

미지수가 n개,인 일차방정식 n개로 이루어진 연립일차방정식을 행렬의 곱으로 나타내면

$$A_{n\times n}X_{n\times 1} = B_{n\times 1}$$

과 같이 나타낼 수 있다. 이때 행렬 A가 가역이면

$$X = A^{-1}B = \frac{1}{\det A}\operatorname{adj}(A)$$

로 나타낼 수 있다. 여기서 행렬 X의 각 성분을 구하면 다음과 같은 공식을 유도할 수 있다.

정리 6.17 (크래머 공식(Cramer's rule)) 미지수가 n이고 n개의 일차방정식으로 이루어진 연립일차방정식

$$\begin{cases} a_{11}x_1 + a_{12}x_2 + \cdots + a_{1n}x_n = b_1 \\ a_{21}x_1 + a_{22}x_2 + \cdots + a_{2n}x_n = b_2 \\ \qquad\qquad\vdots \\ a_{n1}x_1 + a_{n2}x_2 + \cdots + a_{nn}x_n = b_n \end{cases}$$

의 계수행렬을 $A = \begin{bmatrix} a_{11} & a_{12} & \cdots & a_{1n} \\ a_{21} & a_{22} & \cdots & a_{2n} \\ \vdots & \vdots & \ddots & \vdots \\ a_{n1} & a_{n2} & \cdots & a_{nn} \end{bmatrix}$, 미지수행렬을 $X = \begin{bmatrix} x_1 \\ x_2 \\ \vdots \\ x_n \end{bmatrix}$, 상수행렬을 $B = \begin{bmatrix} b_1 \\ b_2 \\ \vdots \\ b_n \end{bmatrix}$이라 하자. 그리고 모든 $i = 1,\ 2,\ \ldots,\ n$에 대하여 A_i는 행렬 A의 i번째 열 대신 상수행렬 B를 i번째 열로 하여 만든 행렬 즉,

$$A_i = \begin{bmatrix} a_{11} & \cdots & a_{1\,i-1} & b_1 & a_{1\,i+1} & \cdots & a_{1n} \\ a_{21} & \cdots & a_{2\,i-1} & b_2 & a_{2\,i+1} & \cdots & a_{2n} \\ \vdots & \vdots & \ddots & \vdots & \vdots & \ddots & \vdots \\ a_{n1} & \cdots & a_{n\,i-1} & b_n & a_{n\,i+1} & \cdots & a_{nn} \end{bmatrix}$$

이라고 하자. 만일 $\det A \neq 0$이면, 모든 $i = 1,\ 2,\ \ldots,\ n$에 대하여

$$x_i = \frac{\det A_i}{\det A}$$

이다.

예제 6.23 크래머 공식을 이용하여 연립일차방정식

$$\begin{cases} 2x_1 + \ \ x_2 + 3x_3 = \ \ 4 \\ \ \ x_1 - 2x_2 - 5x_3 = \ \ 3 \\ 3x_1 + 2x_2 - 2x_3 = -2 \end{cases}$$

를 구하시오.

풀이 계수행렬은 $A = \begin{bmatrix} 2 & 1 & 3 \\ 1 & -2 & -5 \\ 3 & 2 & -2 \end{bmatrix}$라고 하면 $\det A = 39 \neq 0$이다.

$$\det A_1 = \begin{vmatrix} 4 & 1 & 3 \\ 3 & -2 & -5 \\ -2 & 2 & -2 \end{vmatrix} = 78$$

$$\det A_2 = \begin{vmatrix} 2 & 4 & 3 \\ 1 & 3 & -5 \\ 3 & -2 & -2 \end{vmatrix} = -117$$

$$\det A_3 = \begin{vmatrix} 2 & 1 & 4 \\ 1 & -2 & 3 \\ 3 & 2 & -2 \end{vmatrix} = 39$$

이므로

$$x_1 = \frac{78}{39} = 2,\ x_2 = -\frac{117}{39} = -3,\ x_3 = \frac{39}{39} = 1$$

즉, $x_1 = 2$, $x_2 = 3$, $x_3 = 1$이다.

6.4.4 요약

6.4절을 요약하면 다음과 같다.

➔ 역행렬의 정의

n차 정사각행렬 A에 대하여

$$AB = BA = I$$

를 만족하는 n차 정사각행렬 B가 존재할 때, 행렬 A는 **가역**(invertible)이라고 한다. 이때 행렬 B를 행렬 A의 **역행렬**(inverse matrix)라고 하고 A^{-1}으로 나타낸다.

➔ 역행렬 구하기

– 가우스 소거법에 의한 방법

$$[A \mid I] \xrightarrow{\text{기본 행연산}} \cdots \xrightarrow{\text{기본 행연산}} [I \mid A^{-1}]$$

– 여인수에 의한 방법

정리 6.15 n차 정사각행렬 A에 대하여, $\det A \neq 0$이면

$$A^{-1} = \frac{1}{\det A}\operatorname{adj}(A) = \frac{1}{\det A}\begin{bmatrix} A_{11} & A_{21} & \cdots & A_{n1} \\ A_{12} & A_{22} & \cdots & A_{n2} \\ \vdots & \vdots & \ddots & \vdots \\ A_{1n} & A_{2n} & \cdots & A_{nn} \end{bmatrix}$$

이고 그 역도 성립한다.

➔ 역행렬과 행렬식

정리 6.16 n차 정사각형행렬 A와 $n\times1$행렬 X에 대하여 다음은 서로 동치이다.

(1) A는 가역이다. (2) $\det A \neq 0$

(3) 임의의 $n\times1$행렬 B에 대하여 연립일차방정식 $AX=B$는 유일한 해를 갖는다.

(4) 연립일차방정식 $AX=O$는 자명한 해를 갖는다.

(5) A를 기약행사다리꼴로 변형하면 I가 된다.

➔ 크래머 공식

정리 6.17 (크래머 공식(Cramer's rule)) 미지수가 n이고 n개의 일차방정식으로 이루어진 연립일차방정식

$$\begin{cases} a_{11}x_1+a_{12}x_2+\cdots+a_{1n}x_n=b_1 \\ a_{21}x_1+a_{22}x_2+\cdots+a_{2n}x_n=b_2 \\ \qquad\vdots \\ a_{n1}x_1+a_{n2}x_2+\cdots+a_{nn}x_n=b_n \end{cases}$$

의 계수행렬을 $A=\begin{bmatrix} a_{11} & a_{12} & \cdots & a_{1n} \\ a_{21} & a_{22} & \cdots & a_{2n} \\ \vdots & \vdots & \ddots & \vdots \\ a_{n1} & a_{n2} & \cdots & a_{nn} \end{bmatrix}$, 미지수행렬을 $X=\begin{bmatrix} x_1 \\ x_2 \\ \vdots \\ x_n \end{bmatrix}$, 상수행렬을 $B=\begin{bmatrix} b_1 \\ b_2 \\ \vdots \\ b_n \end{bmatrix}$이라 하자. 그리고 모든 $i=1,\ 2,\ \ldots,\ n$에 대하여 A_i는 행렬 A의 i번째 열 대신 상수행렬 B를 i번째 열로 하여 만든 행렬 즉,

$$A_i=\begin{bmatrix} a_{11} & \cdots & a_{1\,i-1} & b_1 & a_{1\,i+1} & \cdots & a_{1n} \\ a_{21} & \cdots & a_{2\,i-1} & b_2 & a_{2\,i+1} & \cdots & a_{2n} \\ \vdots & \vdots & \ddots & \vdots & \vdots & \ddots & \vdots \\ a_{n1} & \cdots & a_{n\,i-1} & b_n & a_{n\,i+1} & \cdots & a_{nn} \end{bmatrix}$$

이라고 하자. 만일 $\det A \neq 0$이면, 모든 $i=1,\ 2,\ \ldots,\ n$에 대하여

$$x_i=\frac{\det A_i}{\det A}$$

이다.

연습문제 6.4

1. 가우스–조던 소거법을 이용하여 다음 행렬의 역행렬을 구하시오.

(1) $\begin{bmatrix} 2 & -3 & 2 \\ 3 & 5 & -4 \\ 1 & 2 & -1 \end{bmatrix}$ (2) $\begin{bmatrix} 0 & 1 & 2 \\ 2 & 0 & 1 \\ 1 & 2 & 0 \end{bmatrix}$

(3) $\begin{bmatrix} 0 & 1 & 0 & 1 \\ -2 & 1 & 0 & -1 \\ 1 & 0 & -1 & 0 \\ 3 & 0 & -1 & 1 \end{bmatrix}$

2. 행렬식과 여인수를 이용하여 다음 행렬의 역행렬을 구하시오.

(1) $\begin{bmatrix} 2 & 4 & -1 \\ -3 & -6 & -1 \\ 1 & 3 & 2 \end{bmatrix}$ (2) $\begin{bmatrix} 3 & -3 & -1 \\ 6 & -5 & -3 \\ -2 & 2 & 1 \end{bmatrix}$

(3) $\begin{bmatrix} 1 & 1 & 1 & 1 \\ 1 & 1 & 1 & 0 \\ 1 & 1 & 0 & 0 \\ 1 & 0 & 0 & 0 \end{bmatrix}$

3. n차 정사각행렬 A가 $A^2 = A$를 만족하면 **멱등원**(idempotent)라고 한다.

(1) 2차 정사각행렬 중 멱등원인 행렬 3개를 제시하시오.

(2) 멱등원인 n차 정사각행렬 중 가역인 행렬은 항등행렬 뿐임을 증명하시오.

4. 가역인 대칭행렬은 그 역행렬도 대칭행렬임을 증명하시오.

5. 두 행렬 A와 B는 정사각행렬이고 AB가 가역이면 행렬 A와 B는 모두 가역임을 증명하시오.

6. 크래머 공식을 이용하여 다음 연립일차방정식의 해를 구하시오.

(1) $\begin{cases} 3x_1 - 5x_2 - 2x_3 = 1 \\ x_1 + x_2 - x_3 = 4 \\ -x_1 + 2x_2 + x_3 = 5 \end{cases}$ (2) $\begin{cases} 3x + 2z = 5 \\ 4y - 5w = 1 \\ x - 2z + w = 0 \\ 4y + 8z = 5 \end{cases}$

7. 가역인 두 행렬 A와 B에 대하여 $(AB)^{-1} = B^{-1}A^{-1}$임을 보이시오.

8. 행렬 A가 가역이면 A^T도 가역임을 보이시오.

○ 제 7 장 ○

벡터와 벡터공간

7.1 벡터와 벡터의 연산

7.1.1 벡터란?

힘과 같이 크기와 방향을 모두 고려해야 하는 성분을 **벡터**(vector)라고 한다. 이와 달리 크기만 가지고 있는 길이, 넓이, 부피와 같은 성분은 **스칼라**(scalar)라고 한다.

벡터는 크기와 방향을 나타내야 하므로 그림 7.1과 같이 화살표가 포함된 선분을 사용하여 나타낸다. 이때 점 A에서 점 B로의 벡터를 $\mathbf{a}=\overrightarrow{AB}$라고 나타내고 점 A는 벡터의 **시점**(initial point), 점 B는 벡터의 **종점**(terminal point)라고 한다. 또한 벡터 $\mathbf{a}$의 크기는 선분 AB의 길이이고 $|\mathbf{a}|$로 나타낸다. 특히 길이가 0인 벡터를 **영벡터**(zero vector)라 하고 $\mathbf{0}$으로 나타낸다.

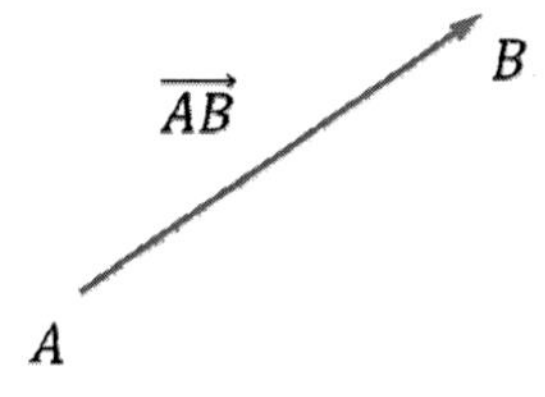

그림 7.1 $\overrightarrow{AB}$

만일 두 벡터 $\mathbf{a}$와 $\mathbf{b}$가 같은 크기이면 같은 방향을 가지고 있으면 두 벡터는 같다(equal)고 하고 $\mathbf{a}=\mathbf{b}$로 나타낸다.

정의 7.1 (**벡터 합**(vector addition)) 두 벡터 $\mathbf{a}$와 $\mathbf{b}$가 $\mathbf{a}$의 종점이 $\mathbf{b}$의 시점이 되도록 놓여 있다면 두 벡터의 합 $\mathbf{a}+\mathbf{b}$는 벡터 $\mathbf{a}$의 시점에서 벡터 $\mathbf{b}$의 종점까지의 벡터이다.

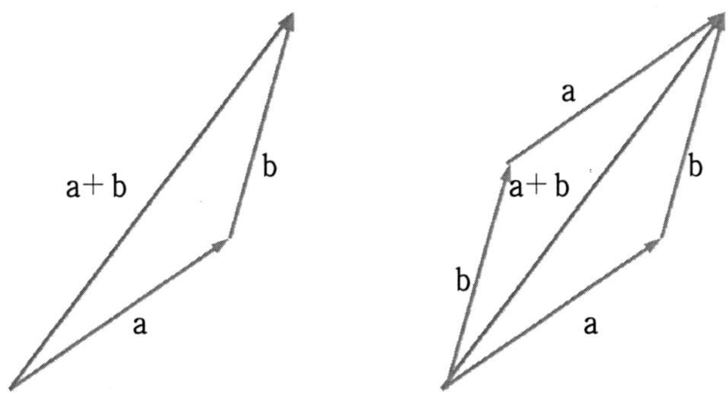

그림 7.2 벡터의 합

그림 7.2에서처럼 **a**+ **b**= **b**+ **a**이다.

정의 7.2 (벡터의 스칼라곱(scalar multiplication)**)** c는 스칼라이고 **a**는 벡터일 때, $c>0$이면 c**a**는 길이가 벡터 **a**의 길이의 c배이고 방향은 벡터 **a**와 같은 벡터이다. 그리고 $c<0$이면 c**a**는 길이가 벡터 **a**의 길이의 $|c|$배이고 방향은 벡터 **a**와 반대방향인 벡터이다. 만일 $c=0$이거나 **a**= **0**이면 c**a**는 영벡터이다.

벡터의 스칼라곱을 이용하면 (-1)**a**=− **a**임을 알 수 있는데, 이를 이용하면

$$\mathbf{a}-\mathbf{b}=\mathbf{a}+(-\mathbf{b})$$

와 같이 벡터의 뺄셈을 정의할 수 있다.

이렇게 기하적인 방법을 이용하여 정의한 벡터를 기하적 벡터라한다. 기하적 벡터는 그림으로 나타내야 한다는 한계 때문에 확장에 제한적이다.

7.1.2 벡터의 성분

좌표평면 위의 벡터 **a**는 시점이 원점 $O(0,0)$이고 종점이 $A(a_1,a_2)$인 벡터 $\overrightarrow{OA}$라고 하자. 그러면 **a**$=< a_1,a_2 >$로 나타낸다. 이때, 이 벡터를 점 A의 **위치벡터**(position vector)라고 한다. 이때 a_1, a_2를 **벡터의 성분**(component)라 한다.

두 벡터가 같다면 벡터가 어디에 있던 크기와 방향이 일치한다는 것이다. 따라서 모든 벡터는 그 벡터와 똑같은 위치벡터를 갖는다. 예를 들어 점 $A(a_1,a_2)$에서 점 $B(b_1,b_2)$로의 벡터 $\overrightarrow{AB}$는 위치벡터 $< b_1-a_1,b_2-a_2 >$와 같은 벡터이다. 따라서

$$\overrightarrow{AB} = < b_1 - a_1,\ b_2 - a_2 >$$

로 나타낼 수 있다. 이러한 벡터의 표현은 좌표공간의 벡터에 대해서도 적용할 수 있다. 다시말해 점 $A(a_1, a_2, a_3)$에서 점 $B(b_1, b_2, b_3)$로의 벡터 $\overrightarrow{AB}$는

$$\overrightarrow{AB} = < b_1 - a_1,\ b_2 - a_2,\ b_3 - a_3 >$$

이다. 이와 같은 벡터의 표현을 벡터의 성분표현이라고 한다.

좌표평면은 $\mathbb{R}^2$, 좌표공간은 $\mathbb{R}^3$로 나타내는데 이를 확장하여 n개의 성분을 가진 모든 순서쌍 $(x_1,\ x_2,\ \ldots,\ x_n)$의 집합을 $\mathbb{R}^n$이라고 하면 벡터의 성분표현은 $\mathbb{R}^n$의 벡터도 나타낼 수 있다. 즉 $\mathbf{a} = < a_1, a_2, \ldots, a_n >$은 $\mathbb{R}^n$의 벡터이다.

벡터의 성분 표현을 이용하여 다음과 같이 벡터의 크기를 정의할 수 있다.

정의 7.3 $\mathbb{R}^n$에서의 벡터 $\mathbf{a} = < a_1, a_2, \ldots, a_n >$에 대하여

$$|\mathbf{a}| = \sqrt{{a_1}^2 + {a_2}^2 + \cdots + {a_n}^2}$$

이다.

벡터의 방향을 강조할 때엔 크기가 1인 벡터를 이용하여 나타낸다. 크기가 1인 벡터를 **단위벡터**(unit vector)라고 한다. 영벡터가 아닌 임의의 벡터 $\mathbf{a}$에 대하여 $\mathbf{a}$와 같은 방향의 단위벡터는

$$\frac{1}{|\mathbf{a}|}\mathbf{a}$$

이다. 따라서 벡터 $\mathbf{a}$는

$$\mathbf{a} = \underbrace{(|\mathbf{a}|)}_{\text{크기}} \underbrace{\left(\frac{1}{|\mathbf{a}|}\mathbf{a}\right)}_{\text{방향}}$$

로 분해해서 생각할 수도 있다.

7.1.3 벡터의 연산

성분표현을 이용하여 벡터의 합과 벡터의 스칼라곱도 함께 정의할 수 있는데, 이는 삼각형의 합동과 닮음을 이용하여 기하벡터를 이용한 정의와 일치함을 확인할 수 있다.

정의 7.4 $\mathbb{R}^n$의 두 벡터 a$=< a_1, a_2, \dots, a_n >$, b$=< b_1, b_2, \dots, b_n >$와 스칼라 c에 대하여

$$\mathrm{a}+\mathrm{b}=< a_1+b_1, a_2+b_2, \dots, a_n+b_n >$$

$$\mathrm{a}-\mathrm{b}=< a_1-b_1, a_2-b_2, \dots, a_n-b_n >$$

$$c\mathrm{a}=< ca_1, ca_2, \dots, ca_n >$$

이다.

예제 7.1 두 벡터 a$=< 1, 2, 3 >$와 b$=< 1, 0, -2 >$에 대하여 다음을 구하시오.

(1) $|\mathrm{a}|$ (2) a$+$2b (3) 3a$-$b

풀이 (1) $|\mathrm{a}| = \sqrt{1^2+2^2+3^2} = \sqrt{14}$

(2) a$+$2b$=< 1, 2, 3 >+< 2, 0, -4 >=< 3, 2, -1 >$

(3) 3a$-$b$=< 3, 6, 9 >-< 1, 0, -2 >=< 2, 6, 11 >$

벡터의 연산은 실수에서처럼 결합법칙, 교환법칙이 성립하며 스칼라곱과 벡터 덧셈에 대하여 분배법칙 등이 성립한다.

정리 7.1 $\mathbb{R}^n$의 세 벡터 a, b, c와 두 실수 k, l에 대하여 다음이 성립한다.

(1) (a$+$b)$+$c$=$a$+$(b$+$c) (2) a$+$b$=$b$+$a

(3) a$+$0$=$a이고 0$+$a$=$a (4) a$+$($-$a)$=$0

(5) k(a$+$b)$=k$a$+k$b (6) $(k+l)$a$=k$a$+l$a

(7) (kl)a$=k(l$a$)$ (8) 1a$=$a

영벡터는 벡터의 덧셈에서 항등원의 역할을 하며 벡터 $-$a는 a의 벡터 덧셈에 대한 역원이다. 특히 기하적으로 벡터 $-$a는 벡터 a와 같은 크기이며 방향은 정반대인 벡터를 의미한다.

$\mathbb{R}^n$을 벡터공간 또는 유클리드 공간이라고 한다. 유클리드의 공간의 공집합이 아닌 부분집합 중 다시 벡터공간이 되는 것을 **부분공간**(subspace)라고 한다. 유클리드 공간 $\mathbb{R}^n$의 부

분집합 W가 부분공간임을 확인할 때에는 (1) W가 공집합이 아닌지, (2) W의 임의의 두 벡터 a, b에 대하여, a+b가 다시 W의 원소가 되는지, (3) 임의의 실수 k와 임의의 벡터 a에 대하여 ka가 다시 W의 원소가 되는지 확인하면 된다.

7.1.4 요약

7.1절을 요약하면 다음과 같다.

➔ 벡터와 스칼라

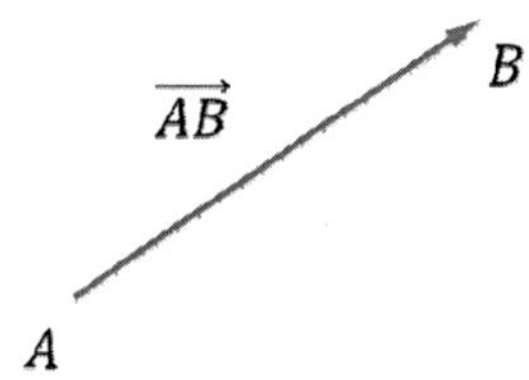

➔ 벡터의 합과 스칼라곱

– (**벡터 합**(vector addition)) 두 벡터 a와 b가 a의 종점이 b의 시점이 되도록 놓여 있다면 두 벡터의 합 a+b는 벡터 a의 시점에서 벡터 b의 종점까지의 벡터이다.

– (**벡터의 스칼라곱**(scalar multiplication)) c는 스칼라이고 a는 벡터일 때, $c>0$이면 ca는 길이가 벡터 a의 길이의 c배이고 방향은 벡터 a와 같은 벡터이다. 그리고 $c<0$이면 ca는 길이가 벡터 a의 길이의 $|c|$배이고 방향은 벡터 a와 반대방향인 벡터이다. 만일 $c=0$이거나 a=0이면 ca는 영벡터이다.

➔ 벡터 성분

– 좌표평면 위의 벡터 a는 시점이 원점 $O(0,0)$이고 종점이 $A(a_1,a_2)$인 벡터 $\overrightarrow{OA}$라고 하자. 그러면 a=$<a_1,a_2>$로 나타낸다. 이때, 이 벡터를 점 A의 **위치벡터**(position vector)라고 한다. 이때 a_1, a_2를 **벡터의 성분**(component)라 한다.

➔ 벡터의 크기: $\mathbb{R}^n$에서의 벡터 a=$<a_1, a_2, \ldots, a_n>$에 대하여

$$|\mathrm{a}|=\sqrt{{a_1}^2+{a_2}^2+\cdots+{a_n}^2}$$

➔ 영벡터가 아닌 벡터 a와 같은 방향의 단위벡터는 $\frac{1}{|\mathrm{a}|}\mathrm{a}$. 따라서 $\mathrm{a}=\underbrace{(|\mathrm{a}|)}_{\text{크기}}\underbrace{\left(\frac{1}{|\mathrm{a}|}\mathrm{a}\right)}_{\text{방향}}$

➔ 성분을 이용한 벡터의 연산과 연산 성질

− $\mathbb{R}^n$의 두 벡터 $\mathrm{a}=<a_1, a_2, \ldots, a_n>$, $\mathrm{b}=<b_1, b_2, \ldots, b_n>$와 스칼라 c에 대하여

$$\mathrm{a}+\mathrm{b}=<a_1+b_1, a_2+b_2, \ldots, a_n+b_n>$$

$$\mathrm{a}-\mathrm{b}=<a_1-b_1, a_2-b_2, \ldots, a_n-b_n>$$

$$c\mathrm{a}=<ca_1, ca_2, \ldots, ca_n>$$

정리 7.1 $\mathbb{R}^n$의 세 벡터 a, b, c와 두 실수 k, l에 대하여 다음이 성립한다.

(1) $(\mathrm{a}+\mathrm{b})+\mathrm{c}=\mathrm{a}+(\mathrm{b}+\mathrm{c})$ (2) $\mathrm{a}+\mathrm{b}=\mathrm{b}+\mathrm{a}$

(3) $\mathrm{a}+0=\mathrm{a}$이고 $0+\mathrm{a}=\mathrm{a}$ (4) $\mathrm{a}+(-\mathrm{a})=0$

(5) $k(\mathrm{a}+\mathrm{b})=k\mathrm{a}+k\mathrm{b}$ (6) $(k+l)\mathrm{a}=k\mathrm{a}+l\mathrm{a}$

(7) $(kl)\mathrm{a}=k(l\mathrm{a})$ (8) $1\mathrm{a}=\mathrm{a}$

연습문제 7.1

1. 좌표평면 위의 네 점 $A(1,2)$, $B(4,1)$, $C(5,7)$, $D(8,5)$에 대하여 다음 물음에 답하시오.
   (1) 두 벡터 $\overrightarrow{AB}$와 $\overrightarrow{CD}$를 그림으로 나타내시오.
   (2) $\overrightarrow{AB}$와 $\overrightarrow{CD}$가 같은 벡터인지 확인하시오.

2. 좌표평면 위의 두 점 $A(5,1)$, $B(6,-1)$에 대하여 다음 물음에 답하시오.
   (1) $\overrightarrow{OA}$, $\overrightarrow{OB}$를 그림으로 나타내시오.
   (2) $\overrightarrow{OA}+\overrightarrow{OB}$를 그림으로 나타내고, 이를 성분으로 나타내시오.

3. 두 벡터 $\mathrm{a}=<1,3>$, $\mathrm{b}=<-2,5>$에 대하여 다음 벡터를 구하시오.
   (1) $-2\mathrm{a}$ (2) $3\mathrm{a}+2\mathrm{b}$ (3) $|\mathrm{a}-2\mathrm{b}|$

4. $\mathbb{R}^3$에서 두 벡터 a=< 3,0,2 >, b=< 1,2,−2 >에 대하여 다음 벡터를 구하시오.

(1) a+b

(2) 2a+3b

(3) 3a−4b

5. 세 벡터 u=< 2, −7, 1 >, v=<−3, 0, 4 >, w=< 0, 5, −8 >에 대하여 다음 벡터를 구하시오.

(1) 3u−4v

(2) 2u+3v−5w

6. 벡터는 하나의 열로 이루어진 행렬인 열벡터로 나타내기도 한다. 세 벡터 $u=\begin{bmatrix} 5 \\ 3 \\ -4 \end{bmatrix}$, $v=\begin{bmatrix} -1 \\ 5 \\ 2 \end{bmatrix}$, $w=\begin{bmatrix} 3 \\ -1 \\ -2 \end{bmatrix}$에 대하여 다음 벡터를 구하시오.

(1) 5u−2v

(2) −2u−4v+3w

7. 두 벡터 $< x, 3 >$과 $< 2, x+y >$이 같은 벡터가 되는 x와 y를 구하시오.

8. 세 벡터 u=< 1, 1, 1 >, v=< 1, 2, 3 >, w=< 2, −1, 1 >에 대하여

$$< 1, -2, 5 > = c_1\mathrm{u} + c_2\mathrm{v} + c_3\mathrm{w}$$

를 만족하는 실수 c_1, c_2, c_3를 구하시오.

7.2 벡터의 내적과 외적

7.2.1 벡터의 내적

정의 7.5 $\mathbb{R}^n$의 두 벡터 a=< $a_1, a_2, \dots, a_n$ >, b=< $b_1, b_2, \dots, b_n$ >에 대하여 벡터의 **내적**(inner product) a · b는

$$\mathrm{a}\cdot\mathrm{b}=a_1b_1+a_2b_2+\cdots+a_nb_n$$

으로 정의한다.

유클리드 공간에서의 벡터의 내적은 **점곱**(dot product)이라고도 한다.

예제 7.2 (1) 좌표평면 위의 두 벡터 a=< 1,2 >와 b=< −2,3 >에 대하여

$$\mathrm{a}\cdot\mathrm{b}=1\cdot(-2)+2\cdot 3=-2+6=4$$

이다.

(2) 좌표공간의 두 벡터 a=< −1,2,3 >, b=< 3,1,−1 >에 대하여

$$\mathrm{a}\cdot\mathrm{b}=-3+2-3=-4$$

이다.

벡터의 내적은 성분의 곱의 합으로 정의되고, 성분은 모두 실수이므로 실수에서의 연산 성질을 이용하면 다음과 같은 연산 성질이 성립함을 알 수 있다.

정리 7.2 $\mathbb{R}^n$의 세 벡터 a, b, c와 실수 c에 대하여 다음이 성립한다.

(1) $\mathrm{a}\cdot\mathrm{a}=|\mathrm{a}|^2$ (2) $\mathrm{a}\cdot\mathrm{b}=\mathrm{b}\cdot\mathrm{a}$

(3) $\mathrm{a}\cdot(\mathrm{b}+\mathrm{c})=\mathrm{a}\cdot\mathrm{b}+\mathrm{a}\cdot\mathrm{c}$ (4) $(c\mathrm{a})\cdot\mathrm{b}=c(\mathrm{a}\cdot\mathrm{b})=\mathrm{a}\cdot(c\mathrm{b})$

(5) $\mathrm{0}\cdot\mathrm{a}=0$

두 벡터의 크기와 사잇각의 크기를 알고 있다면 다음과 같이 벡터의 내적을 계산할 수 있다.

정리 7.3 $\mathbb{R}^n$의 두 벡터 a와 b에 대하여 두 벡터의 사잇갓을 θ라고 하면

$$\mathrm{a}\cdot\mathrm{b}=|\mathrm{a}||\mathrm{b}|cos\theta$$

이다.

정리 7.3은 벡터의 뺄셈과 코사인법칙을 이용하면 쉽게 확인할 수 있다. 그리고 정리 7.3으로부터 두 벡터의 사잇각 θ는

$$\cos\theta=\frac{\mathrm{a}\cdot\mathrm{b}}{|\mathrm{a}||\mathrm{b}|}$$

를 만족함을 알 수 있다.

벡터의 내적을 이용하면 두 벡터 사잇각을 구할 수 있고, 특히 두 벡터가 수직임을 확인할 수 있다.

정리 7.4 $\mathbb{R}^n$의 두 벡터 a와 b에 대하여 두 벡터의 사잇각을 θ라 할 때, 다음이 성립한다.

(1) $\mathrm{a}\cdot\mathrm{b}>0$이면 $0<\theta<\frac{\pi}{2}$이고 그 역도 성립한다.

(2) $\mathrm{a}\cdot\mathrm{b}=0$이면 $\theta=\frac{\pi}{2}$이고 그 역도 성립한다.

(3) $\mathrm{a}\cdot\mathrm{b}<0$이면 $\frac{\pi}{2}<\theta<\pi$이고 그 역도 성립한다.

예제 7.3 두 벡터 $\mathrm{a}=<1,2,3>$과 $\mathrm{b}=<1,-2,0>$에 대하여 두 벡터 사잇각을 θ라 할 때, $\cos\theta$의 값을 구하시오.

풀이 $\mathrm{a}\cdot\mathrm{b}=1-4+0=-3$이고 $|\mathrm{a}|=\sqrt{1^2+2^2+3^2}=\sqrt{14}$, $|\mathrm{b}|=\sqrt{1^2+(-2)^2+0^2}=\sqrt{5}$이다. 따라서

$$\cos\theta=\frac{\mathrm{a}\cdot\mathrm{b}}{|\mathrm{a}||\mathrm{b}|}=\frac{-3}{\sqrt{14}\sqrt{5}}=-\frac{3}{\sqrt{70}}$$

이다.

7.2.2 정사영

정의 7.6 두 벡터 a와 b는 한 점 P를 시점으로 하는 벡터이고 b의 종점 R에서 벡터 a를 포함하는 직선 위로 수선의 발 S를 내렸을 때, 벡터 $\overrightarrow{PS}$를 벡터 a에 대한 벡터 b의 **정사영** (projection of b onto a)이라 하고 $\text{proj}_{\mathbf{a}}\mathbf{b}$로 나타낸다.

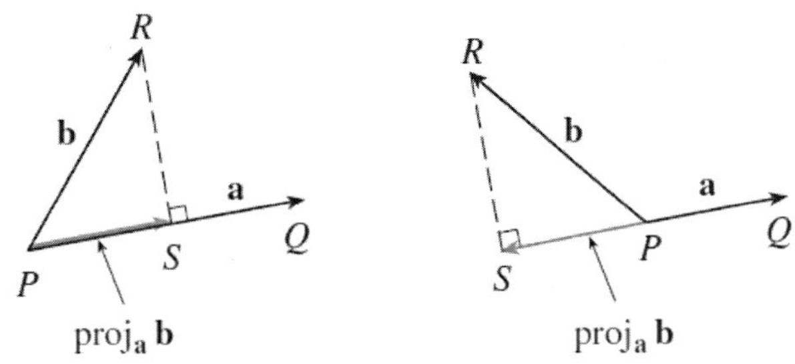

그림 7.3 벡터 a에 대한 벡터 b의 정사영

벡터 a에 대한 벡터 b의 정사영 $\text{proj}_{\mathbf{a}}\mathbf{b}$는 a와 평행이고 그 크기는 $|\mathbf{b}|\cos\theta$이다. 여기서 θ는 a와 b의 사잇각이다. 그런데 $\cos\theta = \dfrac{\mathbf{a}\cdot\mathbf{b}}{|\mathbf{a}||\mathbf{b}|}$이므로

$$|\text{proj}_{\mathbf{a}}\mathbf{b}| = |\mathbf{b}|\cos\theta = |\mathbf{b}|\frac{\mathbf{a}\cdot\mathbf{b}}{|\mathbf{a}||\mathbf{b}|} = \frac{\mathbf{a}\cdot\mathbf{b}}{|\mathbf{a}|}$$

이다. 따라서

$$\text{proj}_{\mathbf{a}}\mathbf{b} = \frac{\mathbf{a}\cdot\mathbf{b}}{|\mathbf{a}|}\frac{1}{|\mathbf{a}|}\mathbf{a} = \left(\frac{\mathbf{a}\cdot\mathbf{b}}{|\mathbf{a}|^2}\right)\mathbf{a} = \left(\frac{\mathbf{a}\cdot\mathbf{b}}{\mathbf{a}\cdot\mathbf{a}}\right)\mathbf{a}$$

이다.

예제 7.4 두 벡터 $\mathbf{a} = <1,2,3>$과 $\mathbf{b} = <-1,0,3>$에 대하여 $\text{proj}_{\mathbf{a}}\mathbf{b}$를 구하시오.

풀이 $\text{proj}_{\mathbf{a}}\mathbf{b} = \left(\dfrac{\mathbf{a}\cdot\mathbf{b}}{\mathbf{a}\cdot\mathbf{a}}\right)\mathbf{a} = \left(\dfrac{-1+0+9}{1+4+9}\right) < 1,2,3 > = \dfrac{4}{7} < 1,2,3 > = \left\langle \dfrac{4}{7}, \dfrac{8}{7}, \dfrac{12}{7} \right\rangle$

7.2.3 벡터의 외적

$\mathbb{R}^3$에서 두 벡터 a 와 b에 동시에 수직인 벡터는 다음과 같이 구할 수 있다.

정의 7.7 $\mathbb{R}^3$의 두 벡터 $\mathbf{a}=<a_1, a_2, a_3>$, $\mathbf{b}=<b_1, b_2, b_3>$에 대하여

$$\mathbf{a}\times\mathbf{b}=<a_2b_3-a_3b_2,\ a_3b_1-a_1b_3,\ a_1b_2-a_2b_1>$$

을 두 벡터의 **외적**(cross product)라고 한다.

$\mathbf{i}=<1,0,0>$, $\mathbf{j}=<0,1,0>$, $\mathbf{k}=<0,0,1>$이라고 하면 두 벡터 $\mathbf{a}=<a_1, a_2, a_3>$, $\mathbf{b}=<b_1, b_2, b_3>$의 외적 $\mathbf{a}\times\mathbf{b}$는

$$\mathbf{a}\times\mathbf{b}=\begin{vmatrix} \mathbf{i} & \mathbf{j} & \mathbf{k} \\ a_1 & a_2 & a_3 \\ b_1 & b_2 & b_3 \end{vmatrix}$$

와 같이 구할 수 있다.

예제 7.5 두 벡터 $\mathbf{a}=<3,0,1>$, $\mathbf{b}=<1,4,-1>$에 대하여

$$\mathbf{a}\times\mathbf{b}=\begin{vmatrix} \mathbf{i} & \mathbf{j} & \mathbf{k} \\ 3 & 0 & 1 \\ 1 & 4 & -1 \end{vmatrix}=-4\mathbf{i}+4\mathbf{j}+12\mathbf{k}=<-4,4,12>$$

이다.

정리 7.5 $\mathbb{R}^3$에서 두 벡터 a 와 b에 대하여 다음이 성립한다.

(1) $\mathbf{a}\cdot(\mathbf{a}\times\mathbf{b})=0$, $\mathbf{b}\cdot(\mathbf{a}\times\mathbf{b})=0$

(2) $\mathbf{a}\times\mathbf{a}=\mathbf{0}$

정리 7.5에서처럼 두 벡터의 외적은 두 벡터에 동시에 수직인 벡터를 만든다. 그런데 $\mathbb{R}^3$에서 두 벡터에 동시에 수직인 벡터의 방향은 두 가지인데, 그 방향은 그림 7.4와 같이 **오른손 법칙**(right hand rule)에 의해 결정된다.

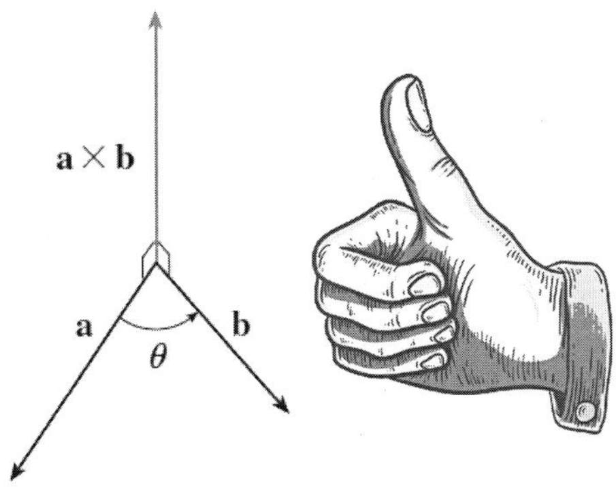

그림 7.4 오른손 법칙과 a×b의 방향

두 벡터 사이의 사잇각이 θ라고 하면 두 벡터의 외적의 크기는 다음과 같이 계산할 수 있다.

정리 7.6 $\mathbb{R}^3$에서 두 벡터 a 와 b에 대하여 그 사잇각을 θ라 하면

$$|\mathbf{a}\times\mathbf{b}| = |\mathbf{a}||\mathbf{b}|\sin\theta$$

이다.

두 벡터가 수직인 것은 내적을 이용하여 확인할 수 있다. 이와 비슷하게 두 벡터가 평행한 것은 외적을 이용해서 확인할 수 있다.

정리 7.7 $\mathbb{R}^3$에서 두 벡터 a 와 b에 대하여 벡터 a와 b가 평행하면 $\mathbf{a}\times\mathbf{b}=0$이고, 그 역도 성립한다.

정리 7.8 $\mathbb{R}^3$의 세 벡터 a, b, c와 실수 c에 대하여 다음이 성립한다.

(1) $\mathbf{a}\times\mathbf{b} = -(\mathbf{b}\times\mathbf{a})$

(2) $(c\mathbf{a})\times\mathbf{b} = c(\mathbf{a}\times\mathbf{b}) = \mathbf{a}\times(c\mathbf{b})$

(3) $\mathbf{a}\times(\mathbf{b}+\mathbf{c}) = \mathbf{a}\times\mathbf{b}+\mathbf{a}\times\mathbf{c}$

(4) $(\mathbf{a}+\mathbf{b})\times\mathbf{c} = \mathbf{a}\times\mathbf{c}+\mathbf{b}\times\mathbf{c}$

(5) $\mathbf{a}\cdot(\mathbf{b}\times\mathbf{c}) = (\mathbf{a}\times\mathbf{b})\cdot\mathbf{c}$

(6) $\mathbf{a}\times(\mathbf{b}\times\mathbf{c}) = (\mathbf{a}\cdot\mathbf{c})\mathbf{b}-(\mathbf{a}\cdot\mathbf{b})\mathbf{c}$

정리 7.8(1)에 의하면 벡터의 외적은 교환법칙이 성립하지 않고, (6)에 의하면 벡터의 외적은 결합법칙이 성립하지 않는다.

정리 7.8(5)의 a · (b× c)를 **스칼라삼중적**(scalar triple product)라 한다. 세 벡터의 스칼라삼중적은 세 벡터를 이웃하는 세 변으로 하는 평행육면체의 부피와 관계있다. 또한 세 벡터의 스칼라삼중적의 값이 0이면 세 벡터가 한 평면 위에 있음을 의미한다.

7.2.4 요약

➔ 벡터의 내적과 그 성질

$\mathbb{R}^n$의 두 벡터 a=$< a_1, a_2, \ldots, a_n >$, b=$< b_1, b_2, \ldots, b_n >$에 대하여 벡터의 **내적**(inner product) a · b는

$$\mathbf{a} \cdot \mathbf{b} = a_1 b_1 + a_2 b_2 + \cdots + a_n b_n$$

으로 정의한다.

정리 7.2 $\mathbb{R}^n$의 세 벡터 a, b, c와 실수 c에 대하여 다음이 성립한다.

(1) a · a= |a|^2 (2) a · b= b · a

(3) a · (b+ c) = a · b+ a · c (4) (ca) · b= c(a · b) = a · (cb)

(5) 0 · a= 0

➔ 두 벡터 사이의 각

정리 7.3 $\mathbb{R}^n$의 두 벡터 a와 b에 대하여 두 벡터의 사잇갓을 θ라고 하면

$$\mathbf{a} \cdot \mathbf{b} = |\mathbf{a}||\mathbf{b}| \cos\theta$$

이다.

정리 7.4 $\mathbb{R}^n$의 두 벡터 a와 b에 대하여 두 벡터의 사잇각을 θ라 할 때, 다음이 성립한다.

(1) a · b> 0이면 $0 < \theta < \frac{\pi}{2}$이고 그 역도 성립한다.

(2) a · b= 0이면 $\theta = \frac{\pi}{2}$이고 그 역도 성립한다.

(3) a · b< 0이면 $\frac{\pi}{2} < \theta < \pi$이고 그 역도 성립한다.

➔ 정사영 $\text{proj}_{\mathbf{a}}\mathbf{b}=\left(\dfrac{\mathbf{a}\cdot\mathbf{b}}{\mathbf{a}\cdot\mathbf{a}}\right)\mathbf{a}$

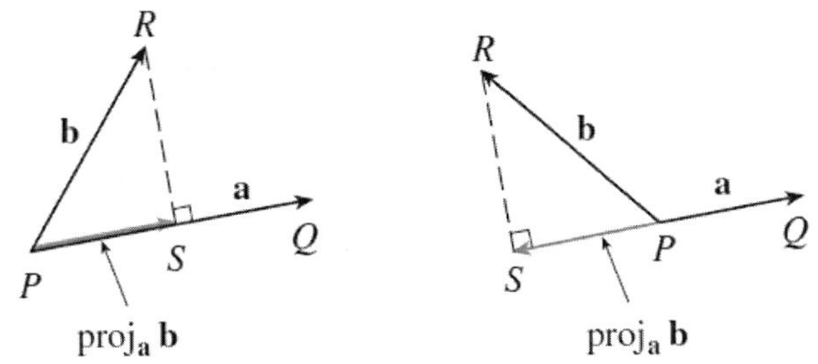

➔ $\mathbb{R}^3$의 두 벡터 $\mathbf{a}=\langle a_1, a_2, a_3\rangle$, $\mathbf{b}=\langle b_1, b_2, b_3\rangle$의 외적 $\mathbf{a}\times\mathbf{b}=\begin{vmatrix} \mathbf{i} & \mathbf{j} & \mathbf{k} \\ a_1 & a_2 & a_3 \\ b_1 & b_2 & b_3 \end{vmatrix}$

정리 7.5 $\mathbb{R}^3$에서 두 벡터 a 와 b에 대하여 다음이 성립한다.

(1) $\mathbf{a}\cdot(\mathbf{a}\times\mathbf{b})=0$, $\mathbf{b}\cdot(\mathbf{a}\times\mathbf{b})=0$

(2) $\mathbf{a}\times\mathbf{a}=\mathbf{0}$

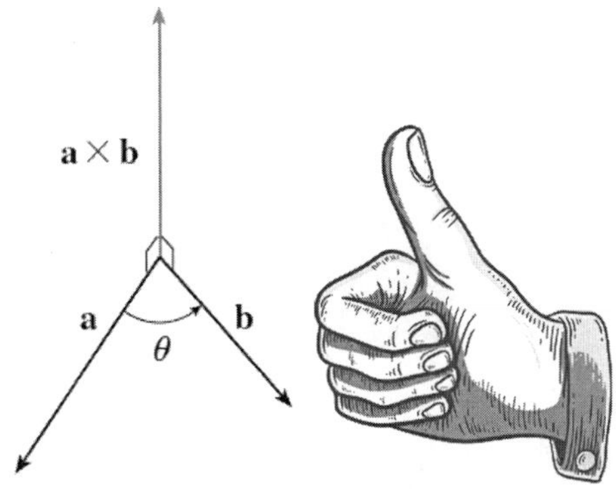

정리 7.6 $\mathbb{R}^3$에서 두 벡터 a 와 b에 대하여 그 사잇각을 θ라 하면

$$|\mathbf{a}\times\mathbf{b}|=|\mathbf{a}|\,|\mathbf{b}|\sin\theta$$

이다.

➔ 외적의 성질

정리 7.8 $\mathbb{R}^3$의 세 벡터 a, b, c와 실수 c에 대하여 다음이 성립한다.

(1) $\mathrm{a}\times\mathrm{b}=-(\mathrm{b}\times\mathrm{a})$
(2) $(c\mathrm{a})\times\mathrm{b}=c(\mathrm{a}\times\mathrm{b})=\mathrm{a}\times(c\mathrm{b})$
(3) $\mathrm{a}\times(\mathrm{b}+\mathrm{c})=\mathrm{a}\times\mathrm{b}+\mathrm{a}\times\mathrm{c}$
(4) $(\mathrm{a}+\mathrm{b})\times\mathrm{c}=\mathrm{a}\times\mathrm{c}+\mathrm{b}\times\mathrm{c}$
(5) $\mathrm{a}\cdot(\mathrm{b}\times\mathrm{c})=(\mathrm{a}\times\mathrm{b})\cdot\mathrm{c}$
(6) $\mathrm{a}\times(\mathrm{b}\times\mathrm{c})=(\mathrm{a}\cdot\mathrm{c})\mathrm{b}-(\mathrm{a}\cdot\mathrm{b})\mathrm{c}$

− $\mathrm{a}\cdot(\mathrm{b}\times\mathrm{c})$를 **스칼라삼중적**(scalar triple product)

연습문제 7.2

1. 다음 벡터에 대하여 $\mathrm{u}\cdot\mathrm{v}$를 구하시오.
   (1) $\mathrm{u}=<3,-4>$, $\mathrm{v}=<-1,3>$
   (2) $\mathrm{u}=<4,2,-3,5,-1>$, $\mathrm{v}=<2,6,-1,-4,8>$

2. 두 벡터 $\mathrm{a}=<1,2>$, $\mathrm{b}=<-2,k>$가 서로 수직이 되도록 실수 k의 값을 정하시오.

3. 다음 두 벡터 a와 b에 대하여 $\mathrm{proj}_{\mathrm{a}}\mathrm{b}$를 구하시오.
   (1) $\mathrm{a}=<-1,4>$, $\mathrm{b}=<1,-2>$
   (2) $\mathrm{a}=<0,1,-1>$, $\mathrm{b}=<1,3,4>$

4. 벡터의 외적을 이용하여 세 점 $P(1,4,6)$, $Q(-2,5,1)$, $R(1,-1,1)$을 세 꼭짓점으로 하는 삼각형의 넓이를 구하시오.

5. 세 벡터 $\mathrm{a}=<1,4,-7>$, $\mathrm{b}=<2,-1,4>$, $\mathrm{x}=<x_1,x_2,x_3>$가 한 평면 위에 있기 위한 x_1, x_2, x_3의 관계식을 구하시오.

6. 좌표공간의 네 점 $P(-2,1,0)$, $Q(2,3,2)$, $R(1,4,-1)$, $S(3,6,1)$에 대하여 세 선분 PQ, PR, PS를 이웃하는 세 변으로 한 평행육면체의 부피를 구하시오.

7. $\mathbb{R}^n$의 두 벡터 a와 b에 대하여 두 벡터의 사잇각을 θ라고 하면

$$\mathrm{a} \cdot \mathrm{b} = |\mathrm{a}||\mathrm{b}| cos\theta$$

임을 증명하시오.

8. $\mathbb{R}^n$의 한 벡터 u에 대하여 $\mathrm{u} \cdot \mathrm{u} \geq 0$임을 보이시오.

9. $\mathbb{R}^n$의 두 벡터 a, b에 대하여 $|\mathrm{a} \cdot \mathrm{b}| \leq |\mathrm{a}||\mathrm{b}|$임을 보이시오.

10. 세 벡터 $\mathrm{u} = < 2, 1, 3 >$, $\mathrm{v} = < 4, -1, 5 >$, $\mathrm{w} = < 1, 1, 5 >$에 대하여 다음을 구하시오.
    (1) $\mathrm{u} \times \mathrm{v}$
    (2) $\mathrm{v} \times \mathrm{w}$
    (3) $(\mathrm{u} \times \mathrm{v}) \cdot \mathrm{u}$

7.3 기저와 차원

7.3.1 벡터의 독립성

정의 7.9 n개의 벡터 $\mathrm{v}_1, \mathrm{v}_2, \ldots, \mathrm{v}_n$는 $\mathbb{R}^n$의 벡터라 하자.

(1) 실수 $k_1, k_2, \ldots, k_n$에 대하여 $k_1\mathrm{v}_1 + k_2\mathrm{v}_2 + \cdots + k_n\mathrm{v}_n$을 $\mathrm{v}_1, \mathrm{v}_2, \ldots, \mathrm{v}_n$의 **일차결합**(linear combination)이라고 한다.

(2) 만일 $k_1\mathrm{v}_1 + k_2\mathrm{v}_2 + \cdots + k_n\mathrm{v}_n = \mathbf{0}$이기 위한 필요충분조건이 $k_1 = k_2 = \cdots = k_n = 0$이면 벡터 $\mathrm{v}_1, \mathrm{v}_2, \ldots, \mathrm{v}_n$는 **일차독립**(linearly independent)라 한다.

(3) 벡터 $\mathrm{v}_1, \mathrm{v}_2, \ldots, \mathrm{v}_n$이 일차독립이 아니면 **일차종속**(linearly dependent)라 한다. 즉 실수 $k_1, k_2, \ldots, k_n$ 중 적어도 하나가 0이 아님에도 $k_1\mathrm{v}_1 + k_2\mathrm{v}_2 + \cdots + k_n\mathrm{v}_n = \mathbf{0}$이면 벡터 $\mathrm{v}_1, \mathrm{v}_2, \ldots, \mathrm{v}_n$는 일차종속이다.

정의 7.9에서 벡터들이 일차독립임을 확인할 때 k_i들이 0이면 $\mathbf{0}$가 되는 것은 자명하다. 따라서 $k_1\mathrm{v}_1 + k_2\mathrm{v}_2 + \cdots + k_n\mathrm{v}_n = \mathbf{0}$이면 $k_1 = k_2 = \cdots = k_n = 0$임만 확인하면 일차독립임을 확

인할 수 있다.

예제 7.6 (1) $3\mathbf{i}-2\mathbf{j}+\mathbf{k}$는 $\mathbf{i}$, $\mathbf{j}$, $\mathbf{k}$의 일차결합이다.

(2) $\mathbf{u}=<2,1>$, $\mathbf{v}=<-1,2>$, $\mathbf{w}=<0,1>$은 $\mathbf{u}+2\mathbf{v}+(-5)\mathbf{w}=\mathbf{0}$이므로 $\mathbf{u}$, $\mathbf{v}$, $\mathbf{w}$는 일차종속이다.

(3) $\mathbf{u}=<1,0,0>$, $\mathbf{v}=<1,1,0>$, $\mathbf{w}=<1,1,1>$는 $k_1\mathbf{u}+k_2\mathbf{v}+k_3\mathbf{w}=\mathbf{0}$이면 $k_1=k_2=k_3=0$이므로 $\mathbf{u}$, $\mathbf{v}$, $\mathbf{w}$는 일차독립이다.

$k_1\mathbf{v}_1+k_2\mathbf{v}_2+\cdots+k_n\mathbf{v}_n=\mathbf{0}$일 때 k_i의 값을 구하는 것은 계수행렬의 각 열이 $\mathbf{v}_1$, $\mathbf{v}_2$, …, $\mathbf{v}_n$이고 상수행렬이 영행렬인 연립일차방정식을 푸는 것과 같다. 그런데 k_i들이 모두 0이 되는 경우라면 연립일차방정식이 유일한 해를 가지는 경우이므로 연립일차방정식의 계수행렬은 역행렬을 가져야 한다. 그리고 계수행렬이 역행렬을 가지면 그 행렬의 계수행렬의 열들은 일차독립이다.

예제 7.7 좌표평면 위의 벡터 $\mathbf{u}=<1,2>$, $\mathbf{v}=<2,3>$가 일차독립임을 확인하시오.

풀이 $k_1\mathbf{u}+k_2\mathbf{v}=\mathbf{0}$을 풀면

$$\begin{bmatrix}1 & 2\\ 2 & 3\end{bmatrix}\begin{bmatrix}k_1\\ k_2\end{bmatrix}=\begin{bmatrix}0\\ 0\end{bmatrix}$$

을 푸는 것과 마찬가지이다. 덧붙인 행렬 $\begin{bmatrix}1 & 2 & 0\\ 2 & 3 & 0\end{bmatrix}$을 기약 행사다리꼴로 변형하면

$$\begin{bmatrix}1 & 2 & 0\\ 2 & 3 & 0\end{bmatrix}\rightarrow\begin{bmatrix}1 & 2 & 0\\ 0 & -1 & 0\end{bmatrix}\rightarrow\begin{bmatrix}1 & 2 & 0\\ 0 & 1 & 0\end{bmatrix}\rightarrow\begin{bmatrix}1 & 0 & 0\\ 0 & 1 & 0\end{bmatrix}$$

이므로 $k_1=k_2=0$이다. 따라서 $\mathbf{u}$, $\mathbf{v}$는 일차독립니다.

7.3.2 기저와 차원

정의 7.9 $\mathbb{R}^n$의 벡터 $\mathbf{v}_1$, $\mathbf{v}_2$, …, $\mathbf{v}_k$에 대하여 $\mathbb{R}^n$의 모든 벡터를 $\mathbf{v}_1$, $\mathbf{v}_2$, …, $\mathbf{v}_k$의 일차결합으로 나타낼 수 있으면 $\mathbf{v}_1$, $\mathbf{v}_2$, …, $\mathbf{v}_k$는 $\mathbb{R}^n$을 **생성한다**(span)고 한다. 즉

$$\mathbb{R}^n=\{c_1\mathbf{v}_1+c_2\mathbf{v}_2+\cdots+c_n\mathbf{v}_k \mid c_1,\ c_2,\ \ldots,\ c_k\in\mathbb{R}\}$$

이면 $\mathbf{v}_1$, $\mathbf{v}_2$, …, $\mathbf{v}_k$는 $\mathbb{R}^n$을 생성한다. 이를 $\mathrm{span}\{\mathbf{v}_1, \mathbf{v}_2, \cdots, \mathbf{v}_k\}$로 나타내고 집합 $\{\mathbf{v}_1, \mathbf{v}_2, \ldots, \mathbf{v}_k\}$를 $\mathbb{R}^n$의 **생성집합**(spanning set)이라고 한다.

예제 7.8 u=$< 2,1 >$, v=$< -1,2 >$, w=$< 0,1 >$에 대하여 집합 {u, v, w}는 $\mathbb{R}^2$의 생성집합이다. 실제로 임의의 벡터 x=$< x_1, x_2 >$는

$$\mathrm{x} = \frac{1}{5}(2x_1 + x_2)\mathrm{u} + \frac{1}{5}(2x_2 - x_1)\mathrm{v} + 0\mathrm{w}$$

이다.

정의 7.10 $\mathbb{R}^n$의 부분집합 $B = \{\mathrm{b}_1, \mathrm{b}_2, \ldots, \mathrm{b}_n\}$가 다음을 만족한다고 하자.

(i) 집합 B는 $\mathbb{R}^n$의 생성집합이다.

(ii) 집합 B는 일차독립이다.

그러면 집합 B는 $\mathbb{R}^n$의 **기저**(basis)라 한다.

예제 7.9 (1) $\mathbb{R}^3$에서 {$< 1,0,0 >$, $< 0,1,0 >$, $< 0,0,1 >$}는 기저이다.

(2) $\mathbb{R}^2$에서 {$< 1,0 >$, $< 1,1 >$}는 일차독립이다. $\mathbb{R}^2$의 임의의 벡터 $< x_1, x_2 >$에 대하여

$$< x_1, x_2 > = (x_1 - x_2) < 1,0 > + x_2 < 1,1 >$$

이므로 {$< 1,0 >$, $< 1,1 >$}는 $\mathbb{R}^2$의 생성집합이다. 따라서 {$< 1,0 >$, $< 1,1 >$}는 $\mathbb{R}^2$의 기저이다.

$\mathbb{R}^n$은 기저가 유일하지 않다. 예를 들어 $\mathbb{R}^2$는 {$< 1,0 >$, $< 0,1 >$}과 {$< 1,0 >$, $< 1,1 >$}은 모두 기저이다. $\mathbb{R}^n$의 기저의 원소의 개수에 대해서는 다음과 같은 성질이 성립한다.

정리 7.10 $\mathbb{R}^n$의 두 부분집합 B와 C는 모두 $\mathbb{R}^n$의 기저라 하자. 그러면 B의 원소의 개수와 C의 원소의 개수는 같다. 이때 기저의 원소의 개수를 $\mathbb{R}^n$의 **차원**(dimension)이라 하고 $\dim\mathbb{R}^n$으로 나타낸다.

예제 7.10 (1) $\mathbb{R}^2$는 {$< 1,0 >$, $< 0,1 >$}이 기저이고 원소의 개수가 2이므로 차원은 2이다.

(2) $\mathbb{R}^n$은 $\{\mathrm{e}_1, \mathrm{e}_2, \ldots, \mathrm{e}_n\}$를 기저로 갖고 기저의 원소의 개수가 n이므로 $\dim\mathbb{R}^n = n$이다. 여기서 e_i는 i번째 성분만 1이고 나머지 성분은 모두 0인 벡터이다.

7.3.2 행렬공간과 차원

정의 7.11 $m \times n$행렬 A에 대하여 $A_{(i)}$는 A의 i번째 행, $A^{(j)}$는 A의 j번째 열이라고 하자.

(1) 집합 $row(A) = \mathrm{span}\{A_{(1)}, A_{(2)}, \dots, A_{(m)}\}$을 행렬 A의 **행공간**(row space)라고 한다.

(2) 집합 $col(A) = \mathrm{span}\{A^{(1)}, A^{(2)}, \dots, A^{(n)}\}$을 행렬 A의 **열공간**(column space)라고 한다.

(3) 집합 $null(A) = \{\mathbf{x} \in \mathbb{R}^n \mid A\mathbf{x} = \mathbf{0}\}$을 행렬 A의 **영공간**(null space)라고 한다.

예제 7.11 3×4 행렬 A는

$$A = \begin{bmatrix} 1 & 0 & 1 & 0 \\ 0 & 1 & 1 & 0 \\ 0 & 0 & 0 & 1 \end{bmatrix}$$

라 할 때, $row(A)$, $col(A)$와 $null(A)$는 다음과 같다.

(1) $row(A) = \mathrm{span}\{[1 \quad 0 \quad 1 \quad 0], [0 \quad 1 \quad 1 \quad 0], [0 \quad 0 \quad 0 \quad 1]\}$

(이때, 행벡터 $[1 \quad 0 \quad 1 \quad 0]$는 $\mathbb{R}^4$의 벡터 $< 1, 0, 1, 0 >$와 같은 의미이다.)

(2) $col(A) = \mathrm{span}\left\{\begin{bmatrix} 1 \\ 0 \\ 0 \end{bmatrix}, \begin{bmatrix} 0 \\ 1 \\ 0 \end{bmatrix}, \begin{bmatrix} 1 \\ 1 \\ 0 \end{bmatrix}, \begin{bmatrix} 0 \\ 0 \\ 1 \end{bmatrix}\right\}$

(이때, 열벡터 $\begin{bmatrix} 1 \\ 0 \\ 0 \end{bmatrix}$은 $\mathbb{R}^3$의 벡터 $< 1, 0, 0 >$과 같은 의미이다.)

(3) 집합 $\left\{\begin{bmatrix} -1 \\ -1 \\ 1 \\ 0 \end{bmatrix} t \,\middle|\, t \in \mathbb{R}\right\}$는 $A\mathbf{x} = \mathbf{0}$의 해집합이다. 따라서

$$null(A) = \mathrm{span}\left\{\begin{bmatrix} -1 \\ -1 \\ 1 \\ 0 \end{bmatrix}\right\}$$

이다.

정의 7.12 $m \times n$행렬 A에 대하여 $row(A)$의 차원을 **계수**(rank)라 하고 $null(A)$의 차원을 **퇴화차수**(nullity)라 한다.

행렬의 기본 행연산은 행끼리의 연산이므로 이는 행들의 일차결합과 관련된다. 따라서 다음과 같은 성질을 얻을 수 있다.

정리 7.11 행렬 $B=[b_{ij}]_{m\times n}$는 행렬 $A=[a_{ij}]_{m\times n}$에 적당한 기본 행연산을 적용하여 얻은 행렬일 때, $row(A)=row(B)$이고 $rank(A)=rank(B)$이다

기본 행연산을 통해 얻은 행렬은 모두 행렬의 계수가 같으므로 결국 행렬 A의 계수는 이를 변형하여 얻은 기본 행사다리꼴 행렬 R의 계수와 같다. 그런데 행렬 R의 계수는 각 행에 있는 선행 1의 개수와 같으므로

$$rank(A)=rank(R)=\text{행렬 } R\text{에서의 선행 1의 개수}$$

이다.

행렬 A의 전치행렬 A^T에서 $col(A^T)=row(A)$이므로 $rank(A)$와 $\dim col(A)$의 관계를 다음과 같이 유추할 수 있다.

정리 7.12 행렬 A에서 $rank(A)=\dim col(A)$이다.

행렬 A의 계수를 구할 때, 기본 행연산을 이용하여 기본 행사다리꼴 행렬 R을 얻는다. 이 때 $rank(A)$는 R에서의 선행 1의 개수임을 알았다. 그런데 $A\mathrm{x}=0$의 해집합은 $R\mathrm{x}=0$의 해집합과 같으므로 $null(A)=null(R)$이고 $nullity(A)=nullity(R)$이다. 또한 $nullity(A)$는 선행 1을 포함하지 않은 열의 개수와 일치하므로 다음과 같은 성질을 얻을 수 있다.

정리 7.13 계수정리(rank theorem) $m\times n$ 행렬 A에 대하여

$$n=rank(A)+nullity(A)$$

이다.

7.3.3 요약

7.3절의 요약은 다음과 같다.

➔ 벡터의 독립성

n개의 벡터 $\mathrm{v}_1,\ \mathrm{v}_2,\ \ldots,\ \mathrm{v}_n$는 $\mathbb{R}^n$의 벡터라 하자.

(1) 만일 $k_1\mathrm{v}_1+k_2\mathrm{v}_2+\cdots+k_n\mathrm{v}_n=\mathbf{0}$이기 위한 필요충분조건이 $k_1=k_2=\cdots=k_n=0$이면 벡터 v_1, v_2, ..., v_n는 **일차독립**(linearly independent)라 한다.

(2) 벡터 v_1, v_2, ..., v_n이 일차독립이 아니면 **일차종속**(linearly dependent)라 한다. 즉 실수 k_1, k_2, ..., k_n 중 적어도 하나가 0이 아님에도 $k_1\mathrm{v}_1+k_2\mathrm{v}_2+\cdots+k_n\mathrm{v}_n=\mathbf{0}$이면 벡터 v_1, v_2, ..., v_n는 일차종속이다.

➔ 기저와 차원

$\mathbb{R}^n$의 부분집합 $B=\{\mathrm{b}_1, \mathrm{b}_2, \ldots, \mathrm{b}_n\}$가 다음을 만족한다고 하자.

(i) 집합 B는 $\mathbb{R}^n$의 생성집합이다.

(ii) 집합 B는 일차독립이다.

그러면 집합 B는 $\mathbb{R}^n$의 **기저**(basis)라 한다.

정리 7.10 $\mathbb{R}^n$의 두 부분집합 B와 C는 모두 $\mathbb{R}^n$의 기저라 하자. 그러면 B의 원소의 개수와 C의 원소의 개수는 같다. 이때 원소의 개수를 $\mathbb{R}^n$의 **차원**(dimension)이라 하고 $\dim\mathbb{R}^n$으로 나타낸다.

➔ 행렬공간

$m\times n$행렬 A에 대하여 $A_{(i)}$는 A의 i번째 행, $A^{(j)}$는 A의 j번째 열이라고 하자.

(1) 집합 $row(A)=\mathrm{span}\{A_{(1)}, A_{(2)}, \ldots, A_{(m)}\}$을 행렬 A의 **행공간**(row space)라고 한다.

(2) 집합 $col(A)=\mathrm{span}\{A^{(1)}, A^{(2)}, \ldots, A^{(n)}\}$을 행렬 A의 **열공간**(column space)라고 한다.

(3) 집합 $null(A)=\{\mathbf{x}\in\mathbb{R}^n | A\mathbf{x}=\mathbf{0}\}$을 행렬 A의 **영공간**(null space)라고 한다.

➔ 계수와 퇴화차수

$m\times n$행렬 A에 대하여 $row(A)$의 차원을 **계수**(rank)라 하고 $null(A)$의 차원을 **퇴화차수**(nullity)라 한다.

정리 7.12 행렬 A에서 $rank(A)=\dim col(A)$이다.

➔ 계수정리

정리 7.13 계수정리(rank theorem) $m \times n$ 행렬 A에 대하여

$$n = rank(A) + nullity(A)$$

이다.

연습문제 7.3

1. 다음 벡터를 $\mathrm{v}_1 = <-1,0,1>$, $\mathrm{v}_2 = <0,-1,2>$, $\mathrm{v}_3 = <1,2,3>$의 일차결합으로 나타내시오.

   (1) $\mathrm{v} = <-1,4,1>$ (2) $\mathrm{v} = <-1,7,-1>$ (3) $\mathrm{v} = <-4,4,4>$

2. $\mathrm{v}_1 = <6,2,-3>$, $\mathrm{v}_2 = <-2,-4,1>$, $\mathrm{v}_3 = <-4,-7,2>$는 $\mathbb{R}^3$의 벡터이다. 다음을 증명하시오.

   (1) v_1, v_2, v_3는 일차종속이다.

   (2) $<0,0,1> \in \mathrm{span}\{\mathrm{v}_1, \mathrm{v}_2, \mathrm{v}_3\}$

   (3) 벡터 $<2,0,-1>$을 v_1, v_2, v_3의 일차결합으로 나타낼 수 있는 방법은 무수히 많다.

3. $\mathbb{R}^3$의 세 벡터 v_1, v_2, v_3이 일차종속이라고 하자. 그러면 v_1, v_2, v_3 중 적어도 하나는 나머지 벡터들의 일차결합으로 나타낼 수 있음을 보이시오.

4. $B = \{\mathrm{u}, \mathrm{v}, \mathrm{w}\}$는 $\mathbb{R}^3$의 기저이다. 그러면 $\{\mathrm{u}, \mathrm{u}+\mathrm{v}, \mathrm{u}+\mathrm{v}+\mathrm{w}\}$도 $\mathbb{R}^3$의 기저임을 보이시오.

5. 행렬 A는

$$A = \begin{bmatrix} 2 & 1 & -1 & 1 \\ 1 & -1 & -2 & 5 \\ 5 & 1 & -4 & 7 \end{bmatrix}$$

일 때, $null(A)$의 기저를 구하고 $rank(A)$, $nullity(A)$를 구하시오.

6. 유클리드 공간 $\mathbb{R}^3$의 세 벡터 $u_1 = < 1, 1, 1 >$, $u_2 = < 1, 2, 3 >$, $u_3 = < 0, 1, 2 >$는 $\mathbb{R}^3$를 생성하는지 확인하시오.

7. 유클리드 공간 $\mathbb{R}^3$의 세 벡터 $u = < 1, 1, 2 >$, $v = < 2, 3, 1 >$, $w = < 4, 5, 5 >$가 일차종속인지 확인하시오.

8. 벡터공간 $\mathbb{R}^4$의 네 벡터 $< 1, 1, 1, 1 >$, $< 1, 2, 3, 2 >$, $< 2, 5, 6, 4 >$, $< 2, 6, 8, 5 >$로 생성되는 부분공간의 차원을 구하시오.

9. 집합 $W = \{(a,b,c) \mid a+b+c=0\}$는 $\mathbb{R}^3$의 부분공간일 때, 기저와 차원을 구하시오.

10. 유한차원 벡터공간 V의 두 부분집합 B와 C가 V의 기저일 때, B의 원소의 개수는 C의 원소의 개수와 같음을 보이시오.

7.4 선형변환

7.4.1 선형변환과 표현행렬

정의 7.13 함수 $T : \mathbb{R}^n \to \mathbb{R}^m$이 다음 조건을 만족한다고 한다.

(i) $\mathbb{R}^n$의 임의의 두 벡터 $\mathbf{x}_1$, $\mathbf{x}_2$에 대하여 $T(\mathbf{x}_1 + \mathbf{x}_2) = T(\mathbf{x}_1) + T(\mathbf{x}_2)$

(ii) $\mathbb{R}^n$의 임의의 벡터 $\mathbf{x}$와 실수 k에 대하여 $T(k\mathbf{x}) = kT(\mathbf{x})$

그러면 T를 $\mathbb{R}^n$에서 $\mathbb{R}^m$으로의 **선형변환**(linear transformation)이라고 한다.

정리 7.14 $m \times n$행렬 A에 대하여 함수 T를 다음과 같이 정의한다.

$$\mathbb{R}^n\text{의 임의의 벡터 } \mathbf{x}\text{에 대하여 } T(\mathbf{x}) = A\mathbf{x}$$

그러면 T는 선형변환이다.

정리 7.14는 행렬의 선형성에 의해 선형변환이 됨을 쉽게 알 수 있다.

함수 $T:\mathbb{R}^n \to \mathbb{R}^m$는 선형변환이고 집합 $B=\{\mathbf{b}_1, \mathbf{b}_2, \dots, \mathbf{b}_n\}$는 $\mathbb{R}^n$의 기저라 하고, 집합 $C=\{\mathbf{c}_1, \mathbf{c}_2, \dots, \mathbf{c}_m\}$는 $\mathbb{R}^m$의 기저라 하자. 그러면 $\mathbb{R}^n$의 임의의 벡터 $\mathbf{x}$에 대하여 $\mathbf{x}=k_1\mathbf{b}_1+k_2\mathbf{b}_2+\cdots+k_n\mathbf{b}_n$인 실수 $k_1, k_2, \dots, k_n$가 존재한다. 이제 $T(\mathbf{x})$를 생각하면

$$\begin{aligned} T(\mathbf{x}) &= T(k_1\mathbf{b}_1+k_2\mathbf{b}_2+\cdots+k_n\mathbf{b}_n) \\ &= k_1 T(\mathbf{b}_1)+k_2 T(\mathbf{b}_2)+\cdots+k_n T(\mathbf{b}_n) \end{aligned}$$

이다. 그런데 $T(\mathbf{b}_i)$를 $\mathbb{R}^m$의 기저 $\{\mathbf{c}_1, \mathbf{c}_2, \dots, \mathbf{c}_m\}$의 일차결합으로 나타낸 것을 $T(\mathbf{b}_i)=w_{1i}\mathbf{c}_1+w_{2i}\mathbf{c}_2+\cdots+w_{mi}\mathbf{c}_m$ $(i=1, 2, \dots, n)$ 이라고 하면

$$\begin{aligned} T(\mathbf{x}) &= k_1(w_{11}\mathbf{c}_1+\cdots+w_{m1}\mathbf{c}_m)+k_2(w_{12}\mathbf{c}_1+\cdots+w_{m2}\mathbf{c}_m) \\ &\quad +\cdots+k_n(w_{1n}\mathbf{c}_1+\cdots+w_{mn}\mathbf{c}_m) \\ &= (k_1w_{11}+k_2w_{12}+\cdots+k_nw_{1n})\mathbf{c}_1+(k_1w_{21}+k_2w_{22}+\cdots+k_nw_{2n})\mathbf{c}_2 \\ &\quad +\cdots+(k_1w_{m1}+k_2w_{m2}+\cdots+k_nw_{mn})\mathbf{c}_m \end{aligned}$$

이다. 따라서

$$T(\mathbf{x}) = \begin{bmatrix} w_{11} & w_{12} & \cdots & w_{1n} \\ w_{21} & w_{22} & \cdots & w_{2n} \\ \vdots & \vdots & \ddots & \vdots \\ w_{m1} & w_{m2} & \cdots & w_{mn} \end{bmatrix} \begin{bmatrix} k_1 \\ k_2 \\ \vdots \\ k_n \end{bmatrix}$$

이다. 따라서 선형변환 T는 적당한 행렬로 나타낼 수 있다. 이때 이 행렬을 선형변환 T의 **표현행렬**(representation matrix)라 하고 $[T]_B^C$로 나타낸다. 이때 두 벡터공간에서 사용하는 기저가 표준기저일 때의 표현행렬을 선형변환 T의 **표준행렬**(standard matrix)이라고 한다.

7.4.2 요약

7.4절을 요약하면 다음과 같다.

➔ 선형변환

함수 $T:\mathbb{R}^n \to \mathbb{R}^m$이 다음 조건을 만족한다고 한다.

(i) $\mathbb{R}^n$의 임의의 두 벡터 $\mathbf{x}_1, \mathbf{x}_2$에 대하여 $T(\mathbf{x}_1+\mathbf{x}_2)=T(\mathbf{x}_1)+T(\mathbf{x}_2)$

(ii) $\mathbb{R}^n$의 임의의 벡터 $\mathbf{x}$와 실수 k에 대하여 $T(k\mathbf{x}) = kT(\mathbf{x})$

그러면 T를 $\mathbb{R}^n$에서 $\mathbb{R}^m$으로의 선형변환(linear transformation)이라고 한다.

정리 7.14 $m \times n$행렬 A에 대하여 함수 T를 다음과 같이 정의한다.

$\mathbb{R}^n$의 임의의 벡터 $\mathbf{x}$에 대하여 $T(\mathbf{x}) = A\mathbf{x}$

그러면 T는 선형변환이다.

➔ 선형변환 $T: \mathbb{R}^n \to \mathbb{R}^m$의 표현행렬

선형변환 $T: \mathbb{R}^n \to \mathbb{R}^m$은 $\mathbb{R}^n$의 기저와 $\mathbb{R}^m$의 기저를 이용하여 행렬로 나타낼 수 있다. 이 행렬을 선형변환 T의 표현행렬이라고 한다.

연습문제 7.4

1. 다음 함수가 선형변환인지 확인하시오.
   (1) $T: \mathbb{R}^2 \to \mathbb{R}^2$, $T(x_1, x_2) = < 3x_1 - x_2,\ x_2^2 >$
   (2) $T: \mathbb{R}^3 \to \mathbb{R}^4$, $T(x_1, x_2, x_3) = < x_1 - 5x_2,\ x_3,\ x_1,\ 0 >$
   (3) $T: \mathbb{R}^3 \to \mathbb{R}^4$, $T(x_1, x_2, x_3) = < x_1 - 5x_2,\ 7,\ x_1,\ x_3 >$

2. 선형변환 $T: \mathbb{R}^3 \to \mathbb{R}^3$가 $T(x_1, x_2, x_3) = < x_2, x_1, x_3 >$로 정의되어 있다. 기저가 다음과 같을 때 T의 표현행렬을 구하시오.
   (1) 정의역과 공역 모두 $\{< 1,0,0 >,\ < 0,1,0 >,\ < 0,0,1 >\}$를 기저로 하는 경우
   (2) 정의역은 $\{< 1,1,0 >,\ < 0,1,1 >,\ < 1,0,1 >\}$을 기저로 하고 공역은 $\{< 1,0,0 >,\ < 0,1,0 >,\ < 0,0,1 >\}$를 기저로 하는 경우
   (3) 정의역과 공역 모두 $\{< 1,1,0 >,\ < 0,1,1 >,\ < 1,0,1 >\}$을 기저로 하는 경우

3. 함수 $T: \mathbb{R}^n \to \mathbb{R}^m$에 대하여 T가 선형변환이면 $\mathbb{R}^n$의 임의의 두 벡터 $\mathbf{x}$, $\mathbf{y}$와 임의의 두 실수 a_1, a_2에 대하여 $T(a_1\mathbf{x} + a_2\mathbf{y}) = a_1T(\mathbf{x}) + a_2T(\mathbf{y})$가 성립하고, 그 역도 성립함을

보이시오.

4. $\mathbb{R}^n$의 부분집합 중 공집합이 아니고, 벡터의 덧셈에 대하여 닫혀있고, 스칼라곱에 대해 닫혀있는 부분집합을 $\mathbb{R}^n$의 부분공간이라고 한다. 선형변환 $T: \mathbb{R}^n \to \mathbb{R}^m$에 대하여 다음을 증명하시오.

(1) T의 치역 $\text{range}(T) = \{T(\mathbf{x}) | \mathbf{x} \in \mathbb{R}^n\}$은 $\mathbb{R}^m$의 부분공간이다.

(2) 집합 $\{\mathbf{x} | T(\mathbf{x}) = \mathbf{0}\}$은 $\mathbb{R}^n$의 부분공간이다.

5. 함수 $F: \mathbb{R}^3 \to \mathbb{R}^2$는 $F(x,y,z) = < x+y+z,\ 2x-3y+4z >$로 정의되었을 때, F의 표준행렬을 구하시오.

6. 두 벡터공간 U, V에 대하여 집합 $\{\mathbf{u}_1, \mathbf{u}_2, \ldots, \mathbf{u}_n\}$는 벡터공간 U의 기저이고, $\mathbf{v}_1$, $\mathbf{v}_2$, ..., $\mathbf{v}_n$은 벡터공간 V의 임의의 벡터이다. 이때 함수 $F: U \to V$가 모든 $i = 1, 2, \ldots, n$에 대하여 $F(\mathbf{u}_i) = \mathbf{v}_i$로 대응하는 함수라고 하면, 함수 F는 선형적이며 이러한 함수가 유일함을 보이시오.

7. 함수 $F: \mathbb{R}^4 \to \mathbb{R}^3$은 $F(x,y,z,w) = < x-y+z+w,\ x+2z-w,\ x+y+3z-3t >$로 정의된 선형변환일 때, F의 치역의 차원과 F의 핵의 차원을 각각 구하시오.

8. 함수 T는 행렬 $A = \begin{bmatrix} 1 & 2 & 3 & 1 \\ 1 & 3 & 5 & -2 \\ 3 & 8 & 13 & -3 \end{bmatrix}$으로 정의된 $\mathbb{R}^4$에서 $\mathbb{R}^3$로 대응하는 행렬변환일 때, T의 치역의 기저와 T의 핵의 기저를 각각 구하시오.

7.5 고윳값과 고유벡터

7.5.1 고윳값과 고유벡터

정의 7.13 n차 정사각행렬 A에 대하여 $A\mathbf{x}=\lambda\mathbf{x}$인 스칼라 λ와 $\mathbf{x}\neq 0$인 벡터 $\mathbf{x}$가 존재할 때, λ를 행렬 A의 **고윳값**(eigenvalue)라 하고, 벡터 $\mathbf{x}$를 λ에 대한 행렬 A의 **고유벡터**(eigenvector)라고 한다.

예제 7.12 2차 정사각행렬 $A=\begin{bmatrix}1 & 3\\4 & 2\end{bmatrix}$와 벡터 $\mathbf{x}=\begin{bmatrix}1\\-1\end{bmatrix}$는

$$A\mathbf{x}=\begin{bmatrix}1 & 3\\4 & 2\end{bmatrix}\begin{bmatrix}1\\-1\end{bmatrix}=\begin{bmatrix}-2\\2\end{bmatrix}=-2\begin{bmatrix}1\\-1\end{bmatrix}=-2\mathbf{x}$$

이므로 -2는 행렬 A의 고윳값이고 벡터$\mathbf{x}=\begin{bmatrix}1\\-1\end{bmatrix}$는 고윳값 -2에 대한 A의 고유벡터이다.

n차 정사각행렬 A에 대하여 벡터 λ가 행렬 A의 고윳값이고, $\mathbf{x}$가 벡터 λ에 대한 고유벡터라 하면

$$A\mathbf{x}=\lambda\mathbf{x} \Leftrightarrow A\mathbf{x}=\lambda I\mathbf{x} \Leftrightarrow (A-\lambda I)\mathbf{x}=0$$

을 만족한다. 그런데 $(A-\lambda I)\mathbf{x}=\mathbf{0}$는 자명한 해 이외의 해를 갖는 연립일차방정식이므로 무수히 많은 해를 가져야 하고 결국 $\det(A-\lambda I)=0$이 되어야 한다. 따라서 행렬 A의 고윳값 λ는 방정식 $\det(A-\lambda I)=0$의 해임을 알 수 있다. 그리고 고유벡터 $\mathbf{x}$는 연립일차방정식 $(A-\lambda I)\mathbf{x}=\mathbf{0}$의 해라는 것도 알 수 있다. 이때 방정식 $\det(A-\lambda I)=0$를 **고유방정식**(characteristic equiation)이라고 한다. 따라서 행렬 A의 고윳값과 고유벡터는 다음과 같은 방법으로 구할 수 있다.

> 고윳값과 고유벡터 구하기
> (1) $\det(A-\lambda I)=0$의 해를 구한다. 이때 λ가 행렬 A의 고윳값이다.
> (2) (1)에서 구한 λ 각각에 대하여 연립일차방정식 $(A-\lambda I)\mathbf{x}=\mathbf{0}$를 풀어 해를 구한다. 이때 구한 영벡터가 아닌 벡터 $\mathbf{x}$가 행렬 A의 고윳값 λ에 대한 고유벡터이다.

예제 7.13 2차 정사각행렬 $A=\begin{bmatrix}1 & 1\\0 & 0\end{bmatrix}$의 고윳값과 그에 대한 고유벡터를 구하시오.

풀이 고유방정식을 풀면

$$\det(A-\lambda I)=\begin{vmatrix}1-\lambda & 1\\0 & -\lambda\end{vmatrix}=\lambda(\lambda-1)=0$$

이고 $\lambda=0$ 또는 1이다 따라서 고윳값은 0과 1이다.

이제 고유벡터를 구하자.

$\lambda=0$일 때, 연립일차방정식 $(A-0I)\mathbf{x}=\mathbf{0}$의 덧붙인 행렬은 $\begin{bmatrix}1 & 1 & 0\\0 & 0 & 0\end{bmatrix}$이고 이를 풀면 $x_1=-t$, $x_2=t$ (t는 모든 실수)이다. 즉 고유벡터 $\mathbf{x}$는 $\mathbf{x}=\begin{bmatrix}-1\\1\end{bmatrix}t$ (t는 0이 아닌 모든 실수)이다. $\lambda=1$일 때, 연립일차방정식 $(A-1I)\mathbf{x}=\mathbf{0}$의 덧붙인 행렬은 $\begin{bmatrix}0 & 1 & 0\\0 & -1 & 0\end{bmatrix}$이고 이를 기약 행사다리꼴로 변형하면 $\begin{bmatrix}0 & 1 & 0\\0 & 0 & 0\end{bmatrix}$이다. 따라서 $x_1=t$ $x_2=0$ (t는 모든 실수)가 해이다. 즉 고유벡터 $\mathbf{x}=\begin{bmatrix}1\\0\end{bmatrix}t$ (t는 0이 아닌 모든 실수)이다.

행렬 A의 고윳값에 대한 고유벡터들은 다음과 같은 특별한 성질을 가지고 있다.

정리 7.14 n차 정사각행렬 A에 대하여, λ_1, λ_2, ..., λ_k는 행렬 A의 서로 다른 고윳값이고 $\mathbf{x}_1$, $\mathbf{x}_2$, ..., $\mathbf{x}_k$는 각각 λ_1, λ_2, ..., λ_k에 대한 행렬 A의 고유벡터이다. 그러면 $\mathbf{x}_1$, $\mathbf{x}_2$, ..., $\mathbf{x}_k$는 일차독립이다.

7.5.2 행렬의 대각화

정의 7.14 n차 정사각행렬 A와 B에 대하여 $P^{-1}AP=B$인 가역인 n차 정사각행렬 P가 존재하면 **행렬 A는 행렬 B와 닮았다**(A is similar to B)고 한다. 그리고 이를 기호로 $A\sim B$로 나타낸다.

두 행렬이 닮으면 많은 부분에서 공통점을 갖는다. 다음은 대표적으로 확인할 수 있는 공통점이다.

정리 7.15 n차 정사각행렬 A와 B는 $A \sim B$인 두 행렬이다. 그러면 다음이 성립한다.
(1) $\det A = \det B$
(2) λ가 A의 고윳값이면 λ는 B의 고윳값이다.

정리 7.15는 행렬의 닮음의 정의와 고유방정식을 이용하면 쉽게 증명할 수 있다.

대각행렬은 여러 가지 면에서 편리하다. 대각행렬은 행렬식과 고윳값을 쉽게 구할 수 있으며 연립일차방정식의 계수행렬이 대각행렬일 경우 해도 쉽게 구할 수 있어 역행렬도 쉽게 구할 수 있다. 어떤 행렬이 대각행렬과 닮았다면 닮음에 의해 얻어지는 공통점에 의해 대각행렬로부터 원래 행렬의 다양한 성질을 쉽게 알아낼 수 있다.

정의 7.15 n차 정사각행렬 A가 $n \times n$ 대각행렬 D에 대하여 $A \sim D$이면 행렬 A는 **대각화 가능**(diagonalizable)이라고 한다.

모든 행렬이 대각화 가능한 것은 아니다. 대각화 가능하기 위해서는 다음과 같은 조건을 만족해야 한다.

정리 7.16 n차 정사각행렬 A에 대하여 $\{\mathbf{x}_1, \mathbf{x}_2, \dots, \mathbf{x}_n\}$는 A의 고유벡터들의 집합이라고 하자. 그러면 행렬 A가 대각화 가능하면 행렬 A는 n개의 일차독립인 고유벡터 $\mathbf{x}_1, \mathbf{x}_2, \dots, \mathbf{x}_n$을 갖는다. 또한 일차독립인 고유벡터가 n개 존재하면 행렬 A는 대각화 가능하다.

행렬 A가 대각화 가능하다면 정리 7.16에 의해 A는 n개의 일차독립인 고유벡터 $\mathbf{x}_1, \mathbf{x}_2, \dots, \mathbf{x}_n$를 갖고 이 고유벡터에 대응하는 고윳값 $\lambda_1, \lambda_2, \dots, \lambda_n$을 각각 갖는다. 이때 행렬 P와 대각행렬 D를

$$P = \begin{bmatrix} \mathbf{x}_1 & \mathbf{x}_2 & \cdots & \mathbf{x}_n \end{bmatrix}, \ D = \begin{bmatrix} \lambda_1 & 0 & 0 & \cdots & 0 \\ 0 & \lambda_2 & 0 & \cdots & 0 \\ \vdots & \vdots & \vdots & \ddots & \vdots \\ 0 & 0 & 0 & \cdots & \lambda_n \end{bmatrix}$$

이라고 하면

$$P^{-1}AP = D$$

이다. 이때 P의 열과 D의 열의 순서에 주의해야 한다.

예제 7.14 2차 정사각행렬 $A = \begin{bmatrix} 1 & 1 \\ 0 & 0 \end{bmatrix}$이 대각화 가능한 지 확인하고 가능하다면 대각행렬 D와 그 변환행렬 P를 구하시오.

풀이 예제 7.13에서 행렬 A의 고유값과 고유벡터는 고윳값이 0일 때 고유벡터는 $\begin{bmatrix} -1 \\ 1 \end{bmatrix}$이고, 고윳값이 1일 때 고유벡터는 $\begin{bmatrix} 1 \\ 0 \end{bmatrix}$이다. 따라서 $P = \begin{bmatrix} -1 & 1 \\ 1 & 0 \end{bmatrix}$, $D = \begin{bmatrix} 0 & 0 \\ 0 & 1 \end{bmatrix}$이라고 하면

$$P^{-1}AP = \begin{bmatrix} 0 & 1 \\ 1 & 1 \end{bmatrix}\begin{bmatrix} 1 & 1 \\ 0 & 0 \end{bmatrix}\begin{bmatrix} -1 & 1 \\ 1 & 0 \end{bmatrix} = \begin{bmatrix} 0 & 0 \\ 0 & 1 \end{bmatrix} = D$$

이다.

7.5.3 요약

7.5절에 대한 요약은 다음과 같다.

➔ 고윳값과 고유벡터

− n차 정사각행렬 A에 대하여 $A\mathbf{x} = \lambda\mathbf{x}$인 수 λ와 $\mathbf{x} \neq \mathbf{0}$인 $\mathbf{x}$가 존재할 때, λ를 행렬 A의 **고윳값**(eigenvalue)라 하고, 벡터 $\mathbf{x}$를 λ에 대한 행렬 A의 **고유벡터**(eigenvector)라고 한다.

> 고윳값과 고유벡터 구하기
>
> (1) $\det(A - \lambda I) = 0$의 해를 구한다. 이때 λ가 행렬 A의 고윳값이다.
>
> (2) (1)에서 구한 λ 각각에 대하여 연립일차방정식 $(A - \lambda I)\mathbf{x} = \mathbf{0}$를 풀어 해를 구한다. 이때 구한 영벡터가 아닌 벡터 $\mathbf{x}$가 행렬 A의 고윳값 λ에 대한 고유벡터이다.

➔ 행렬의 닮음

− n차 정사각행렬 A와 B에 대하여 $P^{-1}AP = B$인 가역인 n차 정사각행렬 P가 존재하면 **행렬 A는 행렬 B와 닮았다**(A is similar to B)고 한다. 그리고 이를 기호로 $A \sim B$로 나타낸다.

➔ 행렬의 대각화

– n차 정사각행렬 A가 $n\times n$ 대각행렬 D에 대하여 $A\sim D$이면 행렬 A는 **대각화가능**(diagonalizable)이라고 한다.

정리 7.16 n차 정사각행렬 A에 대하여 $\{\mathbf{x}_1, \mathbf{x}_2, \ldots, \mathbf{x}_n\}$는 A의 고유벡터들의 집합이라고 하자. 그러면 행렬 A가 대각화 가능하면 행렬 A는 n개의 일차독립인 고유벡터 $\mathbf{x}_1, \mathbf{x}_2, \ldots, \mathbf{x}_n$을 갖는다. 또한 일차독립인 고유벡터가 n개 존재하면 행렬 A는 대각화 가능하다.

연습문제 7.5

1. 다음 행렬의 고윳값과 고유벡터를 구하시오.

(1) $\begin{bmatrix} 3 & 8 \\ 0 & -1 \end{bmatrix}$

(2) $\begin{bmatrix} 1 & 3 & -2 \\ 2 & 1 & 0 \\ 0 & 0 & -4 \end{bmatrix}$

(3) $\begin{bmatrix} 15 & 0 & -25 \\ 1 & 5 & 0 \\ 5 & 0 & -10 \end{bmatrix}$

2. n차 정사각행렬 A와 B는 각각 고윳값 λ와 μ를 가진다고 하자.

(1) $\lambda+\mu$가 $A+B$의 고윳값이 되지 않는 예를 하나 제시하시오.

(2) $\lambda\mu$가 AB의 고윳값이 되지 않는 예를 하나 제시하시오.

(3) 만약 λ와 μ가 같은 고유벡터 $\mathbf{x}$를 가진다고 하자. 즉 $A\mathbf{x}=\lambda\mathbf{x}$이고 $B\mathbf{x}=\mu\mathbf{x}$라 하자. 그러면 $\lambda+\mu$는 $A+B$의 고윳값이고 $\lambda\mu$는 AB의 고윳값임을 보이시오.

3. 적당한 $m>1$에 대하여 행렬 A는 $A^m=O$가 된다고 가정하자. 그러면 $\lambda=0$은 A의 유일한 고윳값임을 보이시오.

4. 만일 주어진 행렬이 대각화 가능하다면 $P^{-1}AP$가 대각행렬이 되는 행렬 P를 구하시오.

(1) $\begin{bmatrix} 0 & -2 & -3 \\ -1 & 1 & -1 \\ 2 & 2 & 5 \end{bmatrix}$

(2) $\begin{bmatrix} i & 1 \\ 2 & -i \end{bmatrix}$

5. 행렬 $A=\begin{bmatrix} 3 & -4 \\ 2 & -6 \end{bmatrix}$에 대하여 $D=P^{-1}AP$를 만족하는 대각행렬 D와 가역행렬 P를 구하시오.

6. 행렬 $A=\begin{bmatrix} 2 & 2 \\ 1 & 3 \end{bmatrix}$에 대하여 A^{10}을 구하시오.

7. $A=\begin{bmatrix} 4 & 1 & -1 \\ 2 & 5 & -2 \\ 1 & 1 & 2 \end{bmatrix}$는 대각화 가능한지 확인하고, 그 이유를 서술하시오.

8. 행렬 A가 0을 고윳값으로 가지면 A는 역행렬이 없고, 그 역도 성립함을 보이시오.

9. 만일 λ가 행렬 A의 고윳값이고 A가 가역이면 λ^{-1}은 행렬 A^{-1}의 고윳값임을 보이시오.

10. 행렬 $A=\begin{bmatrix} 11 & -8 & 4 \\ -8 & -1 & -2 \\ 4 & -2 & -4 \end{bmatrix}$에 대하여 $P^{-1}BP$가 대각행렬이 되는 가역행렬 P가 존재하는지 확인하고 존재한다면 P^TP를 구하고, 존재하지 않는다면 그 이유를 서술하시오.

"통계학 (Science of Statistics)"

초연결(hyper-connectivity), 초지능(hyper-intelligence), 그리고 초융합(hyper-convergence)으로 표현되는 4차 산업혁명 시대에도 사람과 사람, 사람과 사물, 그리고 사물과 사물의 상호작용을 통해 발생하는 자료를 잘 정리하여 유용한 정보를 추론하는 것은 중요하다. 또한, 크기가 방대하고 다양한 종류로 구성된 자료에서 효과적인 정보를 선택하여 활용하는 것은 스마트워크(smart work) 환경에서 필요하다.

4차 산업혁명으로 사람이 타지 않고 무선전파로 원격조정할 수 있는 무인항공기인 드론(deron)의 활용 범위는 점점 증가하고 있다. 또한, 항공촬영이나 택배 그리고 인명 구조 등 다양한 분야에서 드론을 사용되고 있으며 드론과 통신 혹은 It 기기를 융합한 스마트기술 연구도 활발한 편이다.

본 통계학 부분에서는 드론과 스포츠에 연관된 자료를 이용하여 8장에서는 확률론(probability theory)을, 9장에서는 통계적 추론(statistical inference)을, 그리고 10장에서는 확률과정론(stochastic process)을 설명한다.

○ 제 8 장 ○

확률론(Probability Theory)

사회나 자연에서 발생하는 패턴(pattern) 혹은 모형(model)을 찾고, 그 패턴이나 모형을 연구하여, 우리가 접하는 실제적인 문제를 해결하는 것을 수학의 목적이라 할 수 있다. 모형화 혹은 패턴화하는 과정에서 발생하는 것이 **불확실성**(uncertainty)이다. 집합의 정의가 아니라 선택으로 인한 발생하는 불확실성을 표현하는 함수가 **확률**(probability)이다.

통계학에서 확률의 역할은 표본의 구조와 연관되어 있다. 드론 조종사 자격증은 드론의 무게에 따라 1종부터 4종으로 구분된다. 한국교통안전공단에서 발행한 무인기 조종사 자격증을 받은 사람들의 수는 1종부터 4종까지 각각 다를 것이다. 새로운 드론 법안을 발의하기 위해 무인기 조종사 자격증 취득한 100명을 대상으로 설문조사를 하는 경우를 생각하여 보자. 1종부터 4종까지 자격증을 가진 사람들의 비율은 한국교통안전공단에 등록된 자격증의 비율에 따라 100명을 선택하는 것이 합리적인 계획이다. 통계학에서 확률의 역할은 모집단의 구조를 알고 있을 경우 표본의 구조를 결정하는 것이다. 결국, 합리적인 통계적인 추론은 확률의 개념을 바탕으로 한다고 할 수 있다. 그림 8.1은 통계학에서 확률과 통계적인 추론의 관계를 보여주고 있다. 본 장에서는 확률의 정의와 확률의 법칙 그리고 확률공간에서 실수 집합으로 가는 함수인 **확률변수**(random variable)를 설명한다.

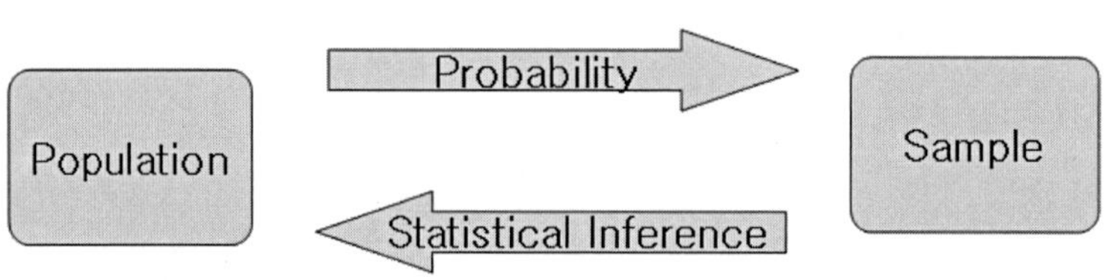

그림 8.1 확률과 통계학의 관계

8.1 확률

확률실험(random experiment)이란 시행 혹은 관찰하기 전에는 결과를 확실하게 예측할 수 없는 과정 혹은 행위를 말한다. 확률실험에서 발생할 수 있는 결과의 집합을 **표본공간**(sample space, Ω)이라 하고 표본공간의 원소를 **표본점**(sample point, ω)이라 한다. 그리고 표본공간의 부분집합을 **사건**(event, E)이라고 한다.

예제 8.1 무인기 조종사 자격증은 아래 표와 같이 분류된다[3].

지격증 구분	1종	2종	3종	4종
드론 무게(w)	$25kg \le w < 150kg$	$7kg \le w < 25kg$	$2kg \le w < 7kg$	$250g \le w < 2kg$
드론 용도	농업용	촬영용, 농업용	촬영용	취미용, 촬영용

무인기 조종사 자격증을 구분한 표에 표본공간과 표본점 그리고 사건은 다음과 같다.

(1) 표본공간 Ω={1종, 2종, 3종, 4종}

(2) 표본점 ω=2종

(3) 사건 $E=\{x : x \ge 7kg\}$={ 드론의 무게가 7kg 이상인 경우}={1종, 2종}

예제 8.2 동전을 반복해서 두 번 던지는 실험에서 표본공간과 표본점 그리고 사건을 설명하여 보세요.

(1) 표본공간 Ω={HH, HT, TH, TT}

(2) 표본점 ω=TT

(3) 사건 E={앞면이 1회 이상}={HH,HT, TH}

8.1.1 확률의 정의

자연이나 사회에서는 결과를 미리 확신할 수 있는 현상과 결과를 확정할 수 없는 현상이 동시에 존재한다. 고장이 없는 자동판매기에서 선택된 상품이 돈을 투입하면 나오는 것과 동쪽에서 해가 뜨는 것은 불확실성이 없으므로 **결정론적 현상**(deterministic phenomenon)이지

3) 항공안전법 시행규칙(2021년 3월 1일 시행)

만, 공단에서 만난 무인기 조종사의 자격증 종류나 혹은 타석에 있는 타자가 투수의 공을 친 결과는 확실하게 알 수 없는 불확실성이 있음으로 **확률론적 현상**(stochastic or random phenomenon)이라 한다. 확률론적 현상에서 표본점이 발생할 수 있는 가능성을 수치화 혹은 함수로 표시한 것이 확률이다. 확률을 정의하는 방법에는 각각의 표본점의 확률을 동일하게 정의한 고전적인 정의(classical definition)과 상대적인 빈도수에 따라 정의한 상대도수적인 정의(relative frequency definition) 그리고 수학적인 공리에 따라 정의한 공리론적인 정의(axiomatic definition)가 있다.

예제 8.3 두 개의 동전을 100회 던지는 확률실험에서 두 개 중 적어도 한 개가 앞면일 사건 (E)에 대한 고전적인 확률과 상대도수적인 확률을 설명하여라.

표본점	HH	HT	TH	TT
도수	23	27	26	24
사전 확률	0.25	0.25	0.25	0.25

풀이 (1) 고전적인 방법: p(E)=p(HT)+p(TH)=0.25+0.25=0.5

(2) 상대도수적인 방법: p(E)=p(HT)+p(TH)=0.27+0.26=0.53

예제 8.4(a) 무인기 자격증에 대한 자료를 이용하여, 무게가 7kg 이상인 드론을 조정할 수 있는 조종사(F)에 대한 고전적인 확률과 상대도수적인 확률을 설명하여라.

표본점(w)	1종	2종	3종	4종
도수	24	26	19	31
사전확률	0.25	0.25	0.25	0.25

답: (1) 고전적인 방법: P(F)=0.5 (2) 상대도수적인 방법: P(F)=0.5

확률실험 전에 확률을 정의하는 고전적인 방법이나 확률실험 결과를 근거하여 사후에 확률에 정의하는 상대도수적인 방법의 한계를 극복하면서, 주어진 두 방법에서 정의된 확률을 일반화한 방법이 공리론적 확률이다.

정의 8.1 공리론적 확률(Axiomatic or mathematical Probability)

표본공간 Ω의 모든 부분집합을 포함하는 $P(\Omega)$에서 $[0,1]$로 가는 함수 p가 다음 두 조건을 만족하면 함수 p를 확률이라고 한다. 두 사건 A와 B가 상호 배반적인 집합이면 $A \cap B = \phi$을 만족한다.

> P_1. $0 \le p(A) \le 1$이고 $p(\Omega) = 1$
>
> P_2. 서로 상호 배반이 집합 $\{A_i : A_i \in P(\Omega), i = 1, \cdots, k\}$에 대하여
>
> $$p\left(\bigcup_1^k A_k\right) = \sum_1^k p(A_k).$$

예제 8.4(b) 표본공간 $\Omega = \{a_1, a_2, a_3, a_4\}$에 대한 확률 p가

$$p\{a_2, a_3\} = 2/3, \quad p\{a_2, a_4\} = 1/2, \; p\{a_2\} = 1/3$$

을 만족할 때, $p\{a_1\}$을 구하여라.

답: $p\{a_1\} = 1/6$.

확률실험에서 사건의 확률은 객관성이 있어야 하지만, 특별한 정보가 없는 경우에는 개인적인 판단에 의존할 수 밖에 없다. 이와 같은 경우를 **주관적인 확률**(objective probability)이라 한다. 과거의 정보가 없는 상태에서 미래의 일을 판단하는 것은 전문가의 주관에 의존할 밖에 없으므로, 주관적인 확률이 유용한 경우도 있다. 확률의 정의에 대한 것을 정리하며 아래와 같다.

➔ Classical definition of probability.

$S = \{x_1, \cdots, x_n\}$: Sample space, $p(x_i) = p(x_j)(i \ne j)$.

$p(A) = \dfrac{n(A)}{n(S)}$, where $n(A)$ denotes the number of elements belong to A.

➔ Relative frequency definition of probability(Statistical Def.).

n_A: number of times A occurred$(0 \le n_A \le n)$,

n: number of times trial was repeated.

$$p(A) = \frac{n_A}{n}.$$

➔ Axiomatic definition of probability(Mathematical Def.).

A probability measure p is a function from the power set of the sample space to the interval [0,1] that assigns to each event A a number $p(A)$ satisfying the following axioms.

P_1. $p(A)$ is a non−negative number and $p(S)=1$P(S)=1.

P_2. For any finite sequence of mutually disjoint $A_i(i=1,\cdots,k)$, the probability of their union equals the sum of their probabilities.

$$p\left(\bigcup_{1}^{k} A_k\right)=\sum_{1}^{k} p(A_k).$$

8.1.2 확률의 법칙

표본공간의 멱집합 $P(\Omega)$에 속하는 사건의 확률을 계산하는 경우, 확률에 대한 법칙을 이용하는 것이 효율적일 수 있다. 이를 위해 본 절에서는 확률의 정의로부터 유도할 수 있는 확률의 성질을 소개한다. 확률 계산에 자주 소개되는 **조합**(combination)과 **순열**(permutation)의 정의는 다음과 같다.

조합(combination): 집합에서 k개를 선택하여 원소의 개수가 k개인 집합을 만드는 방법의 수

$${}_nC_k = C(n,k) = \binom{n}{k} = \frac{n!}{k! \cdot (n-k)!}$$

순열(Permutation): 서로 다른 n개의 원소 중에서 r개($n \geq r$)를 뽑아서 한 줄로 세우는 경우의 수

$${}_nP_r = P(n,r) = n(n-1)(n-2) \cdot\cdot\cdot (n-r+1) = \frac{n!}{(n-r)!}$$

정리 8.1 두 사건 A와 B, 그리고 공집합 ϕ에 대하여 다음이 성립한다.

(1) $p(\phi)=0$ (2) $p(A^c)=1-p(A)$

(3) $A \subseteq B$일 때, $p(A) \leq p(B)$이고 $p(A^c \cap B)=p(B)-p(A)$.

여기서 A^c는 사건 A의 여집합이다.

(정리 8.1의 증명은 간단히 할 수 있으므로, 독자에게 남긴다)

예제 8.5 활주로에서 드론을 배우는 10명의 교육생이 있다. 교육생 중 4명은 여자이고 6명은 남자이다. 교육생을 3명을 동시에 호명할 때, 그 중에서 적어도 여자가 1명이 포함될 확률을 구하여라.

풀이 사건 A가 여자가 호명되지 않을 확률일 때, $p(A)={}_6C_4/{}_{10}C_3=1/6$이다. 따라서 $P(A^c)=5/6$이다.

예제 8.6 주사위를 반복해서 두 번을 던질 때, 두 번 모두 5가 나오질 않을 확률을 구하여라. 답: $\frac{25}{36}$

다음은 확률의 **합법칙**(rule of addition)이다. 두 사건의 합집합에 대한 확률은 두 사건이 배반일 경우와 배반이 아닐 경우가 서로 다르다.

정리 8.2 두 사건 A와 B에 대하여 다음이 성립한다.

(1) $p(A \cup B)=p(A)+p(B)-p(A \cap B)$

(2) $p(A \cup B)=p(A)+p(B)$ if $A \cap B=\phi$

증명 두 사건 A와 B의 차집합을 $A \backslash B$, $a=p(A \cap B), b=p(A \setminus B)$, 그리고 $c=p(B \setminus A)$라 하면 $p(A \cup B)=a+b+c=(a+b)+(c+a)-a$이므로, 정리는 성립한다.

예제 8.7 드론 교육생이 공중 조작(A)과 착륙에서 만족을 받을 확률(B)은 각각 60%와 70%이고 공중 조작이나 착륙에서 만족을 받을 확률은 63%이다. 교육생이 공중조작과 착륙에서 동시에 만족을 받을 확률을 구하여라.

풀이 $p(A \cap B)=p(A)+p(B)-p(A \cup B)=0.6+0.7-0.63$

예제 8.8 주사위를 반복해서 두 번을 던질 때, 첫 번째 주사위가 2 이하이거나, 두 번째 주사위는 5 이상일 확률을 구하여라.

답: $\frac{5}{9}$

표본공간에서 사건의 확률을 계산할 때에 두 가지 사건의 순서를 생각할 수 있다. 즉, 사건 A가 발생한 상황에서 사건 B의 확률 $p(B|A)$을 생각할 수도 있다. 이와 같은 경우에는 전체 집합을 A라고 생각해야 한다.

정의 8.2 조건부 확률(Conditional Probability)

표본공간 Ω의 임의의 두 사건 A와 B에 대하여 $p(A)>0$일 때, 주어진 사건 A에 대한 사건 B의 조건부 확률(conditional probability of B given A)은 다음과 같다.

$$p(B|A)=\frac{p(A\cap B)}{p(A)}$$

예제 8.9 아래 표는 무인기 조종사 교육을 받고 있는 훈련생들의 등록 현황이다. 2종 무인기 조종사 훈련을 받고 있는 남자와 여자의 확률을 구하여라.

구분	1종(F)	2종(S)	3종(T)	합계
남자(M)	135	167	253	555
여자(F)	184	121	89	394
합계	319	288	342	949

풀이 $p(S|M)$=167/555=0.3이고 $p(S|F)$=121/394=0.307이므로, 2종의 교육생 비율은 여자가 더 많다고 할 수 있다.

예제 8.10 드론 상품에 대한 배송을 조사하였다. 정시에 배송된 드론이 정시에 고객에게 도착할 확률은 0.72이고 정시에 드론이 배송될 확률은 0.8이다. 정시에 배송된 드론이 정시에 고객에게 도착할 확률을 구하여라.

답: 0.9

조건부 확률에서 분모에 해당하는 $p(A)$을 양변에 곱하면 $p(A\cap B)=p(B|A)p(A)$와 같은 결과를 얻는다. 이것은 사건 A가 먼저 발생하고, 사건 A가 발생한 상태에서 B가 발생한 것

을 의미한다. 그래서 사건 A와 사건 B가 동시에 발생한 발생할 확률은 사건 A에 대한 확률 $p(A)$과 사건 A가 발생한 상태에서 사건 B의 조건부 확률인 $p(B|A)$의 곱으로 표현할 수 있다. 이것을 확률의 **곱셈법칙**(rule of multiplication)이라 한다.

예제 8.11 예제 8.9에서 드론 조종사 훈련생 555명 중 1종 남자 조종사 교육생은 135명이다. 남자 훈련생 중 두 명을 연이어 호명하였을 때, 두 명 모두 1종 훈련생일 확률을 구하여라.

풀이 $\frac{135}{555} \cdot \frac{134}{555} = \frac{18090}{308025} \cong 0.059$

예제 8.12 한 상자 속에 흰색 탁구공 7개와 노란색 탁구공 3개가 있다. 첫 번째로 꺼낸 공이 노란색일 때, 두 번째로 꺼낸 탁구공이 흰색일 확률을 구하여라. 단, 첫 번째 탁구공을 다시 상자에 넣지 않은 상태에서 진행하였다.

답: $\frac{3}{10} \cdot \frac{7}{9} \cong 0.233$

조건부 확률에서 먼저 발생한 사건 A가 사건 B가 발생함에 전혀 영향을 주지 못한다면 확률 $p(B|A) = p(B)$는 만족할 것이다. 이것은 $p(A \cap B) = p(B)p(A)$임을 보여준다. 다시 말해서 사건 B의 발생은 사건 A에 종속되지 않는다는 것은 두 사건 A와 B가 서로 독립이라는 것을 의미한다. 예제 8.12에서 첫 번째 꺼낸 탁구공을 다시 상자 안에 넣는다면 두 번째로 껀낸 탁구공은 첫 번째의 선택에 전혀 영향을 받지 않음을 알 수 있다. 즉, 복원추출(with replacement)은 사건의 독립성을 잘 설명하여 준다.

정의 8.3 통계적 독립성(Statistical Independence)

표본공간 Ω의 임의의 두 사건 A와 B가 독립일 경우 $p(A \cap B) = p(A)p(B)$을 만족한다. 그리고 두 사건이 독립이 아닌 경우를 종속(dependence)이라고 한다.

예제 8.13 예제 8.9에서 두 사건 M와 S를 각각 남자 교육생과 2종 자격증 훈련생이라고 할 때, 두 사건 M와 S는 독립이라고 할 수 있는가?

풀이 $p(S \cap M) = \frac{167}{949} \cong 0.176$이다. 그리고 $p(S) = \frac{288}{949} \cong 0.303$이고

$p(M) = \frac{555}{949} \cong 0.585$이므로 두 사건 M와 S는 독립이라고 할 수 없다.

예제 8.14 주사위 1개를 던지는 확률실험에서 두 사건 A와 B는 각각 짝수가 나오는 것과 4이하가 나오는 것이다. 두 사건 A와 B는 독립적이라고 할 수 있는가?
답: 두 사건은 독립이다.

확률의 법칙에 대한 내용을 정리하면 다음과 같다.

➔ Counting Technique

– Multiplication Rule

– Permutation: The number of possible permutation of k objects from n objects is

$$P_k^n = n(n-1)\cdots(n-k+1) = \frac{n!}{(n-k)!}$$

–Combination: The number of possible permutation of k objects from n objects is

$${}_nC_k = \binom{n}{k} = \frac{n!}{k!(n-k)!}$$

➔ Combinations of Events

– Complementation rule: $p(A') = p(A^c) = 1 - p(A)$

– $p(\phi) = 0$.

– $p(A) \le p(B)$ if $A \subset B$.

– Addition rule: $p(A \cup B) = p(A) + p(B) - p(A \cap B)$

$p(A \cup B) = p(A) + p(B)$ if A and B are mutually exclusive.

$p\left(\bigcup_{k=1}^{n} A_k\right) = \sum_{k=1}^{n} p(A_k)$ if $\{A_1, \cdots, A_n\}$are mutually exclusive.

– $p(A \cup B \cup C) = p(A) + p(B) + p(C)$

$\quad - p(A \cap B) - p(A \cap C) - p(B \cap C) + p(A \cap B \cap C)$

➔ Conditional Probability.

– $p(B|A) = \dfrac{p(A \cap B)}{p(A)}$: the conditional probability of B given A if $p(A) > 0$.

– Multiplication rule.

$p(A \cap B) = p(A|B)p(B) = p(B|A)p(A)$ if $P(A), P(B) > 0$

(Sampling without replacement) $p(A \cap B) = p(A)p(B)$ if A and B are independent(Sampling with replacement).

- $p(A \cap B \cap C) = p(A)p(B|A)p(C|A \cap B)$ if $p(A \cap B) \neq 0$
- $p(\bigcap_{k=1}^{n} A_k) = p(A_1)p(A_2|A_1)p(A_3|A_1 \cap A_2) \cdots p(A_n|\bigcap_{k=1}^{n-1} A_k)$

➔ Independence of two events

- Two events A and B are independent if
  $p(A \cap B) = p(A) \cdot p(B) \rightarrow p(A|B) = p(A)$ or $P(B|A) = P(B)$.
- If two events A and B are independent, then A and B^c are independent.
- The set of events $\{A_1, \cdots, A_k\}$ are independent if $p(\bigcap_{i=1}^{k} A_i) = \prod_{i=1}^{k} p(A_i)$.

8.1.3 베이즈 정리(Bayes' theorem)

통계학은 모집단의 구조를 추정하기 위하여 표본의 정보를 이용한다. 모집단의 정보는 표본을 선택하는 기준이 된다. 합리적으로 추정된 모집단의 정보는 표본에서 계산되는 정보의 정확성을 보장한다. 모집단의 사전 확률을 이용하여 표본의 사후 확률을 계산하는 것은 통계학에서 표본 선택의 합리성을 보여준다. 본 절에서는 사전 확률을 이용하여 사후 확률을 계산하도록 하는 베이즈 정리를 소개한다. 이를 위해 표본공간의 분할(partition)과 전 확률 법칙(rule of total probability)이 필요하다.

예제 8.9에서 남자 훈련생들에게 항공안전법에 대한 개선할 부분이 있는지를 질문하였다. 그 결과 1종과 2종 그리고 3종에서 개선이 필요하다고 의견을 제시한 훈련생이 각각 3%, 5% 그리고 4%였다. 훈련생 한 명을 선택하여 실제적인 개선 부분을 들었다. 이때 이 훈련생이 1종 자격증을 위한 훈련생일 확률을 베이즈 정리을 통하여 계산할 수 있다.

정의 8.4 표본공간의 분할(Partition of Sample space)

표본공간 Ω의 부분집합의 모임인 $\{A_i \subseteq \Omega : i = 1, \cdots, n\}$가 Ω의 분할이면 다음 두 가지를 만족한다.

(1) $\{A_i \subseteq \Omega : i = 1, \cdots, n\}$는 서로 배타적이다.

(2) $\bigcup_{i=1}^{n} A_i = \Omega$

예제 8.15 예제 8.9에서 1종과 2종 그리고 3종 훈련생 집합을 각각 A_1과 A_2 그리고 A_3라고 하면 $\{A_1, A_2, A_3\}$은 훈련생에 대한 분할이 된다.

예제 8.15에서 1종과 2종 그리고 3종 훈련생 중 제도 개선이 필요하다고 의견을 제시한 훈련생이 각각 3%, 5% 그리고 4%라고 했을 때, 훈련생들 중 제도 개선에 대한 의견을 가진 사람(R)의 확률은 전확률 법칙을 이용하여 계산할 수 있다.

정리 8.3 전확률 법칙(Rule of total probability)

표본공간 Ω의 분할 $\{A_i \subseteq \Omega : i = 1, \cdots, n\}$와 사건 R에 대한 사전확률(prior probability)이 $p(R|A_i)(i = 1, \cdots, n)$일 때, A_k의 사후확률(posterior probability) $P(A_k|R)(1 \le k \le n)$는

$$p(A_k|R) = \frac{p(R \cap A_k)}{p(R)} = \frac{p(A_k)p(R|A_k)}{\sum_{i=1}^{n} p(A_i)p(R|A_i)}$$

와 같다.

증명 $R = R \cap \Omega = \bigcup_{i=1}^{n} \{R \cap A_i\}$이고 $\{R \cap A_i\}$와 $\{R \cap A_j\}(i \ne j)$ 서로 배반이다. 조건부 확률을 이용하여 전확률 법칙이 성립한다는 것을 보일 수 있다.

예제 8.16 예제 8.15에서 1종(34%)과 2종(30%) 그리고 3종(36%) 훈련생 중 제도 개선이 필요하다고 의견을 제시한 훈련생이 각각 3%, 5% 그리고 4%라고 했을 때, 남자 훈련생들 중 제도 개선에 대한 의견을 가진 사람(R)을 선택하였을 때, 그 사람이 3종 자격증을 위한 훈련생(A_3)일 확률을 구하여라.

풀이 $p(R) = \sum_{i=1}^{3} p(A_i)p(R|A_i)$=0.34 · 0.03+0.3 · 0.05+0.36 · 0.04=0.0396이고 $p(A_3)p(R|A_3)$=0.0144이다. 따라서 $p(A_3|R)$=0.3636이다.

예제 8.17 드론을 판매하는 업체는 세 개의 지역 A, B, 그리고 C에서 만든 드론을 받아 소비자에게 드론을 배달한다. 각 지역 A, B, 그리고 C에서 생산된 드론의 반송 비율은 각각 2%, 3%, 그리고 2%였다. 그리고 세 개의 지역 A, B, 그리고 C에서 생산하는 드론의 비율은 각각 30%, 45%, 그리고 25%이다. 반송된 드론(R)이 C지역에서 생산된 드론(C)일 확률은 얼마인가?

답: $p(R)=0.0245$이고 $p(C)p(R|C)=0.005$이므로 $p(C|R)=10/49$

베이즈 정리에 대한 것을 정리하면 다음과 같다.

➔ Posterior probability(Bayes' Theorem)

$-\{A_1,\cdots,A_n\}$ is a partition of sample space S

if $\{A_1,\cdots,A_n\}$are mutually exclusive and $\bigcup_{k=1}^{n} A_k = S$

- The law of total probability: $p(B)=\sum_{1\le i\le k} p(B|A_i)p(A_i)$.

- Bayes' theorem gives us a way of calculating a posterior probability p(A|B) from a knowledge of a prior probability p(B|A).

$$p(A_j : B) = \frac{p(B|A_j)p(A_j)}{\sum_{1\le j\le k} p(B|A_j)p(A_j)}.$$

연습문제 8.1

1. 동전 세 개를 동시에 던지는 확률실험을 이용하여 표본공간, 표본점, 그리고 사건을 설명하여라. 그리고 확률에 대한 합의 법칙과 곱의 법칙을 설명하여라.

2. 다음 명제가 참인지 거짓인지 판정하고, 그 이유를 설명하라.
   (1) 두 사건 A와 B가 독립이면 두 사건 A^c와 B^c도 독립이다.

3. K-리그에 참여하는 네 팀 A, B, C, 그리고 D의 우승 확률은 다음과 같을 때, 우승할 확률이 가장 낮은 팀의 확률을 구하여라.
   (1) A팀이 우승할 확률은 C팀의 2배이고
   (2) B팀이 우승할 확률은 D팀의 3배이며
   (3) C팀의 우승할 확률과 D팀의 우승할 확률의 차는 0.3이다.

4. 대기업 A에서 운영하는 축구팀과 야구팀의 우승 확률은 각각 25%와 40%이고, 한 팀이라도 우승하면 사원들에게 상여금을 지급한다고 한다. 두 팀의 우승은 서로 독립적일 때, 대기업 사원들이 우승에 대한 보너스를 받을 확률은 얼마인지 구하여라.

5. 세 개의 공장 A, B, 그리고 C에서 생산하는 드론의 모터 비율을 각각 50%, 30%, 20%이다. 그리고 공장 A, B, 그리고 C에서 생산된 모터의 불량률은 각각 3%, 4%, 5%이다.
   (1) 세 공장에서 생산된 전체 모터의 불량률을 계산하여라.
   (2) 불량으로 반품된 모터가 공장 A에서 생산된 상품일 확률을 구하여라.

6. 두 사건 A와 B 아래 조건을 만족할 때, $p(B|A)$을 구하여라.
   (1) A는 B의 부분집합이다.
   (2) A와 B는 서로소이다.

7. 동전 앞면(H)과 뒷면(T)이 나올 확률이 각각 $p(H)=\dfrac{2}{3}$와 $p(T)=\dfrac{2}{3}$이다. 동전이 앞면일 경우는 $\{1,2,\cdots,8,9\}$에서 번호를 선택하고, 뒷면이 경우에는 $\{1,2,3,4,5\}$에서 번호를 선택한다. 선택된 번호가 짝수일 경우의 확률을 구하여라.

8. 반지름이 r인 원 위에 세 점 a,b 그리고 c을 선택하였을 때, 세 점이 반원에 위치할 확률을 구하여라.

9. 남학생의 비율이 60%인 H 대학의 재학생 중 키가 180cm 이상인 학생의 비율은 남자와 여자가 각각 4%와 1%이다. 키가 180cm 이상인 학생을 면접하였을 때, 그 학생인 여학생일 확률을 구하여라.

8.2 확률변수

확률실험(random experiment)에서 발생하는 결과의 집합인 표본공간(sample space)의 표본점은 숫자인 경우도 있지만, 문자로 이루어진 경우도 있다. 문자 자체로는 통계적인 성질을 유도하기에는 제한점이 있다. 그리고 표본점이 숫자라고 할지라도 숫자를 유한개의 범주로 분류하는 것이 통계적인 분석을 위해 더 효율적일 수 있다. 표본공간에서 실수로 가는 함수를 확률변수(random variables)라 한다. 본 절에서는 확률변수와 함께 확률함수(probability function)와 누적분포함수(cumulative distribution function)를 소개한다.

8.2.1 확률변수

교육 훈련을 위해 훈련생의 성과 혈액형, 나이와 수입, 그리고 교육장까지 오는 시간을 조사한 교육생에 대한 정보는 (남자, AB형, 58, 250만원, 1시간 10분)와 같이 기록된다. 훈련생에 대한 조사를 하는 연구에서는 문자로 표현된 성과 혈액형을 숫자로 변형할 필요가 있다. 또 교육장까지 오는 시간을 분 단위로 변경하고, 수입은 상, 중, 하로 구분하여 자료를 정리하는 것이 더 효율적일 수 있다. 즉, 문자로 표현된 표본과 표본의 값을 변경하는 규칙을 함수로 표현할 수 있다. 이와 같이 표본공간 Ω에서 실수 집합 R로 가는 함수 X를 **확률변수**(random variable)라고 한다.

확률변수 $X:\Omega\to R$의 치역(range) R_X는 셀 수 있는 경우와 셀 수 없는 경우가 있다. **이산확률변수**(discrete random variable)의 치역 R_X을 셀 수 있는 경우이고, 치역 R_X가 셀 수 없는 경우에는 **연속확률변수**(continuous random variable)이라고 한다.

예제 8.18(a) 아래 함수에서 X_1는 이산확률변수이고 X_2는 연속확률변수이다.

(1) Ω_1={훈련생의 혈액형}={A, B, O, AB},

$X_1(A)=1,\ X_1(B)=2,\ X_1(O)=3,\ X_1(AB)=4,\ R_{X_1}=\{1,2,3,4\}$

(2) Ω_2={훈련생이 집에서 교육장까지 올 때 걸리는 시간}

={1시간 10분, 35분, 2시간 13분},

X_2(1시간 10분)=4200(초), X_2(35분)=2100, X_2(2시간 13분)=7980

예제 8.18(b) 훈련생의 성을 숫자로 표현한 것이 X_1이고, 훈련생의 평균 혈압을 표현한 것이 X_2일 때, X_1과 X_2는 확률변수 종류를 말하여라.

답: X_1은 이산확률변수이고 X_2는 연속확률변수이다.

8.2.2 확률함수와 누적분포함수

표본공간에서 실수로 가는 함수인 확률변수 $X: \Omega \to R$가 정의되면, 확률변수의 치역 R_X의 원소에 대한 확률을 정의할 수 있다. 이산확률변수는 치역을 셀 수 있으므로 치역에 속하는 원소 하나하나에 확률을 정의할 수 있다. 또 연속확률변수의 치역은 셀 수 없음으로 치역에 속하는 원소 하나하나에 확률을 대응시킬 수 없다. 이산확률변수에 대한 **확률함수**(probability function)와 **누적분포함수**(cumulative distribution function)는 아래와 같이 정의된다. 이산확률변수에 대한 확률함수를 확률질량함수(probability mass function)이라고도 한다.

정의 8.5 이산확률변수의 확률함수와 누적분포함수

이산확률변수 $X: \Omega \to R_X$의 확률질량함수 $f_X: R_X \to [0,1]$는 다음을 만족한다.

(1) $f_X(x) = p\{\omega : X(\omega) = x\}$

(2) $\sum_{x \in R_X} f_X(x) = 1$

그리고 이산확률변수 X의 누적분포함수 $F_X(\cdot)$는 $F_X(x) = \sum_{R_X \in t \le x} f_X(t)$을 만족한다.

또한, 이산확률변수의 평균과 분산을 각각 다음과 같이 정의한다.

(1) 확률변수 X의 평균: $\mu_X = E(X) = \sum_{x \in R_X} x f_X(x)$.

(2) 확률변수 X의 분산: $\sigma_X^2 = V(X) = \sum_{x \in R_X} (x - \mu_X)^2 f_X(x) = \sum_{x \in R_X} x^2 f_X(x) - \mu_X^2$.

예제 8.18(c) 교육원의 있는 드론 조정기(controller) 20개 중 3개는 배터리를 교체해야 사용할 수 있다. 교육원에서 조정기 2개를 선택하였을 때, 배터리를 교체할 조정기에 대한 확률함수와 누적분포함수를 구하여라.

풀이 $R_X = \{0,1,2\}$이므로 $f_X(x) = \dfrac{\binom{3}{x}\binom{17}{2-x}}{\binom{20}{2}}$이다.

x	0	1	2
$f_X(x)$	$\frac{136}{190}$	$\frac{51}{190}$	$\frac{3}{190}$

x	0	1	2
$F_X(x)$	$\frac{136}{190}$	$\frac{187}{190}$	1

답: $\mu_X = E(X) = \frac{57}{190}$, $E(X^2) = \frac{2603}{190}$, $\sigma_X^2 = E(X^2) - \left(\frac{57}{190}\right)^2$.

예제 8.19 동전 3개를 동시에 던지는 확률실험에서 확률변수 X는 표본점의 앞면의 수를 표현한다. 이산확률변수 X의 확률함수와 누적분포함수를 구하여라.

답:

x	0	1	2	3
$f_X(x)$	$\frac{1}{8}$	$\frac{3}{8}$	$\frac{3}{8}$	$\frac{1}{8}$

x	0	1	2	3
$F_X(x)$	$\frac{1}{8}$	$\frac{4}{8}$	$\frac{7}{8}$	1

답: $\mu_X = E(X) = \frac{3}{2}$, $E(X^2) = 3$, $\sigma_X^2 = 3 - \frac{9}{4}$.

〈**참고**〉 이항분포, 기하분포, 포아송분포, 초기하분포 등은 이산확률분포에 속한다. 추가적인 이산확률변수에 대한 것은 연습문제를 참고하라.

확률변수의 치역이 셀 수 없는 집합인 연속확률변수에 대한 **확률밀도함수**(probability density function)와 누적분포함수는 아래와 같이 정의된다.

정의 8.6 연속확률변수의 확률밀도함수와 누적분포함수 연속확률변수 $X: \Omega \rightarrow R_X$의 확률밀도함수 $f_X : R_X \rightarrow [0,1]$는 다음을 만족한다.

(1) $P(a < X < b) = \int_a^b f_X(x)dx$

(2) $\int_{-\infty}^{\infty} f_X(x)dx = 1$

그리고 연속확률변수 X의 누적분포함수 $F_X(\cdot)$는

$F_X(x) = P\{w|X(w) \le x\} = \int_{-\infty}^{x} f_X(s)ds$을 만족한다. 연속확률변수의 평균과 분산을 다음과 같이 정의된다.

(1) 확률변수 X의 평균: $\mu_X = E(X) = \int_{-\infty}^{\infty} x f_X(x)dx$.

(2) 확률변수 X의 분산: $\sigma_X^2 = V(X) = \int_{-\infty}^{\infty} (x-\mu_X)^2 f_X(x)dx$.

예제 8.20 **지수분포**(exponential distribution) 확률밀도함수가 다음과 같은 확률변수의 평균과 분산을 구하여라. 단, $a > 0$.

$$f_X(x) = \begin{cases} ae^{-ax}, & x \geq 0 \\ 0, & x < 0 \end{cases}$$

풀이

$$\mu_X = E(X) = \int_0^{\infty} axe^{-ax}dx = \frac{1}{a},\ E(X^2) = \int_{-\infty}^{\infty} ax^2e^{-ax}dx = \frac{2}{a^2},$$

$$\sigma_X^2 = E(X^2) - \mu_X^2 = \frac{1}{a^2}.$$

예제 8.21 연속확률변수 X의 평균과 분산을 구하여라.

$$f_X(x) = \begin{cases} 2(1-x), & 0 < x < 1 \\ 0, & otherwise \end{cases}$$

답: $\mu_X = E(X) = \frac{1}{3}$, $E(X^2) = \frac{1}{6}$, $\sigma_X^2 = E(X^2) - \mu_X^2 = \frac{1}{18}$.

〈참고〉 정규분포, 표준정규분포, 지수분포, $t-$분포, 감마분포 등은 연속확률분포에 속한다. 추가적인 이산확률변수에 대한 것은 연습문제를 참고하라. 평균이 μ이고 분산이 σ^2인 정규분포(normal distribution) $N(\mu,\sigma^2)$의 확률밀도함수 $f_X(\mu,\sigma)$와 자유도가 k인 $t-$분포(t−distribution) $t(k)$의 확률밀도함수 $f_T(k)$는 각각 다음과 같다.

(1) $f_X(\mu,\sigma,x) = \frac{1}{\sqrt{2\pi}\,\sigma} e^{(x-\mu)^2/2\sigma^2}, -\infty < x < \infty$.

(2) $f_T(k,x) = \frac{\Gamma((k+1)/2)}{\Gamma(k/2)} \frac{1}{\sqrt{k\pi}} \frac{1}{(1+x^{2/k})^{(k+1)/2}}, -\infty < x < \infty$,

여기서 $\Gamma(n) = \int_0^{\infty} x^{n-1}e^{-x}dx$는 감마함수(gamma function)이다.

확률변수에 대한 것을 정리하면 다음과 같다.

➔ Random Variable

- What is a relation between random variables and outcomes.
- A random variable is a function, which assigns unique numerical values to all possible outcomes of a random experiment under fixed conditions.
- A random variable is not a variable but rather a function that maps events to numbers.

➔ Discrete Distributions

- Discrete random variable is one that can only take a finite or countable number of values.
- Every discrete random variable has a probability function, $f(x)$, defined by $f(x) = P\{\mathrm{w} : \mathrm{f}(\mathrm{w}) = \mathrm{x}\}$.
- The probability (mass) function satisfies the following two conditions:
  1. $0 \le f(x) \le 1$, for any $x \in R(Y)$.
  2. $\sum_{x \in R(Y)} f(x) = P(S) = 1$

  * $f(x) = p\{w | Y(w) = x\}, p\{w | a \le Y(w) \le b\} = \sum_{x=a}^{b} f(x)$.
- A cumulative distribution function of d. r. v. X defined as $F(x) = \sum_{t \le x} f(t)$.
- Mean value of d. r. v. X, $\mu = E(X) = \sum_{x \in R(x)} x f(x)$.
- Variance of d. r. v. X, $\sigma^2 = V(X) = \sum_{x \in R(x)} (x-\mu)^2 f(x) = \sum_{x \in R(x)} x^2 f(x) - \mu^2$.

➔ Continuous Distribution

- Continuous random variable has uncountably many possible values.
- Every continuous random variable has a probability density function, $f(x)$, which satisfying the following three conditions :

  $f(x) \ge 0$, $\int_{-\infty}^{\infty} f(x)dx = 1$, $P(a < X < b) = \int_a^b f(x)dx$.

– A cumulative distribution function $F(x)$ of c. r. v. is defined as the integral of the probability density function

$$F(x) = P\{w|X(w) \le x\} = \int_{-\infty}^{x} f(s)ds.$$

– $P\{y_1 \le Y \le y_2\} = F(y_2) - F(y_1)$, $P\{y_1 \le Y \le y_2\} = P\{y_1 < Y < y_2\}$.

– Mean value of c. r. v. X, $E(X) = \int_{-\infty}^{\infty} xf(x)dx$.

– Variance of c. r. v. X, $V(X) = \int_{-\infty}^{\infty} (x-\mu)^2 f(x)dx$.

연습문제 8.2

1. 동전 세 개를 동시에 던지는 확률실험을 이용하여 확률변수, 확률함수, 누적분포함수를 설명하여라. 그리고 확률변수에 대한 평균과 분산을 설명하여라.

2. (**이항분포** binomial distribution) 한 주머니에 검정색 공 7개와 노란색 공 3개가 있다. 주머니에서 공 3개를 선택할 때, 노란색 공에 대한 확률변수와 확률함수를 구하여라.

3. (**음이항분포** negative binomial distribution) 한국시리즈에 진출한 두 팀 A와 B의 상대적인 승률은 각각 40%와 60%이다. 7전 4승제로 우승팀이 결정되는 한국시리즈에서 6번째 경기에서 B팀이 우승할 확률을 구하여라.

4. (**포아송분포** Poisson distribution) 이산확률변수 X의 확률함수가

$$f(x,\lambda) = \frac{\lambda^x e^{-\lambda}}{x!}, \quad x = 0, 1, \cdots$$

와 같을 때, 확률변수 X의 평균과 분산을 구하여라.

5. 평균이 0이고 분산이 1인 정규분포 Z를 **표준정규분포**(standard normal distribution)이라고 한다. $E(Z) = 0$이고 $V(Z) = 1$임을 확인하라.

6. 연속확률변수 X의 확률밀도함수는

$$f(x)=\begin{cases} ax+k, & 0\le x\le 3 \\ 0, & elsewhere \end{cases}$$

이고 $p\{1\le X\le 2\}=\dfrac{1}{3}$을 만족할 때, a와 k을 구하여라.

7. 동전의 앞면이나 혹은 뒷면이 5회 나올 때까지 던지는 시행(trial)에서, 동전을 던지는 횟수에 대한 확률변수 X의 기댓값을 구하여라.

8. 두 개의 주사위를 던지는 시행에서, 확률변수 X는 두 주사위의 결과 중 최댓값을 표현한다. 변수 X의 기댓값과 분산을 구하여라.

9. 연속확률변수 Y의 확률밀도함수는

$$f(y)=\begin{cases} \dfrac{2y}{1+y^2}, & 0<y<1 \\ ky, & 1<y<2 \\ 0, & elsewhere \end{cases}$$

일 때, k와 $p\{Y\ge 1.5\}$을 구하여라.

◦ 제 9 장 ◦
통계적 추론

최근 방송에서 드론을 활용한 촬영 장면을 자주 접할 수 있다. 그리고 행정기관에서도 드론을 이용하여 촬영하는 분야가 증가하고 있다. 광역자치단체의 행정구역에서 드론을 이용하여 촬영한 범위는 행정구역의 특성에 따라 일치하지 않을 수 있다. 그리고 드론 조종사 실기시험에서 이륙과 상승 그리고 착륙 조작에서 통과를 받는 사람들의 비율은 시험 응시 횟수에 따라 차이가 있을 수 있다.

통계적인 추론은 정보를 얻고자 하는 전체 집합의 정보를 부분 집합의 정리된 정보를 이용하여 추론하는 것이다. 대통령이나 국회의원 선거의 결과를 예측하기 위하여 여론조사기관에서는 국민 1,000명 정도의 응답을 이용한다. 2020년 우리나라의 기초자치단체는 고양시를 포함한 226개이다. 기초자치단체에서 드론으로 촬영할 수 있는 면적의 비율을 조사하기 하기 위하여 45개 단체를 대표적으로 선택하여 조사한 결과를 전체 기초자치단체의 비율로 추정할 있을까? 모집단인 전체 집합의 부분 집합인 표본의 정보를 가지고 모집단의 정보를 추정하는 하는 것이 통계적인 추론이다.

통계적인 추론(statistical inference)은 표본에 대한 그래프나 표본의 정보를 값으로 표현하는 기술통계학(descriptive statistics)을 이용하여 모집단의 정보를 추정하고 검정하는 절차가 필요하다. 본 장에서 제공된 자료의 값들은 연습문제 9.2 다음에 있는 Excel을 이용한 기술통계학을 이용하여 확인할 수 있다.

9.1 기술통계학

우리가 확정할 수 없는 모집단의 정보를 추론하기 위하여 선택된 자료들의 집합을 표본이라 한다. 표본에 대한 정보를 그래프와 자료들의 함수를 이용한 통계량으로 제시하는 것이

기술통계학이다. 무게가 12kg을 초과하는 드론을 상업적으로 이용할 사람들은 교통안전공단에서 실시하는 자격시험을 통과하여 무인기 조종사 자격증을 획득하여야 한다. 표 9.1은 무인기 조종사 자격시험을 준비하는 훈련생들 비행기록이다. 표 9.1은 드론을 이용한 통계학을 설명하기 위해 저자들이 모의실험을 한 결과이다. 무인기 조정사 훈련생에 대한 실제 기록과는 차이가 있을 수 있다. 실습시간은 4시간 단위로 범주화하였다(1:17-20, 2:13-16, 3:9-12, 4:5-8, 5:1-4). 비행상태는 교관과 함께 비행한 경우는 동승으로 훈련생 혼자 비행한 경우는 단독으로 표시하였다. 그리고 X_1는 비행 전 조작을, X_2는 이륙과 상승의 조작을, X_3는 공중 조작을, X_4는 착륙 조작을, X_5는 비행 후 점검을 그리고 X_6는 종합능력을 표시하였다. 또 등급은 만족을 1로 불만족을 2로 표시하였다. 상태에서 1은 단독을 2는 동승을 의미한다.

표 9.1 무인기 조종사 훈련생의 훈련측정 점수

실습시간	비행상태	x1	x2	x3	x4	x5	x6	등급	상태
5	동승	95	50	83	53	97	75.6	2	2
5	동승	89	52	81	52	83	71.4	2	2
3	동승	99	65	85	60	91	80	1	2
4	동승	81	59	85	58	82	73	2	2
1	단독	84	73	97	71	84	81.8	1	1
2	단독	80	70	93	66	91	80	1	1
1	단독	95	73	99	75	98	88	1	1
4	동승	98	58	83	55	94	77.6	2	2
5	동승	98	54	78	54	99	76.6	2	2
2	단독	94	70	95	65	84	81.6	1	1
2	단독	99	69	90	65	86	81.8	1	1
2	단독	91	67	94	68	82	80.4	1	1
1	단독	99	75	95	72	88	85.8	1	1
3	동승	94	64	86	62	93	79.8	2	2
5	동승	80	50	76	55	90	70.2	2	2
3	동승	88	62	85	60	86	76.2	2	1
2	단독	96	70	90	70	96	84.4	1	1
4	동승	97	56	82	57	93	77	2	2
3	동승	83	60	88	63	86	76	2	2
3	동승	80	64	88	62	83	75.4	2	2
2	단독	99	65	92	70	82	81.6	1	1
5	동승	81	55	76	54	91	71.4	2	2
2	단독	98	67	92	67	98	84.4	1	1
2	단독	83	68	90	66	82	77.8	2	1
4	동승	92	59	84	58	88	76.2	2	2
1	단독	100	72	96	74	93	87	1	1

2	단독	83	67	95	69	97	82.2	1	1
1	단독	83	75	96	70	99	84.6	1	1
3	동승	97	65	89	61	83	79	2	2
3	동승	83	60	87	64	95	77.8	2	2
4	동승	93	57	84	58	99	78.2	2	2
1	단독	98	75	97	70	97	87.4	1	1
1	단독	88	73	96	74	83	82.8	1	1
5	동승	92	55	79	53	86	73	2	2
2	단독	86	69	91	68	85	79.8	2	1
4	동승	94	60	81	58	83	75.2	2	2
2	단독	80	65	94	70	96	81	1	1
1	단독	81	72	97	70	96	83.2	1	1
1	단독	100	74	96	71	92	86.6	1	1
5	동승	86	52	80	52	87	71.4	2	2
1	단독	93	74	97	75	92	86.2	1	1
3	동승	99	65	90	61	84	79.8	2	2
1	단독	100	73	98	71	98	88	1	1
3	동승	94	64	88	63	83	78.4	2	2
3	동승	96	63	88	63	87	79.4	2	2
1	단독	100	71	100	75	92	87.6	1	1
5	동승	99	53	79	52	87	74	2	2
5	동승	86	50	80	51	83	70	2	2
4	동승	82	59	82	58	94	75	2	2
1	단독	87	74	95	71	98	85	1	1
1	단독	89	71	97	75	91	84.6	1	1
3	동승	96	62	86	64	85	78.6	2	2
2	단독	82	66	91	68	88	79	2	1
3	동승	89	65	86	61	88	77.8	2	2
4	동승	84	58	81	55	95	74.6	2	2
3	동승	90	65	87	62	98	80.4	1	2
3	동승	98	65	88	61	80	78.4	2	2
2	단독	93	68	90	66	88	81	1	1
4	동승	86	55	82	58	85	73.2	2	2
2	단독	92	67	91	66	95	82.2	1	1
3	동승	82	64	85	65	100	79.2	2	2
2	단독	93	69	91	68	85	81.2	1	1

9.1.1 변수의 형태

모집단의 정보를 추론하기 위해 우리가 관심을 가지는 항목을 변수(variable)라고 하고, 그 변수를 숫자로 표현한 것을 자료(data)라고 한다. 표 9.1에서 비행시간과 비행상태, 그리고 공중조작과 같은 것은 변수이고, 공중조작이나 비행시간의 값은 자료이다. 자료는 형태에 따라 **질적자료(범주자료**, qualitative data)와 **양적자료(수치자료**, quantitative data)로 크게 구분할 수 있다. 변수에 숫자나 혹은 부호를 부여하는 규칙을 **측정척도**(measurement scale)라 하고, 측정척도를 설명한 것이 그림 9.1이다. **질적자료**는 범주만 표현하는 **명목척도**(nominal scale)와 범주의 숫자의 크기에 따라 서열을 정하는 **서열척도**(ordinal scale)로 구분된다. 그리고 양적 자료는 절대적 원점에 따라 **구간척도**(interval scale)와 **비율척도**(ratio scale)로 구분되며, 구간척도는 자료들의 간격이 일정한 자료이다. 자료를 셀 수 있는냐 혹은 없느냐에 따라 **이산적 자료**(discrete data)와 **연속적 자료**(continuous data)로 구분되다. 질적자료와 서열척도는 이산 자료이고, 비율척도는 연속적 자료이다. 최근에는 구간척도와 비율척도를 특별히 구분하지 않고 양적 자료로 생각하는 경향도 있다.

예제 9.1 표 9.1의 자료 형태는 다음과 같다.

(1) 명목척도: 비행상태와 등급

(2) 서열척도: 비행시간

(3) 양적척도: 비행 전 조작, 이륙과 상승의 조작, 공중 조작, 착륙 조작, 비행 후 점검, 종합 능력

예제 9.2 자신이 최근에 관심이 가는 분야를 말하고, 그 분야에서 사용할 수 있는 자료의 형태에 대하여 말하여 보세요.

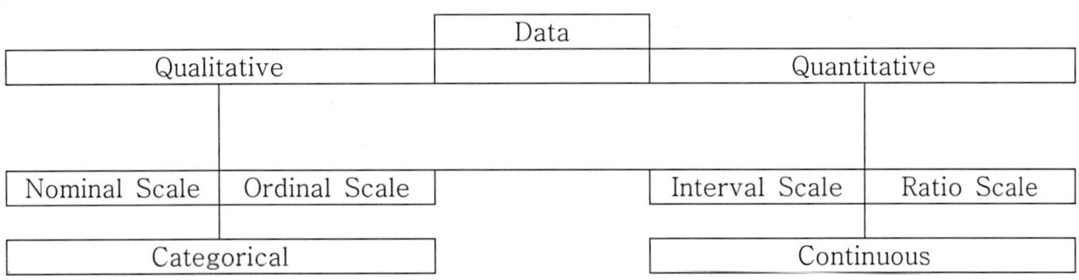

	Nominal	Ordinal	Interval	Ratio
Relation	$x_1 = x_2,\ x_1 \neq x_2$	$x_1 = x_2,\ x_1 < x$	$x_i - x_{i-1} = cons$	$x_i / x_j = Cont.$

그림 9.1 측정척도(measurement scale)

9.1.2 자료의 그래프

모집단의 정보를 추론하기 위해 선택된 표본을 잘 표현하는 방법은 그래프이다. 자료의 형태에 따라 사용하는 그래프 종류는 다양하다. 질적자료는 막대그래프(bar chart)나 원그래

프(pie chart)를 이용하여, 양적자료는 히스토그램(histogram)이나 상자도표(box plot)를 이용하여 표현할 수 있다.

(1) 막대그래프: 범주에 따라 상대적인 도수를 나타낸다.

(2) 원그래프: 범주에 따라 상대도수에 360을 곱한 넓이를 표시한다.

(3) 히스토그램: 수평축에 계급을 수직축에는 각 계급의 도수(frequency)를 총도수로 나눈 값을 나타낸다.

(4) 상자도표: 사분위수와 사분위수 범위를 표하고, 사분위수를 이용한 이상치를 표현한다.

예제 9.3 표 9.1의 자료에 대한 그래프는 다음과 같다.

(1) 실습시간에 대한 막대그래프

(2) 실습시간에 대한 원그래프

(3) 공중조작에 대한 히스토그램

(4) 이륙과 상승의 조작에 대한 상자도표

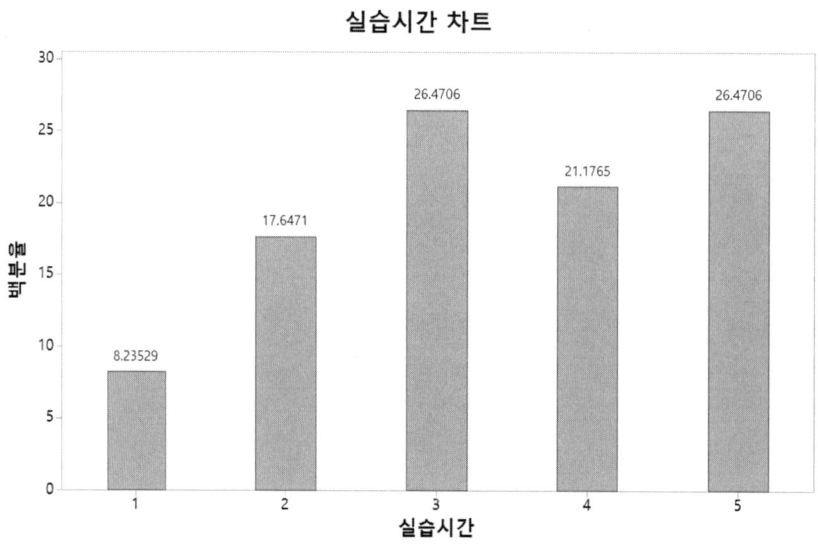

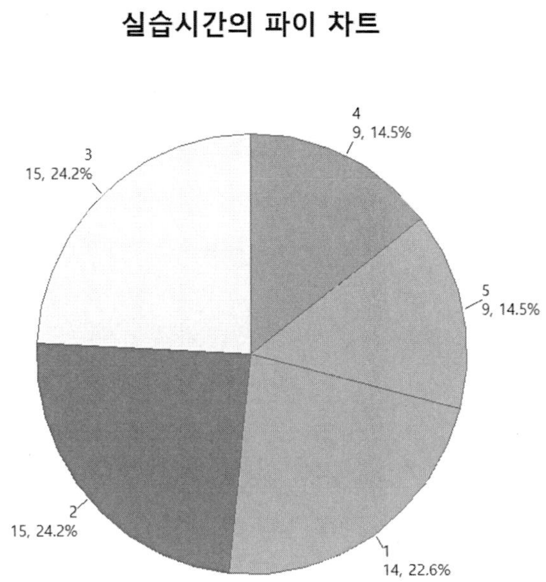
실습시간의 파이 차트
4
9, 14.5%
3
15, 24.2%
5
9, 14.5%
2
15, 24.2%
1
14, 22.6%

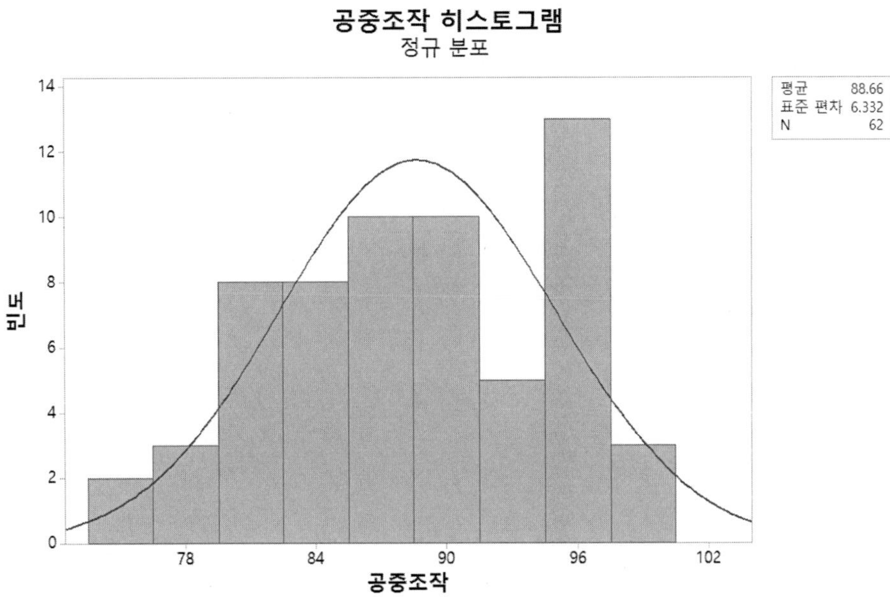
공중조작 히스토그램
정규 분포
평균 88.66
표준 편차 6.332
N 62
빈도
0
2
4
6
8
10
12
14
78
84
90
96
102
공중조작

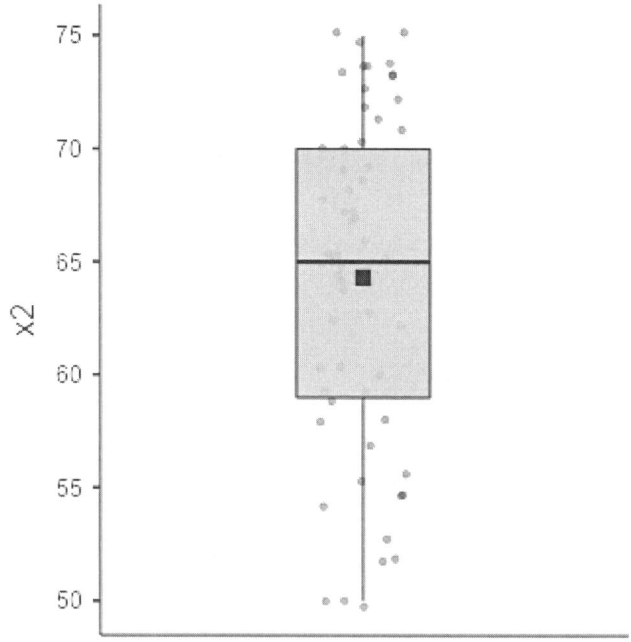

그림 9.2 예제 9.3의 그래프

예제 9.4 예제 9.2에서 언급한 자료를 표현할 수 있는 그래프에 대하여 말하여 보세요.

9.1.3 자료의 중심경향치

모집단의 형태를 추정하기 위하여 표본의 그래프를 확인한 후, 모집단의 특성을 하나의 단순한 값(numerical value)으로 표현하는 것은 통계적인 분석에 효율적이다. 표본 $\{x_i : i=1,\cdots,n\}$에 대한 정리된 값, 즉 자료에 대한 함수를 **통계량**(statistic)이라고 한다. 자료의 중심이 되어 자료를 대표하는 값을 **집중경향치**(measure of central tendency)라 한다. 중심경향치에는 **산술평균**(arithmetic mean), **중위수**(median), **최빈값**(mode) 등이 있다.

(1) 산술평균: 모든 자료의 합을 자료의 개수로 나눈 값

$$\overline{x_n} = \frac{1}{n}\sum_{1}^{n} x_i$$

(2) 중위수: 자료를 크기순으로 나열했을 때 중앙에 위치하는 값

$$x_{med} = \begin{cases} x_{\left(\frac{n+1}{2}\right)} & \text{if } n \text{ is odd} \\ \dfrac{\left\{x_{\left(\frac{n}{2}\right)} + x_{\left(1+\frac{n}{2}\right)}\right\}}{2} & \text{if } n \text{ is even} \end{cases}$$

(3) 최빈값: 자료 중에서 발생하는 빈도가 가장 많은 관측치를 의미한다.

중위수는 중앙값이라고도 하고, 최빈값은 표본에 따라 2개 이상 존재를 하기도 한다. 그리고 자료의 구조가 대칭인 경우에는 평균과 중위수 그리고 최빈값이 일치할 수 있으나, 대칭 구조가 아닌 경우에는 일치하지 않는다.

예제 9.5 표 9.1의 공중 조작의 중심경향치는 다음과 같다.

풀이 평균: 86.661, 중위수: 88.5, 최빈값: 88, 90, 97(빈도 5)

예제 9.6 표 9.1의 착륙 조작에 대한 중심경향치를 구하여라.

답: 평균: 63.694, 중위수: 64.00, 최빈값: 58, 70(빈도 6)

9.1.4 자료의 산포도

자료의 특성을 요약하기 위해서는 자료의 중심 위치와 함께 자료의 흩어진 정도를 표시하는 **산포도**(degree of dispersion)가 필요하다. 자료가 어느 정도 넓게 혹은 좁게 분포되어 있는가를 표시하는 산포도에는 **범위**(range), **분산**(variance), **표준편차**(standard deviation), **평균절대편차**(mean absolute deviation), **변동계수**(coefficient of variation) 등이 있다.

(1) 범위: 자료의 관측값 중 최댓값과 최솟값의 차

$$R = x_{(n)} - x_{(1)}$$

(2) 분산: 관측값과 표본평균의 차인 편차의 제곱을 자료 수에서 1를 뺀 값으로 나눈 값

$$s^2 = \frac{1}{(n-1)}\sum_{1}^{n}(x_i - \overline{x})^2 = \frac{1}{n(n-1)}\left[n\sum_{1}^{n}x_i^2 - \left(\sum_{1}^{n}x_i\right)^2\right]$$

(3) 표준편차: 분산의 양의 제곱근

$$s = \sqrt{\frac{1}{(n-1)}\sum_{1}^{n}(x_i - \overline{x})^2}$$

(4) 평균절대편차: 편차에 대한 평균값

$$M_{ad} = \frac{1}{n}\sum_{1}^{n}|x_i - \overline{x}|$$

(5) 변동계수: 서로 다른 모집단의 상대적인 변동 혹은 산포를 표현하는 값

$$C_v = \frac{s}{\overline{x}} \cdot 100\%$$

예제 9.7 표 9.1의 공중 조작의 산포도는 다음과 같다.

풀이 범위: 24, 분산: 40.097, 표준편차: 6.332, 평균절대편차: 0.804, 변동계수: 7.14

예제 9.8 표 9.1의 착륙 조작에 대한 산포도를 구하여라.

답: 범위: 24, 분산: 47.626, 표준편차: 6.901, 평균절대편차: 0.876, 변동계수: 10.83

9.1.5 자료의 분포도

모집단의 분포를 추정하기 위해 표본 자료에 대한 **분포도**(distribution)가 필요하다. 분포도를 표현하는 통계량에는 자료의 대칭성을 표현하는 **왜도**(skewness, s_w^2), 집중도를 정규분포와 비교한 **첨도**(kurtosis, k), 자료를 크기 순서로 나열한 후 4등분 한 수인 **사분위수**(quartile), 크기순으로 나열된 수를 100등분 한 수인 **백분위수**(p–th percentile, $q_{(p)}$) 등이 있다.

(1) $s_w^3 = \dfrac{n}{(n-1)(n-2)}\dfrac{\sum_{1}^{n}(x_i - \overline{x})^3}{s^3}(n \geq 3)$ 혹은 $\dfrac{3(\overline{x} - x_{med})}{s}$

(2) $k = \dfrac{n(n+1)}{(n-1)(n-2)(n-3)}\dfrac{\sum_{1}^{n}(x_i - \overline{x})^4}{s^4} - 3(n \geq 4)$

(3) $q_{(p)} = \begin{cases} x_{(i+1)} & \text{if } f > 0 \\ \frac{1}{2}\{x_{(i)} + x_{(i+1)}\} & \text{if } f = 0 \end{cases}$

여기서 $n \cdot p = i + f$, $0 < f$, $p < 1$. 특히, 25번째 분위수와 50번째 분위수 그리고 75번째 분위수를 각각 1사분위수(first quantile, Q_1), 2사분위수(second quantile, Q_2), 그리고 3사분위수(third quantile, Q_3)라고 한다. 2사분위수는 중위수와 일치한다.

(4) 사분위수 범위(interqantile range, IQR): $IQR = Q_3 - Q_1$.

예제 9.9 표 9.1의 공중 조작의 분포도는 다음과 같다.

풀이 왜도: −0.14, 첨도: −0.98, Q_1: 83.75, Q_2: 88.50, Q_3: 95.00, 사분위수 범위: 11.25

예제 9.10 표 9.1의 착륙 조작에 대한 분포도를 구하여라.

답: 왜도: −0.13, 첨도: −1.02, Q_1: 58.00, Q_2: 64.00, Q_3: 70.00, 사분위수 범위: 12.00

기술통계학을 정리하면 아래와 같다.

➔ Central Tendency (μ): a value of at the center or middle of the data.

− Mean: $\bar{x} = \frac{1}{n}\sum_{1}^{n} x_i$(Arithmetic mean),

Uniqueness, simplicity, sensitive to outlier.

* $\left(\prod_{1}^{n} x_i\right)^{\frac{1}{n}}$(Geometric mean), $\frac{1}{\frac{1}{n}\sum_{1}^{n}\frac{1}{x_i}}$(Harmonic mean).

− Median: Ordering of the data $(x_{(1)}, \cdots, x_{(n)})$.

$$x_{(med)} = \begin{cases} x_{\left(\frac{n+1}{2}\right)} & \text{if } n \text{ is odd} \\ \frac{1}{2}\left\{x_{\left(\frac{n}{2}\right)} + x_{\left(1+\frac{n}{2}\right)}\right\} & \text{if } n \text{ is even} \end{cases}$$

− Mode: a value the most frequently occurring value in a set of discrete data.

– Midrange: $x_{(mr)} = \dfrac{x_{(n)} + x_{(1)}}{2}$

– Trimmed mean

➔ Dispersion(spread, σ^2): a value to measure the variability of the data set.

– Variance: $s^2 = \dfrac{1}{(n-1)}\sum_1^n (x_i - \overline{x})^2 = \dfrac{1}{n(n-1)}\left[n\sum_1^n x_i^2 - \left(\sum_1^n x_i\right)^2\right]$.

– Standard deviation: $s = \sqrt{\dfrac{1}{(n-1)}\sum_1^n (x_i - \overline{x})^2}$.

– Mean of standard error: $\dfrac{s}{\sqrt{n}}$.

– Range: $R = x_{(n)} - x_{(1)}$.

– Absolute deviation: $ad = \dfrac{1}{n}\sum_1^n |x_i - \overline{x}|$.

➔ Distribution

– Skewness: a measure of the degree of asymmetry of the data.

$$s^3 = \frac{1}{n-1}\frac{\sum_1^n (x_i - \overline{x})^3}{s^3} (n \geq 3)$$

– Kurtosis: a value to represent the degree of peakedness of the data.

$$k = \frac{1}{n-1}\frac{\sum_1^n (x_i - \overline{x})^4}{s^4} - 3 (n \geq 4)$$

➔ Percentile value

– Quantiles: $n \cdot p = i + f$, $0 < f$, $p < 1$.

p–th quantile: $q_{(p)} = \begin{cases} x_{(i+1)} & \text{if } f > 0 \\ \dfrac{1}{2}\{x_{(i)} + x_{(i+1)}\} & \text{if } f = 0 \end{cases}$

Lower quartile($Q_1, q_{0.25}$): a middle value among the data value below the median.

Upper quartile($Q_3, q_{0.75}$): a middle value among the data value above the median.

Interquartile range: IQR=$q_{0.75} - q_{0.25}$, Step=1.5*IQR

LIF(lower inner fence)= Q_1−step, UIF= Q_3+step.

LOF(lower outer fence)= Q_1−2*step, UOF= Q_3+2*step.

- Box plot using lower, middle, and upper quartile.

연습문제 9.1

1. 최근 관심을 가지고 있는 분야에서 사용되는 자료를 이용하여 기술통계학을 설명하여라.

2. 표 9.2는 미국프로야구팀 L.A.다저스(L.A.Dogers)의 승리와 패배한 게임 수, 승률, 그리고 평균 득점과 실점에 관한 자료이다.
   (1) 표 9.2의 승률을 표현할 수 있는 그래프 방법을 설명하여라.
   (2) 표 9.2의 평균 득점에 대한 중심경향치를 구하여라.
   (3) 표 9.2의 평균 득점에 대한 산포도를 구하여라.
   (4) 표 9.2의 평균 득점에 대한 분포도를 구하여라.

3. 표 9.2의 평균 실점에 대한 중심경향치, 산포도 그리고 분포도를 구하여라.

4. 표 9.2의 승률에 대한 그래프를 그리고, 승률에 대한 중심경향치, 산포도 그리고 분포도를 구하여라.

5, 평균 실점과 득점, 그리고 승률에 대한 관계를 그래프를 이용하여 설명하라.

6. 한국항공대학교 비행제어연구실(지도교수 송용규)에서 두 회사(A, B)에서 생산되는 GPS 수신기의 위치를 시간에 따라 측정한 수평 축(x)과 수직 축(y)의 자료이다. 두 수신기의 오차를 수직(HE)과 수평(VE)축으로 계산한 결과도 표 9.3에 제시되었다.
   (1) A회사에서 생산된 GPS수신기의 각 좌표에 대한 기술통계학을 서술하라.
   (2) B회사에서 생산된 GPS수신기의 각 좌표에 대한 기술통계학을 서술하라.

표 9.2 L.A.다저스의 120년 기록

년도	승	패	승률	득점	실점
1901	79	57	0.581	5.43	4.38
1902	75	63	0.543	4	3.68
1903	70	66	0.515	4.8	4.91
1904	56	97	0.366	3.23	3.99
1905	48	104	0.316	3.26	5.21
1906	66	86	0.434	3.24	4.08
1907	65	83	0.439	2.92	3.41
1908	53	101	0.344	2.44	3.35
1909	55	98	0.359	2.86	4.05
1910	64	90	0.416	3.19	3.99
1911	64	86	0.427	3.5	4.28
1912	58	95	0.379	4.25	4.86
1913	65	84	0.436	3.91	4.03
1914	75	79	0.487	4.04	4.01
1915	80	72	0.526	3.48	3.64
1916	94	60	0.61	3.75	3.02
1917	70	81	0.464	3.28	3.58
1918	57	69	0.452	2.86	3.67
1919	69	71	0.493	3.72	3.64
1920	93	61	0.604	4.26	3.41
1921	77	75	0.507	4.39	4.48
1922	76	78	0.494	4.79	4.86
1923	76	78	0.494	4.86	4.78
1924	92	62	0.597	4.66	4.41
1925	68	85	0.444	5.14	5.66
1926	71	82	0.464	4.02	4.55
1927	65	88	0.425	3.51	4.02
1928	77	76	0.503	4.29	4.13
1929	70	83	0.458	4.93	5.8
1930	86	68	0.558	5.66	4.79
1931	79	73	0.52	4.45	4.4
1932	81	73	0.526	4.88	4.85
1933	65	88	0.425	3.93	4.43
1934	71	81	0.467	4.89	5.2
1935	70	83	0.458	4.62	4.98
1936	67	87	0.435	4.24	4.82
1937	62	91	0.405	3.97	4.98
1938	69	80	0.463	4.66	4.7
1939	84	69	0.549	4.51	4.11
1940	88	65	0.575	4.47	3.98
1941	100	54	0.649	5.1	3.7
1942	104	50	0.675	4.79	3.3
1943	81	72	0.529	4.68	4.41
1944	63	91	0.409	4.45	5.37
1945	87	67	0.565	5.13	4.67
1946	96	60	0.615	4.46	3.63
1947	94	60	0.61	4.99	4.3
1948	84	70	0.545	4.8	4.32
1949	97	57	0.63	5.63	4.17
1950	89	65	0.578	5.46	4.67
1951	97	60	0.618	5.41	4.25
1952	96	57	0.627	5	3.89
1953	105	49	0.682	6.16	4.45
1954	92	62	0.597	5.05	4.81
1955	98	55	0.641	5.56	4.22
1956	93	61	0.604	4.68	3.9
1957	84	70	0.545	4.48	3.84
1958	71	83	0.461	4.34	4.94
1959	88	68	0.564	4.52	4.29
1960	82	72	0,532	4.3	3.85
1961	89	65	0.578	4.77	4.53
1962	102	63	0.618	5.1	4.22
1963	99	63	0.611	3.93	3.37
1964	80	82	0.494	3.74	3.49
1965	97	65	0.599	3.75	3.22
1966	95	67	0.586	3.74	3.02
1967	73	89	0.451	3.2	3.67
1968	76	86	0.469	2.9	3.14
1969	85	77	0.525	3.98	3.46

년도	승	패	승률	득점	실점
1970	87	74	0.54	4.65	4.25
1971	89	73	0.549	4.09	3.62
1972	85	70	0.548	3.77	3.4
1973	95	66	0.59	4.17	3.49
1974	102	60	0.63	4.93	3.46
1975	88	74	0.543	4	3.3
1976	92	70	0.568	3.75	3.35
1977	98	64	0.605	4.75	3.59
1978	95	67	0.586	4.49	3.54
1979	79	83	0.488	4.56	4.43
1980	92	71	0.564	4.07	3.63
1981	63	47	0.573	4.09	3.24
1982	88	74	0.543	4.27	3.78
1983	91	71	0.562	4.01	3.74
1984	79	83	0.488	3.58	3.7
1985	95	67	0.586	4.21	3.57
1986	73	89	0.451	3.94	4.19
1987	73	89	0.451	3.92	4.17
1988	94	67	0.584	3.88	3.36
1989	77	83	0.481	3.46	3.35
1990	86	76	0.531	4.49	4.23
1991	93	69	0.574	4.1	3.49
1992	63	99	0.389	3.38	3.93
1993	81	81	0.5	4.17	4.09
1994	58	56	0.509	4.67	4.46
1995	78	66	0.542	4.4	4.23
1996	90	72	0.556	4.34	4.02
1997	88	74	0.543	4.58	3.98
1998	83	79	0.512	4.13	4.19
1999	77	85	0.475	4.9	4.86
2000	86	76	0.531	4.93	4.5
2001	86	76	0.531	4.68	4.59
2002	92	70	0.568	4.4	3.97
2003	85	77	0.525	3.54	3.43
2004	93	69	0.574	4.7	4.22
2005	71	91	0.438	4.23	4.66
2006	88	74	0.543	5.06	4.64
2007	82	80	0.506	4.54	4.49
2008	84	78	0.519	4.32	4
2009	95	67	0.586	4.81	3.77
2010	80	82	0.494	4.12	4.27
2011	82	79	0.509	4	3.8
2012	86	76	0.531	3.93	3.69
2013	92	70	0.568	4.01	3.59
2014	94	68	0.58	4.43	3.81
2015	92	70	0.568	4.12	3.67
2016	91	71	0.562	4.48	3.94
2017	104	58	0.642	4.75	3.58
2018	92	71	0.564	4.93	3.74
2019	106	56	0.654	5.47	3.78

표 9.3 GPS수신기의 자료

Time(sec)	GPSA(x)	GPSA(y)	GPSB(x)	GPSB(y)	HEA	HEB	VEA	VEB
1	-0.93233	2.3318	0.23506	1.0946	2.5113	1.1196	-4.0365	0.95483
2.001	-0.89898	2.2702	0.10163	1.2444	2.4417	1.2485	-3.9015	1.0848
3.002	-0.86562	2.2437	-0.00957	1.3237	2.4049	1.3237	-3.8465	1.1248
4.002	-0.89898	2.2702	-0.07629	1.3589	2.4417	1.3611	-3.8165	1.1048
5.003	-0.96569	2.3142	-0.05405	1.3149	2.5076	1.316	-3.8015	0.92483
6.004	-1.0658	2.4287	-0.03181	1.2885	2.6523	1.2888	-4.1665	0.85483
7.004	-1.0658	2.5345	-0.02069	1.2708	2.7494	1.271	-4.3215	0.81483
8.005	-1.088	2.5256	-0.00957	1.262	2.75	1.2621	-4.1415	0.79483
9.004	-1.1102	2.4904	-0.00957	1.2708	2.7267	1.2709	-4.0365	0.74483
10.006	-1.1102	2.3847	0.001552	1.2973	2.6305	1.2973	-3.8315	0.68483
11.007	-1.0658	2.3759	0.001552	1.3061	2.604	1.3061	-3.7915	0.66483
12.007	-1.0213	2.3494	-0.00957	1.3149	2.5618	1.3149	-3.7565	0.66483
13.008	-0.99905	2.3054	-0.02069	1.3237	2.5126	1.3239	-3.7465	0.61483
14.009	-0.96569	2.3054	-0.03181	1.3237	2.4995	1.3241	-3.7565	0.55483
15.01	-0.93233	2.323	-0.03181	1.3237	2.5031	1.3241	-3.7965	0.49483
16.01	-0.89898	2.3318	-0.04293	1.3237	2.4991	1.3244	-3.8565	0.43483
17.011	-0.86562	2.3494	-0.04293	1.3149	2.5038	1.3156	-3.8965	0.37483
18.012	-0.83226	2.3406	-0.04293	1.2973	2.4842	1.298	-3.8565	0.33483
19.012	-0.82114	2.3406	-0.04293	1.2885	2.4805	1.2892	-3.8265	0.28483
20.013	-0.81002	2.3406	-0.05405	1.2796	2.4768	1.2808	-3.7815	0.25483
21.011	-0.75442	2.3935	-0.05405	1.2708	2.5096	1.272	-3.7515	0.23483
22.014	-0.73218	2.3935	-0.05405	1.262	2.503	1.2632	-3.6765	0.19483
23.015	-0.72106	2.4111	-0.05405	1.262	2.5166	1.2632	-3.6265	0.17483
24.015	-0.69883	2.4375	-0.05405	1.2532	2.5357	1.2544	-3.5515	0.15483
25.016	-0.69883	2.464	-0.05405	1.2356	2.5612	1.2368	-3.5265	0.11483
26.017	-0.69883	2.4728	-0.05405	1.2268	2.5696	1.228	-3.5015	0.064833
27.016	-0.70994	2.4728	-0.05405	1.2092	2.5727	1.2104	-3.4965	0.014833
28.018	-0.72106	2.4816	-0.04293	1.2004	2.5842	1.2011	-3.5115	-0.00517
29.019	-0.75442	2.4992	-0.05405	1.1915	2.6106	1.1928	-3.5265	-0.01517
30.019	-0.81002	2.4904	-0.06517	1.1915	2.6188	1.1933	-3.5565	-0.02517
31.018	-0.86562	2.4728	-0.17636	1.1915	2.6199	1.2045	-3.6265	-0.14517
32.021	-0.87674	2.4552	-0.27644	1.1827	2.607	1.2146	-3.9965	-0.21517
33.019	-0.93233	2.3847	-0.33203	1.1651	2.5605	1.2115	-4.1715	-0.19517
34.022	-0.99905	2.3583	-0.37651	1.1034	2.5611	1.1659	-4.2265	-0.15517
35.021	-0.99905	2.3406	-0.39875	1.0682	2.5449	1.1402	-4.2565	-0.12517
36.023	-1.0102	2.2966	-0.39875	1.0418	2.5089	1.1155	-4.2565	-0.07517
37.024	-0.99905	2.279	-0.39875	1.0242	2.4883	1.099	-4.2415	-0.02517
38.024	-1.0213	2.2702	-0.39875	1.0153	2.4893	1.0908	-4.0915	0.024833
39.025	-1.0658	2.1821	-0.39875	1.0065	2.4284	1.0826	-3.8115	0.054833

40.026	-1.0658	2.0763	-0.39875	1.0065	2.3339	1.0826	-3.5865	0.074833
41.027	-1.0658	1.997	-0.39875	0.99772	2.2636	1.0745	-3.3915	0.094833
42.027	-1.0435	1.9089	-0.39875	0.99772	2.1755	1.0745	-3.1965	0.10483
43.028	-1.0102	1.8561	-0.39875	0.98891	2.1132	1.0663	-3.0365	0.12483
44.028	-0.97681	1.8208	-0.39875	0.98891	2.0663	1.0663	-2.9015	0.13483
45.029	-0.93233	1.768	-0.39875	0.9801	1.9987	1.0581	-2.7465	0.14483
46.03	-0.87674	1.7327	-0.39875	0.9801	1.9419	1.0581	-2.6165	0.16483
47.031	-0.82114	1.6887	-0.39875	0.97129	1.8777	1.05	-2.4965	0.17483
48.031	-0.72106	1.6975	-0.39875	0.97129	1.8443	1.05	-2.4265	0.18483
49.032	-0.63211	1.6623	-0.39875	0.96248	1.7784	1.0418	-2.3515	0.19483
50.032	-0.53203	1.6534	-0.39875	0.96248	1.7369	1.0418	-2.2665	0.20483
51.033	-0.42084	1.6446	-0.39875	0.96248	1.6976	1.0418	-2.1515	0.20483
52.034	-0.35412	1.5918	-0.39875	0.95367	1.6307	1.0337	-2.0165	0.21483
53.034	-0.27628	1.5477	-0.38763	0.95367	1.5722	1.0294	-1.9015	0.22483
54.035	-0.20957	1.5037	-0.38763	0.94486	1.5182	1.0213	-1.7865	0.23483
55.035	-0.15397	1.4684	-0.38763	0.94486	1.4765	1.0213	-1.6815	0.23483
56.034	-0.12061	1.4508	-0.38763	0.94486	1.4558	1.0213	-1.5965	0.24483
57.037	-0.07613	1.4156	-0.38763	0.94486	1.4176	1.0213	-1.4815	0.24483
58.037	-0.0539	1.3891	-0.38763	0.94486	1.3902	1.0213	-1.3615	0.25483
59.038	0.012822	1.3627	-0.38763	0.93605	1.3628	1.0131	-1.2365	0.25483
60.039	0.1129	1.301	-0.38763	0.93605	1.3059	1.0131	-1.1265	0.26483
61.039	0.22409	1.2658	-0.37651	0.94486	1.2855	1.0171	-1.0365	0.26483
62.038	0.30193	1.2217	-0.37651	0.94486	1.2585	1.0171	-0.94654	0.27483
63.041	0.35753	1.1953	-0.37651	0.94486	1.2476	1.0171	-0.85154	0.27483
64.041	0.37977	1.1689	-0.37651	0.94486	1.229	1.0171	-0.77154	0.27483
65.042	0.42424	1.1336	-0.37651	0.94486	1.2104	1.0171	-0.64154	0.28483
66.043	0.49096	1.0896	-0.37651	0.94486	1.1951	1.0171	-0.52654	0.28483
67.043	0.52432	1.0544	-0.37651	0.95367	1.1775	1.0253	-0.41154	0.28483
68.042	0.55768	1.0103	-0.37651	0.95367	1.154	1.0253	-0.29154	0.28483
69.045	0.61327	0.99268	-0.37651	0.95367	1.1668	1.0253	-0.21654	0.29483
70.045	0.61327	0.98387	-0.36539	0.95367	1.1594	1.0213	-0.14654	0.29483
71.046	0.59104	0.99268	-0.36539	0.95367	1.1553	1.0213	-0.08154	0.29483
72.047	0.59104	0.98387	-0.36539	0.95367	1.1478	1.0213	-0.02654	0.29483
73.048	0.60216	0.96625	-0.35427	0.95367	1.1385	1.0173	0.033462	0.30483
74.048	0.59104	0.97506	-0.35427	0.95367	1.1402	1.0173	0.10346	0.30483
75.049	0.57992	0.98387	-0.35427	0.95367	1.1421	1.0173	0.15846	0.30483
76.047	0.55768	1.0015	-0.34315	0.95367	1.1463	1.0135	0.18346	0.30483
77.05	0.54656	0.99268	-0.34315	0.95367	1.1332	1.0135	0.16846	0.31483
78.051	0.54656	0.96625	-0.34315	0.95367	1.1101	1.0135	0.18346	0.31483
79.052	0.54656	0.99268	-0.34315	0.95367	1.1332	1.0135	0.14846	0.31483
80.05	0.55768	1.0279	-0.33203	0.96248	1.1695	1.0181	0.048462	0.31483

81.053	0.57992	1.0455	-0.33203	0.96248	1.1956	1.0181	-0.06154	0.31483
82.054	0.55768	0.97506	-0.33203	0.96248	1.1233	1.0181	-0.10154	0.31483
83.054	0.53544	0.91339	-0.33203	0.96248	1.0588	1.0181	-0.13654	0.31483
84.055	0.52432	0.85172	-0.33203	0.96248	1.0002	1.0181	-0.13654	0.31483
85.053	0.5132	0.79005	-0.32091	0.96248	0.9421	1.0146	-0.11654	0.31483
86.056	0.52432	0.73719	-0.32091	0.96248	0.90463	1.0146	-0.12154	0.30483
87.056	0.49096	0.68433	-0.32091	0.97129	0.84223	1.0229	-0.11654	0.30483
88.057	0.49096	0.64028	-0.32091	0.97129	0.80685	1.0229	-0.12154	0.30483
89.058	0.49096	0.62266	-0.32091	0.97129	0.79293	1.0229	-0.15654	0.30483
90.059	0.46872	0.56099	-0.32091	0.97129	0.73103	1.0229	-0.14154	0.30483
91.057	0.42424	0.4817	-0.32091	0.97129	0.64188	1.0229	-0.09154	0.30483
92.06	0.39088	0.40241	-0.32091	0.97129	0.561	1.0229	-0.03154	0.29483
93.06	0.37977	0.34073	-0.30979	0.97129	0.51022	1.0195	0.033462	0.29483
94.061	0.42424	0.32311	-0.30979	0.97129	0.53328	1.0195	-0.01654	0.29483
95.062	0.49096	0.3143	-0.30979	0.97129	0.58295	1.0195	-0.05654	0.29483
96.062	0.49096	0.32311	-0.30979	0.9801	0.58775	1.0279	-0.22154	0.29483
97.063	0.4576	0.27025	-0.30979	0.9801	0.53145	1.0279	-0.24654	0.28483
98.063	0.42424	0.24382	-0.30979	0.9801	0.48932	1.0279	-0.28654	0.28483
99.065	0.42424	0.2262	-0.30979	0.9801	0.48078	1.0279	-0.26654	0.28483
100.06	0.4576	0.25263	-0.30979	0.9801	0.52271	1.0279	-0.32154	0.28483
101.07	0.4576	0.24382	-0.30979	0.9801	0.51851	1.0279	-0.33154	0.28483
102.07	0.44648	0.23501	-0.29867	0.9801	0.50456	1.0246	-0.34154	0.28483
103.06	0.42424	0.24382	-0.29867	0.9801	0.48932	1.0246	-0.35154	0.27483
104.07	0.42424	0.25263	-0.29867	0.9801	0.49377	1.0246	-0.38154	0.27483
105.07	0.402	0.25263	-0.29867	0.9801	0.4748	1.0246	-0.32654	0.27483
106.07	0.41312	0.24382	-0.29867	0.9801	0.47971	1.0246	-0.25654	0.27483
107.07	0.41312	0.23501	-0.29867	0.9801	0.47529	1.0246	-0.18654	0.27483
108.07	0.402	0.2262	-0.29867	0.9801	0.46128	1.0246	-0.12154	0.26483
109.07	0.402	0.20858	-0.28756	0.9801	0.4529	1.0214	-0.05654	0.26483
110.07	0.42424	0.20858	-0.28756	0.9801	0.47275	1.0214	0.008462	0.26483
111.07	0.4576	0.20858	-0.28756	0.9801	0.5029	1.0214	0.063462	0.26483
112.07	0.49096	0.21739	-0.28756	0.9801	0.53694	1.0214	0.10846	0.26483
113.07	0.55768	0.21739	-0.28756	0.9801	0.59855	1.0214	0.15846	0.26483
114.07	0.60215	0.2262	-0.28756	0.9801	0.64324	1.0214	0.20846	0.26483
115.07	0.65775	0.25263	-0.27644	0.9801	0.7046	1.0183	0.25346	0.26483
116.08	0.72447	0.28787	-0.27644	0.9801	0.77957	1.0183	0.30346	0.25483
117.08	0.75783	0.3143	-0.27644	0.9801	0.82042	1.0183	0.35346	0.25483
118.08	0.80231	0.34073	-0.27644	0.97129	0.87166	1.0099	0.37346	0.25483
119.08	0.84678	0.3936	-0.27644	0.97129	0.93379	1.0099	0.33846	0.25483
120.08	0.90238	0.47289	-0.27644	0.97129	1.0188	1.0099	0.24846	0.25483

9.2 통계적 추론

기술통계학은 표본에 대한 정보를 그래프와 통계량의 값을 이용하여 정리한 것이다. 통계학의 주된 관심은 모집단의 정보를 객관적이고 합리적인 방법으로 추론하는 것이다. 통계적으로 추론을 하는 방법에는 모집단의 미지 모수를 직접 추정하는 것과 모수에 대한 가설을 검정하는 방법이다. 전자를 **통계적인 추정**(statistical estimation)이라고 하고, 후자를 가설검정이라고 한다. 본 절에서는 통계적인 추정과 **가설검정**(test of hypothesis)을 설명하기 위하여 표 9.1의 이륙과 상승의 조작에 대한 자료를 이용한다. 통계적인 추정을 위해 아래 표의 모집단의 정보인 **모수**(parameter)와 표본의 정보인 **추정치**(estimator)을 구분하는 것이 필요하다.

	평균	분산	표준편차
Parameter	μ	σ^2	σ
Estimator	$\overline{x_n}$	s^2	s

9.2.1 모수의 추정

모집단의 정보인 모수를 표본의 자료에 대한 함수인 통계량의 값인 추정치로 추론하는 것이 추정이다. 즉, 훈련생의 이륙과 상승의 조작에 대한 값(μ 혹은 σ^2)을 훈련생 62명의 값($\overline{x_n}$ 혹은 s^2)으로 추론하는 것이다. 표본 평균을 모집단의 평균으로 표본 분산을 모집단의 분산으로 추정하는 방법을 **점추정**(point estimation)이라 한다. 우리가 알 수 없는 값인 모수를 우리가 계산한 값으로 합리적인 추론을 하기 위해 몇 가지 성질을 생각해야 한다. 통계량의 기댓값이 모수와 같은 가?(불편성) 선택된 통계량의 분산이 다른 통계량보다 작은가?(효율성) 표본의 크기가 늘어나면 통계량은 모수의 값에 수렴하는가?(일치성) 그리고 동일한 표본에서 주어진 통계량이 가장 많은 정보를 제공하고 있는가?(충족성)을 생각해야 한다. 이것은 부분인 표본의 정보로 모집단의 정보를 추론하는 것은 결코 쉽지 않다는 것을 보여주고 있다.

표본평균에 대한 표준오차는 $\frac{s}{\sqrt{n}}$이다. 표준오차가 0이 되기 위해서는 표본의 크기 즉, 자료의 수가 많아야 한다. 이것은 점추정이 가지는 약점이라 할 수 있다. 그래서 표본의 수를 적절히 조정하면서 모수가 포함될 범위를 설정하는 것도 점추정의 약점을 극복할 수 있는 하나의 방법이다. 이것을 **구간추정**(interval estimation)이라고 한다. 본 절에서는 모집단의 평균에 대한 구간 추정만 설명한다.

평균이 μ인 모집단에서 선택된 표본의 평균 $\overline{X}_n$과 분산 s^2을 이용하여 모평균 μ을 포함하는 구간으로 폐구간 혹은 닫힌구간(closed interval) $\left[L_{\hat{\mu}}, U_{\hat{\mu}}\right]$을 생각하자. 구간 $CI(\mu) \equiv \left[L_{\hat{\mu}}, U_{\hat{\mu}}\right]$의 길이(length) $d_{CI(\mu)}$가 길면 모평균 μ는 구간 $CI(\mu)$에 포함될 확률은 1에 가까울 것이다. 또한, 길이 $d_{CI(\mu)}$가 0에 근접하면 구간 $CI(\mu)$가 모평균 μ을 포함할 확률은 0에 가까울 것이다. 따라서 구간 $\left[L_{\hat{\mu}}, U_{\hat{\mu}}\right]$의 길이를 조절하여 모평균 μ가 포함될 확률을 결정할 필요가 있다. 이것을 위해 자유도가 $n-1$인 t-분포를 따르는 표본 평균 $\overline{X}_n$과 표본 표준 편차 s를 사용한 통계량이 필요하다. 즉,

$$\frac{\overline{X}_n - \mu}{s/\sqrt{n}} \sim t(n-1)$$

이다. 표본을 통해 결정한 구간 $\left[L_{\hat{\mu}}, U_{\hat{\mu}}\right]$의 신뢰도는 모평균 μ가 구간 $CI(\mu)$에 포함될 확률로 정할 수 있다. 구간 $\left[L_{\hat{\mu}}, U_{\hat{\mu}}\right]$가 모평균 μ을 포함할 확률이 $(1-\alpha)$가 되도록 하는 것은 자유도가 $n-1$인 t-분포로 가능하다. 즉,

$$p\left(|\overline{X}_n - \mu| < t_{\frac{\alpha}{2}}(n-1) \cdot \frac{s}{\sqrt{n}}\right) = 1-\alpha$$

을 이용하여 $CI_{(1-\alpha)}(\mu) = \left[\overline{x_n} - t_{\frac{\alpha}{2}}(n-1) \cdot \frac{s}{\sqrt{n}},\ \overline{x_n} + t_{\frac{\alpha}{2}}(n-1) \cdot \frac{s}{\sqrt{n}}\right]$을 유도할 수 있다. 모평균 μ에 대한 신뢰도(degree of confidence) $(1-\alpha)100\%$인 신뢰구간(confidence interval) $CI_{1-\alpha}(\mu)$에 대한 의미를 그림 9.2가 보여주고 있다. 즉, 모평균 μ에 대한 95% 신뢰구간이란 동일한 환경에서 100번을 조사하였을 때, 표본을 이용한 신뢰구간 $CI_{0.95}(\mu)$가 모평균 μ을 95번는 포함한다는 것이다. 따라서 α의 값이 낮을수록 신뢰구간의 길이는 증가한다는 것을 알 수 있다. 일반적으로 α의 값은 0.01, 0.05, 그리고 0.1을 사용한다.

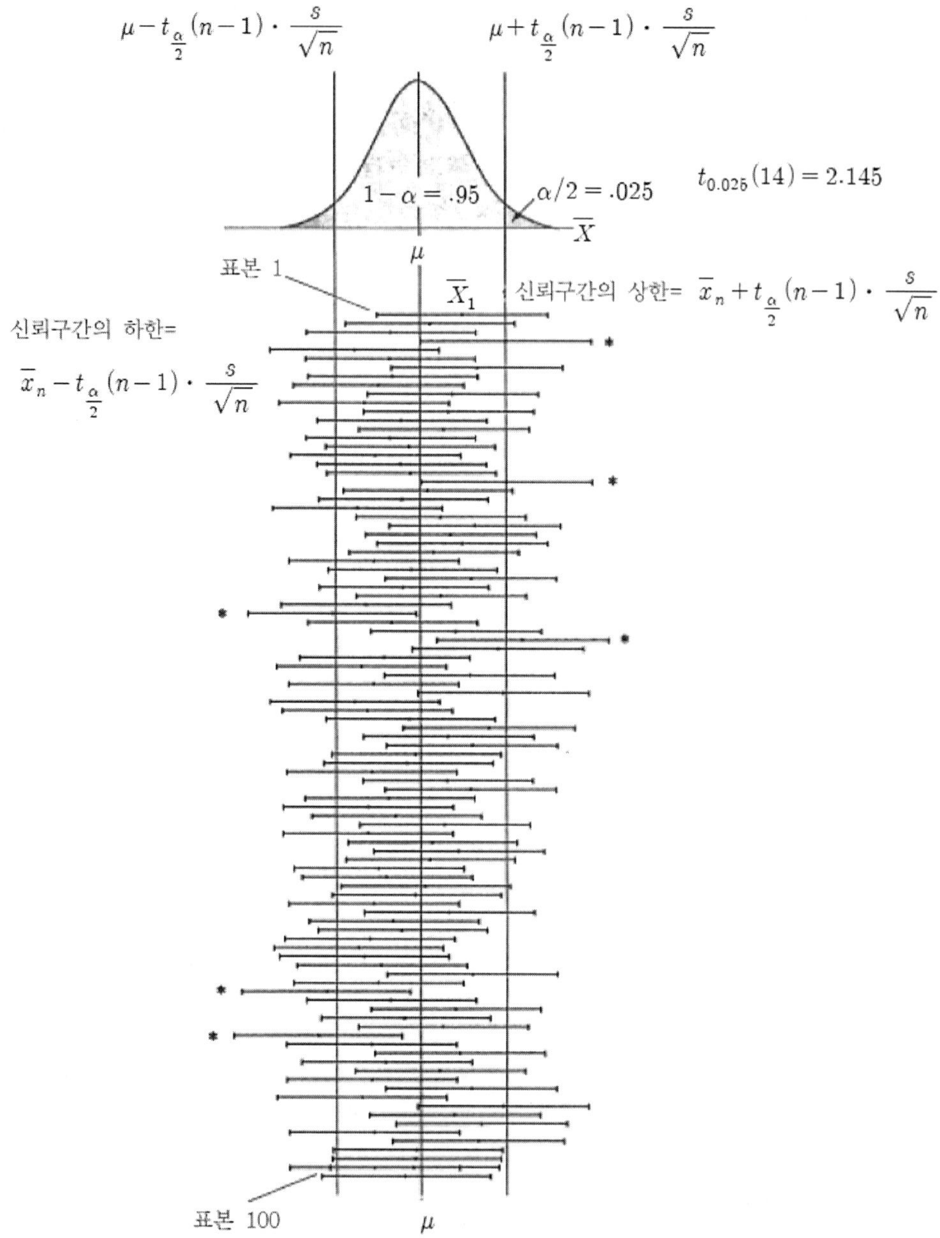

그림 9.2 95% 신뢰수준의 의미(원래 값이 없어짐 위쪽에 수식 확인요)

$$\mu - t_{\frac{\alpha}{2}}(n-1) \cdot \frac{s}{\sqrt{n}} \qquad \mu + t_{\frac{\alpha}{2}}(n-1) \cdot \frac{s}{\sqrt{n}}$$

예제 9.11 크기가 15개인 표본의 평균이 98.867이고 표준 편차가 20.038일 때, 모평균 μ 에 대한 95% 신뢰구간 $CI_{0.95}(\mu)$을 구하여라. 단, $t_{0.025}(14) = 2.145$이다.

풀이

$$CI_{0.95}(\mu) = \left[98.867 - 2.145 \cdot \frac{20.038}{\sqrt{15}},\ 98.867 + 2.145 \cdot \frac{20.038}{\sqrt{15}}\right] = [87.77,\ 109.96]$$

Excel을 이용한 t-분포의 값은 $t_\alpha(n-1)$=tinv($2\alpha, n-1$)이다.

즉, $t_\alpha(14)$=tinv(2α,14)을 이용하여 $t_{0.025}(14) = 2.145$을 구할 수 있다.

예제 9.12 훈련생들이 한 번에 책상에 앉아 집중하는 시간을 조사하였다. 12명의 평균 시간은 66.3분이고 표준편차는 8.4분이었다. $t_{0.025}(11) = 2.201$일 때, 모평균 μ에 대한 95% 신뢰구간 $CI_{0.95}(\mu)$을 구하여라.

답: $CI_{0.95}(\mu) = [60.96,\ 71.64]$

〈참고〉 모집단의 분산 σ^2이 알려진 경우에는 모평균 μ에 대한 신뢰도(degree of confidence) $(1-\alpha)100\%$인 신뢰구간(confidence interval) $CI_{1-\alpha}(\mu)$은 **정규분포**(normal distribution)을 사용한다. 분산 σ^2이 알려진 경우 $(1-\alpha)100\%$인 신뢰구간은

$$CI_{(1-\alpha)}(\mu) = \left[\overline{x_n} - z_{\frac{\alpha}{2}} \cdot \frac{\sigma}{\sqrt{n}},\ \overline{x_n} + z_{\frac{\alpha}{2}} \cdot \frac{\sigma}{\sqrt{n}}\right]$$

와 같다. 모수의 추정을 정리하면 아래와 같다

➔ Statistical inference

- General Assumption: Let $X_i (i = 1,\cdots,n)$ be random samples of size n from the population $f(x,\theta)$.

➔ Point estimation

- The function $d(X_1, X_2, \cdots, X_n)$ is an estimator for the parameter θ if $\hat{\theta} = d(X_1, X_2, \cdots, X_n)$.
- The value $d(x_1, x_2, \cdots, x_n)$ is called estimate.

  Ex. Let $\{X_i : i = 1,\cdots,n\}$ be random sample of size n.

  $\overline{X} = \sum_{i=1}^{n} X_i$: sample mean, $S^2 = \sum_{i=1}^{n} (X_i - \overline{X})^2$: sample variance.

➔ Interval Estimation

- Confidence interval is a interval of values used to estimate the parameter with a degree of confidence, such as 0.95(or 95%).
- Let $\hat{\theta}_l$ and $\hat{\theta}_u$ be estimates about the parameter. An interval $(\hat{\theta}_l, \hat{\theta}_u)$ is a $(1-\alpha)100\%$ confidence interval for θ if $P(\hat{\theta}_l < \theta < \hat{\theta}_u) = 1-\alpha$, where $0<\alpha<1$. In this case $1-\alpha$ and $\hat{\theta}_l(\hat{\theta}_u)$ are called the degree of confident and lower(upper) confidence limits.

9.2.2 모수에 대한 가설 검정

표본의 정보를 이용하여 모집단의 정보를 추론하는 방법에는 점추정이나 구간추정과 같은 추정이 있다. 그러나 점추정은 가능하면 표본의 수가 많아야 하고, 구간추정은 특정한 값을 표현할 수 없다.

표본의 수가 많지 않으면서 모집단의 정보를 특정한 값으로 표현할 방법이 있다. 우리가 모집단 정보를 특정한 값으로 가정하고, 선택된 표본을 이용하여 가설이 참인지 거짓인지 판단하는 것이다. 모집단의 정보를 가설하고 표본을 이용하여 가설이 참인지 혹은 거짓인지를 판단하는 것을 **통계적인 가설검정**(statistical test of hypotheses)이라 한다. 가설검정의 절차는 표 9.3와 같다.

표 9.3 통계적인 가설검정 절차

1. 모집단의 정보에 대한 귀무가설과 대립가설 설정
2. 모집단의 정보를 추정할 표본의 검정추정량 선택
3. 귀무가설이 사실일 때, 표본이 귀무가설을 받아들이지 확률을 결정
4. p − 값을 이용한 귀무가설을 채택 혹은 기각을 결정
5. 통계적인 문제에 대한 결론

1단계: 모수에 대한 가설

통계학에서 관심은 모수이다. 모수에 대한 가설은 2가지가 있다. 모수의 값을 특정한 값으로 지정하는 경우(H_o)와 모수가 특정한 값으로 정할 수 없는 경우(H_1)이다. 전자를 **귀무가설**(null hypothesis)이라고 하고 후자를 **대립가설**(alternative hypothesis)이라고 한다.

$$H_o : \mu = \mu_o \text{ v.s } H_1 : \mu \neq \mu_o$$

가설검정에서는 귀무가설을 채택하거나 기각하는 것을 중심으로 설명한다. 그리고 귀무가설은 양측검정 $H_1 : \mu \neq \mu_o$와 다르게 단측검정 $H_1 : \mu < \mu_o$나 혹은 $H_1 : \mu > \mu_o$을 사용하기도 한다.

2단계: 모수를 추정할 통계량

모집단의 정보인 모수를 추정하기 위해 표본의 함수인 통계량을 결정해야 한다. 통계적인 분석에서 적절한 통계량을 유도하는 것은 중요하다. 본 절에서는 모집단의 평균에 대한 가설을 검정함으로 표본평균 $\overline{X}_n = \frac{1}{n}\sum_{i=1}^{n} X_i$을 **검정통계량**(test statistics)으로 사용한다.

3단계: 유의수준 결정

가설검정은 표본을 이용하여 모집단의 정보인 모수에 대한 가설을 판단하는 것이다. 표본에 근거한 결정이 항상 모집단의 정보를 정확하게 추론하는 것이 아니다. 그래서 표 9.4와 같은 오류가 발생할 수 있다. 1종 오류가 발생할 확률을 **유의수준**(level of significant)이라고 하고, $\alpha = P(reject\ H_{o:}H_o\ is\ true)$와 같이 표시한다.

표 9.4 1종 오류와 2종 오류

		모집단	
		H_o 참	H_o 거짓
표본	H_o 채택	바른 결정	2종 오류
	H_o 기각	1종 오류	바른 결정

4단계: $p-$값과 채택 혹은 기각 결정

$p-$값은 귀무가설이 사실일 때, 검정통계량이 현재 표본의 추정량과 다른 확률을 계산한 값으로 $p-value = p(\overline{X}_n \neq \overline{x}_n : H_o\ is\ true)$와 같다. 일반적으로 유의수준은 실험을 실시하기 전에 계획하는 값이고, $p-$값은 자료에 근거한 오류이다. 따라서 유의수준이 $p-$값보다 크면 귀무가설이 옳다는 주장이 합당하지 않을 수 있다. 결론적으로

$$\text{만약 } \alpha < p-value \text{이면, 귀무가설}(H_o)\text{을 기각한다.}$$

최근 통계처리 프로그램은 대립가설이 양측검정 $H_1 : \mu \neq \mu_o$ 중심으로 $p-$값을 출력한다. 만약 $H_1 : \mu < \mu_o$나 혹은 $H_1 : \mu > \mu_o$와 같이 단측검정을 사용하는 경우에는 컴퓨터에서

출력된 값을 2로 나누면 된다. $p-$값은

$$P\left(\frac{\overline{X}_n-\mu_o}{s/\sqrt{n}}\neq\frac{\overline{x}_n-\mu_o}{s/\sqrt{n}}\right)=2p(t(n-1)<-t_o),\ t_o=\frac{\overline{x}_n-\mu_o}{s/\sqrt{n}}$$

와 같이 자유도가 $n-1$인 t 분포의 역값(inverse value)을 이용하여 구할 수 있다. Excel에서는 $p(t(n-1)\leq a)$=T.DIST(a,$n-1$,1)을 사용하면 된다.

역누적확률: $t_\alpha(n-1)$=TINV(2α,$n-1$)

5단계: 결론을 설명하기

통계학에서 가장 중요한 것은 모집단에 대한 주장을 설명하는 것이다. 따라서 4단계의 판정을 이용하여 결론을 잘 설명할 필요가 있다.

예제 9.13 무인기 조종사 훈련생 20명의 실기점수는

250 221 231 287 284 231 226 253 244 220

230 239 263 215 260 260 220 277 241 214

와 같았다. 훈련생의 실기점수 평균이 249.2라고 할 수 있는지를 유의수준 $\alpha=0.05$에서 판단하라.

풀이 가설 $H_o:\mu=249.2$ v.s $H_1:\mu\neq249.2$

$$\alpha=0.05>p-\text{값}=p\left(\frac{\overline{X}_n-249.2}{24.62/\sqrt{20}}\neq\frac{243.2-249.2}{24.62/\sqrt{20}}\right)=2p(t(19)<-1.09)=0.29.$$

$p(t(19)<-1.09)$=T.DIST(−1.09, 19, 1)=0.145.

모평균이 249.2이라는 귀무가설을 기각할 수 없다. 그림 9.3 참조.

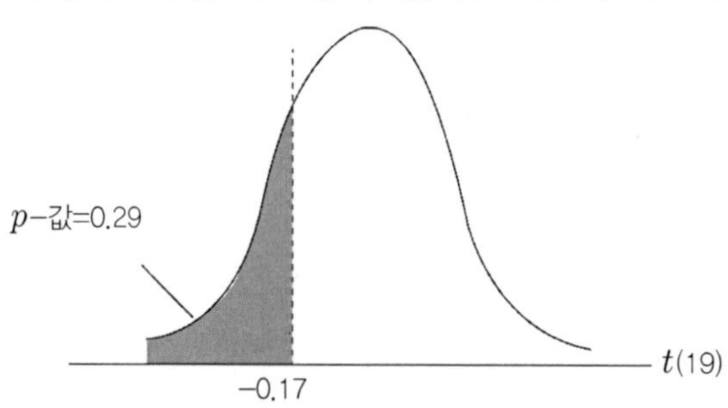

그림 9.3 $p-$값의 의미

예제 9.14 훈련생들이 사용하는 전동킥보드의 무게(단위 kg)를 측정한 결과는

7.07 7.00 7.10 6.97 7.00 7.03 7.01 7.01 6.98 7.08

과 같았다. 전동킥보드의 무게가 7kg이라고 할 수 있는가?

풀이 $H_o : \mu = 249.2$ v.s $H_1 : \mu \neq 249.2$

$\alpha = 0.05 > p-$값$=p\left(\dfrac{\overline{X}_n - 7}{0.044/\sqrt{10}} \neq \dfrac{7.025-7}{0.044/\sqrt{10}}\right)=2p(t(9) < -1.798)=0.106$이므로,

모평균이 7이라는 귀무가설을 기각할 수 없다.

$p(t(9) < -1.798)$=T.DIST(−1.798, 9, 1)=0.053.

예제 9.15 훈련생 30명의 공중 점프력(단위 cm)을 조사한 결과 평균은 154.7667이고 표준편차는 4.847였다. 훈련생의 공중 점프력이 152cm라고 할 수 있는가?

답: $t-value = 3.13, p-value = 0.004$

모평균이 152cm이라는 가설이 기각됨으로, 점프력은 152cm보다 높다고 할 수 있다.

$p(t(29) < -3.13)$=T.DIST(−3.13, 29, 1)=0.002.

〈참고〉 모집단의 분산 σ^2이 알려진 경우에는 추정법과 동일하게 t 분포가 아닌 정규분포를 사용한다. 모수의 가설 검정에 대한 것을 정리하면 아래와 같다.

➔ Hypothesis Testing

– Statistical tests of hypotheses

Simple hypothesis: $\theta = 0.9$

Composite Hypothesis: $\theta \leq 0.9,\ \theta \geq 0.9$.

➔ Five–Steps Hypothesis Testing Procedure

a. State the hypotheses.

Null hypothesis $H_o : \mu = \mu_o (\mu_o = 0.9)$.

Alternative hypothesis $H_1 : \mu \neq \mu_o (\mu > \mu_o, \mu < \mu_o)$.

Two(one)–sided alternative: $\mu \neq \mu_o (\mu > \mu_o, \mu < \mu_o)$.

b. State the test statistic. $\overline{X_n}$, $\hat{P}$, S^2....

c. Choose a significant level(level of significants) of size α or a critical region.

		Population	
		H_o is true	H_1 is true
Accepted (Sample)	Accept H_o	Correct decision	Type Ⅱ error
	Reject H_o	Type Ⅰ error	Correct decision

$\alpha = P(reject\ H_o : H_o\ is\ true) = P$ (Type I error).

$\beta = P(accept\ H_o : H_1\ is\ true) = P$ (Type II error).

$\beta(\mu^*) = P(accept\ H_o : H_1\ is\ true) = P(accept\ H_o : \mu_o = \mu^*)$: Operating curve.

Power of the test=$1-\beta$.

d. State the decision rule.

* Reject H_o(accept $H_1 : \mu > \mu_o$) if $S_n > z_\alpha$.

Reject H_o(accept $H_1 : \mu < \mu_o$) if $S_n < -z_\alpha$.

Reject H_o(accept $H_1 : \mu \neq \mu_o$) if $S_n > z_{\frac{\alpha}{2}}$ or $S_n < -z_{\frac{\alpha}{2}}$.

* Calculate the p−value which means probability that the test statistic will take on a value at least as extreme as the observed value of the statistic when null hypothesis is true.

p−value: the lowest level of significant.

* Let $z_o = g(x_1, \cdots, x_n)$ be the observed value for the test statistic.

p_u−value=$P(g(X_1, \cdots, X_n) \geq z_o : H_o\ is\ true)$(upper tail test).

p_l−value=$P(g(X_1, \cdots, X_n) \leq z_o : H_o\ is\ true)$(lower tail test).

p−value=2*p_u−value=$2(1-P(-z_o \leq g(X_1, \cdots, X_n) \leq z_o : H_o\ is\ true))$ (two tail).

Reject H_o if p−value is less than or equal to the level of significant α(p−value $\leq \alpha$).

f. Reach conclusions.

연습문제 9.2

1. 1절 연습문제 1번에 사용한 자료를 이용하여 점추정, 구간추정, 그리고 가설검정을 설명하여라.

2. 어떤 화학물질의 농도를 조사한 결과는

   7.07 7.00 7.10 6.97 7.00 7.03 7.01 7.01 6.98 7.08

   과 같았다. 농도에 대한 점추정 값과 95%신뢰구간을 구하고, 가설 $\mu = 7.0$에 대한 검정을 하여라.

3. 표 9.1에서 주어진 공중 조작을 이용하여 점추정과 구간추정에 대하여 설명하여라.

4. 표 9.2에서 주어진 야구팀의 승률을 이용하여 통계적인 가설과 검정에 대하여 설명하여라.

5. 표 9.1이나 혹은 표 9.2에서 주어진 자료를 이용하여 신뢰구간과 가설검정 사이의 연관성을 설명하여라.

6. 1절의 연습문제에서 제시된 표 9.3의 오차의 자료를 이용하여 통계적인 추론에 대하여 설명하라.

○ 제 10 장 ○

확률과정(Stochastic Process)

사회나 자연에서 발생하는 문제를 패턴화하거나 혹은 모형화를 할 때, 선택적 문제로 발생하는 불확실성은 **임의성**(random)으로 표현된다. 임의성이 내포된 통계적인 모형이 고정된 시간이나 고정된 장소에서만 발생하는 것이 아니다. 무인기 조종사 시험에 응시하는 사람들의 자격증 종류의 비율은 계절에 따라 변할 수 있다. 그리고 중학생들의 신체처럼 훈련생들의 신체 조건도 시간의 흐름에 따라 변할 수 있다. 시간에 따라 변하는 통계적인 현상에 대한 집합을 **확률과정**(stochastic process)이라고 한다. 즉, 표본공간에서 실수로 가는 함수인 확률변수 $X:\Omega\to R$를 시간에 따라 표현하는 것이 확률과정이다.

정의 10.1 확률과정

확률공간 (probability space) (Ω, P)과 시간공간(T) 그리고 상태공간(S)에 대하여 $\Omega\times T$에서 S로 가는 함수 $X:\Omega\times T\to S$를 이용하여 $\{X_t : t\in T\}$를 확률과정이라 한다. $X_t(\omega)$은 상태공간의 원소이고 $X(\cdot\ ,t)\equiv X_t(\cdot\ )$라 표시한다. 특히, X_0을 확률과정의 **초기 상태**(initial state)라고 한다.

예제 10.1 무인기 조종사 훈련원에서는 훈련생들의 신체적인 상태를 {아주 좋음, 좋음, 보통, 나쁨, 아주 나쁨}와 같이 매일 기록한다. 이 기록에서 상태공간은 {아주 좋음, 좋음, 보통, 나쁨, 아주 나쁨}이고, 시간공간은 일자가 된다. 또 실기시험을 하는 날의 날씨를 {맑음, 구름, 비}와 같이 기록한다면 {맑음, 구름, 비}가 상태공간이 된다. 그리고 실기시험 결과에서도 {만족, 불만족}도 상태공간이 된다.

예제 10.2 서울에서 강릉으로 여행하였을 때, 찾을 수 있는 확률과정에 대해 말하여라.
답: 강릉으로 가는 고속도로 상황 {원활, 지체, 정체}

확률실험의 결과인 집합인 상태공간(S)과 시간을 표현하는 시간공간(T)을 이용하여 표현되는 확률과정은 상태공간과 시간공간에 따라 표 10.1과 같이 분류할 수 있다.

표 10.1 확률과정의 분류

		시간공간	
		이산형	연속형
상태공간	이산형	단순확률보행 마코프연쇄	마코프과정 생사과정
	연속형		브라운운동 확산과정

표 10.1에 언급된 확률과정에서 **브라운운동**(Brownian motion)과 **확산과정**(Diffusion process)은 상태공간과 시간공간이 모두 연속형이다. 1827년 스코틀랜드 식물학자 브라운(R. Brown)가 제안한 브라운운동은 액체나 기체 속에서 불규칙하게 운동하는 미소 입자들의 운동을 설명한다. 또한, **단순확률보행**(simple random walk)은 로봇의 움직임이나 개인 혹은 공동체 그리고 국가의 자산 형태를 설명할 때, 사용할 수 있다. 본 장에서는 사회와 공학 분야에서 많이 응용되고 있는 **마코프연쇄**(Markov chain)를 설명한다.

10.1 마코브연쇄

확률과정에서 현재의 상태가 과거로부터 독립적일 수 있다. 과거부터 독립적인 확률과정은 수학적으로 모형화하기가 어렵다. 그 이유는 오늘의 상태를 어제의 상태로부터 예측할 수 없기 때문이다. 그러나 확률과정에서 과거로부터 종속적인 경우가 있다. 사람들의 감정이나 신체지수 혹은 운동선수의 기록 그리고 무인기의 위치 등 현재의 상태가 과거의 상태에서 자유롭지 못하는 경우를 우리는 쉽게 생각할 수 있다.

조종사 훈련생의 신체 상태를 월요일(M), 화요일(Tu), 수요일(W) 그리고 목요일(T)까지 조사하니 나쁨(b), 나쁨(b), 보통(a), 그리고 좋음(g)으로 기록되었다. 금요일 훈련상태는 좋음이나 혹은 보통일 가능성이 다른 상태보다 높을 수 있다. 그 이유는 목요일의 상태가 좋음이기 때문이다. 과거의 상태가 현재의 상태에 영향을 주는 확률과정에서 바로 직전의

상태에만 영향을 받는 경우가 있다. 즉,

$$P[X_F = x_f : X_T = g, X_W = a, X_{Tu} = b, X_M = b] = P[X_F = x_f : X_T = g]$$

와 같은 경우이다. 이와같이 확률과정 상태가 바로 직전의 상태에만 영향을 받는 성질을 **마코프성질**(Markov property)라고 한다. 상태공간과 시간공간이 모두 이산형이고 마코프 성질을 만족하는 확률과정을 마코프연쇄라고 한다.

정의 10.2 마코브연쇄

상태공간 $S=\{x_k : k\in Z\}$과 시간공간 $T=\{t_k : k=0,1,2,\cdots\}$에 대하여

$$P[X_{t_n} = x_n : X_{t_{n-1}} = x_{n-1}, X_{t_{n-2}} = x_{n-2}, \cdots, X_{t_{n-a}} = x_{n-a}] = P[X_{t_n} = x_n : X_{t_{n-1}} = x_{n-1}]$$

을 만족하는 확률과정 $\{X_t : t\in T\}$을 마코프연쇄라고 한다.

마코브연쇄에서 한 단계 변화를 표현하는 확률 $P_{ij}^{n,n+1} = P\{X_{n+1} = j | X_n = i\} \equiv p_{ij}$을 생각할 수 있다. 상태 i에서 상태 j로 전이할 확률 p_{ij}을 **1단계 전이확률**(one-step transition probability)라고 한다. 1단계 전이확률 p_{ij}을 성분으로 하는 행렬

		0	1	2	$\cdots$
$P=$	0	$\begin{pmatrix} p_{00} & p_{01} & p_{02} & \cdots \\ p_{10} & p_{11} & p_{12} & \cdots \\ p_{20} & p_{21} & p_{22} & \cdots \\ \vdots & \vdots & \vdots & \vdots \end{pmatrix}$			
	1				
	2				
	$\vdots$				

을 **전이확률행렬**(transition probability matrix) 혹은 **마코프행렬**(Markov matrix)이라 한다. 전이확률행렬 P는 조건부 확률의 성질로부터

$$(1)\ 0 \le p_{ij} \le 1,\ i,j\in S \text{ 와 } (2)\ \sum_{j\in S} p_{ij} = 1$$

가 성립함을 알 수 있다. 전이확률행렬의 한 행 $p_i = (p_{i1}, \cdots, p_{in})$의 합 $\sum_{k=1}^{n} p_{ik} = 1$이므로, i행 p_i은 **확률벡터**(probability vector)의 조건을 만족한다. **정상전이확률**(stationary transition probability) $P_{ij}^{m,n} = P_{ij}^{0,n-m}$을 만족하는 마코프연쇄에서는 출발 시점 n과 상태 i에서 m단

계 후 상태 j가 되는 확률은 출발 시점 n과 관계가 없으므로 $P_{ij}^m = P\{X_{n+m} = j|X_n = i\} \equiv p_{ij}^{(m)}$로 표시할 수 있다. 이를 m단계 전이확률(m-step transition probability)이라 한다. 본 장에서는 정상전이확률행렬을 갖는 마코프연쇄만 설명하도록 한다. 다음은 마코프연쇄에 대한 예제들이다.

예제 10.3 예제 9.1에서 소개한 훈련생들의 실기 점수에서 등급을 생각하자. 훈련생이 n번째 실기 시험에서 만족을 받으면 $X_n = 1$이고 불만족이면 $X_n = 0$라 하자. 그러면 확률과정 $\{X_n,\ n = 1,2,3,\cdots\}$은

$$P = \begin{pmatrix} 0.4 & 0.6 \\ 0.1 & 0.9 \end{pmatrix}$$

와 같은 전이확률행렬을 갖는 마코프연쇄로 생각할 수 있다.

예제 10.4 성공 확률이 p인 베르누이 시행(Bernoulli trial)을 반복할 때, n번 시행 후 연속된 성공 횟수를 X_n이라 하자. 그러면 확률과정 $\{X_n,\ n = 0,1,2,3,\cdots\}$는

$$P = \begin{pmatrix} 1-p & p & 0 & 0 & \cdots \\ 1-p & 0 & p & 0 & \cdots \\ 1-p & 0 & 0 & p & \cdots \\ \vdots & \vdots & \vdots & \vdots & \vdots \end{pmatrix}$$

와 같은 전이확률행렬을 갖는 마코프연쇄이다. 두 번째까지 연속으로 성공한 후, 세 번째까지 연속으로 성공할 확률은 p이고, 연속적인 성공이 처음 상태로 될 확률은 $1-p$이다.

예제 10.5 서울에서 강릉으로 여행할 때, 생각할 수 있는 확률과정을 이야기한 예제 10.2를 이용하여 마코프연쇄와 전이확률행렬을 설명하라.

답: 영동고속도로와 중부고속도로가 만나는 호법분기점에서 오전 10시의 교통상황과 오전 10시 30분의 교통상황의 변화에 대한 전이확률행렬은

$$\boldsymbol{P} = \begin{array}{c} \text{원활} \\ \text{지체} \\ \text{정체} \end{array} \overset{\begin{array}{ccc} \text{원활} & \text{지체} & \text{정체} \end{array}}{\begin{pmatrix} 0.5 & 0.25 & 0.25 \\ 0.67 & 0 & 0.33 \\ 0.6 & 0.4 & 0 \end{pmatrix}}$$

와 같다.

확률과정과 마코브연쇄를 정리하면 아래와 같다.

➔ Stochastic process

– Let S(or R_{X_t}) be a state space which is a set of all outcomes of the random variable X_t. The collection of random variable $\{X_t, t \in T\}$ is called a stochastic (random) process.

T: Time domain. S: State space. X_o: Initial state of the process.

$\{X_t(e), t \in T\}$: Realization of the S.P. $\{X_t, t \in T\}$ is a finite S.P. if S(or R_{X_t}) is finite.

* Classification of the S. P.

		Time Space	
		Discrete	Continuous
State Space	Discrete	Random sequence Markov chain	Markov Process
	Continuous		Brownian motion Diffusion process

➔ A Markov Process $\{X_t : t \in T\}$ is a stochastic process with the property,

$$P\left[X_{t_n} = x_n : X_{t_{n-1}} = x_{n-1}, X_{t_{n-2}} = x_{n-2}, \cdots, X_{t_{n-a}} = x_{n-a}\right] = P\left[X_{t_n} = x_n : X_{t_{n-1}} = x_{n-1}\right].$$

➔ Let $P_{ij}^{n,n+1} = P\{X_{n+1} = j | X_n = i\} \equiv P_{ij}$ be one-step transition probability.

The Transition probability (or Markov) matrix $P = [p_{ij}]$ satisfies the conditions

$$p_{ij} \geq 0 \text{ and } \sum_{j=0}^{\infty} p_{ij} = 1 \text{ for } i, j = 0, 1, 2, \cdots .$$

연습문제 10.1

1. 다음 행렬 중에서 전이확률행렬이 아닌 것을 선택하고, 그 이유를 말하여라.

(1) $\begin{pmatrix} \frac{1}{3} & 0 & \frac{2}{3} \\ \frac{3}{4} & -\frac{1}{4} & \frac{2}{4} \\ \frac{1}{4} & \frac{2}{4} & \frac{1}{4} \end{pmatrix}$ (2) $\begin{pmatrix} \frac{3}{5} & \frac{2}{5} \\ 0 & 1 \end{pmatrix}$ (3) $\begin{pmatrix} \frac{1}{3} & 0 & \frac{2}{3} \\ \frac{3}{7} & \frac{2}{7} & \frac{2}{7} \end{pmatrix}$ (4) $\begin{pmatrix} \frac{2}{5} & \frac{2}{5} & \frac{1}{5} \\ 0 & 1 & 0 \\ \frac{1}{3} & \frac{1}{3} & \frac{1}{3} \end{pmatrix}$

2. 스포츠 경기에서 발생하는 확률과정을 설명하고, 선택한 확률과정에서 유도할 수 있는 확률벡터와 확률전이행렬을 구하여라.

3. 행렬 A는 3×3 전이확률행렬이고, u는 1×3 확률벡터일 때, $u\cdot A$는 확률벡터이고 A^n는 전이확률행렬임을 설명하라. 단, n는 임의의 양의 정수이다.

4. 공정한 주사위를 던지는 확률실험에서 X_n는 $\max\{x,n\}=n$을 만족하는 학률변수이다. $n\le 6$일 때, 확률변수 X_n을 이용한 전이확률행렬을 구하여라.

5. 바닥에 한 줄로 0부터 7까지 양의 정수가 기록되어 있다. 0과 7에서는 항상 제 자리에 머무르고, 점 $x(1\le x\le 6)$에서는 점 $x-1$로 움직일 확률이 p이다. 이와 같은 확률실험에 해당하는 전이확률행렬을 구하여라.

6. 문제 1의 (4)과 같이 전이확률행렬 P의 대각원소 중 하나가 1이면, P^4가 양의 행렬이 아님을 설명하여라.

7. 농구 선수 갑이 경기 중 얻은 자유투를 생각하자. X_n는 n 번째까지 성공한 자유투 수라고 하자. 갑선수의 기록이 S F F S S S F S....와 같다면, $X_0=0, X_1=1, X_2=1$이고 $X_3=1, X_4=2, X_5=3$....와 같다. $p(S)=0.8$일 때, X_3의 추이행렬을 구하여라.

10.2 마코브연쇄의 성질

과거의 상태 중 바로 직전의 단계에만 영향을 받는 1단계 마코브연쇄의 주된 관심사는 시간이 무한이 변하였을 때, 상태 공간의 한 점이 발생할 확률을 조사하는 것이다. 즉, 마코프연쇄의 상태공간에 속한 점들에 대한 **극한분포**(limiting distribution)를 유도하는 것이다. 예를 들면, 비행조정장치는 드론의 항로와 자세를 계산하는 드론의 핵심부품이다. 비행조정장치가 세 개의 회사 갑과 을 그리고 병에서 생산되고, 비행조정장치의 시장 변화는

$$P_{FCU} = \begin{pmatrix} 0.6 & 0.3 & 0.1 \\ 0.2 & 0.7 & 0.1 \\ 0.2 & 0.0 & 0.8 \end{pmatrix}$$

와 같이 변한다고 한다. 즉, 현재 갑을 사용 중인 고객 중 60%는 계속 갑을 구입하지만, 30%와 10%는 각각 을과 병으로 변경한다. 과거에 사용했던 비행조정장치에 대한 기억은 모두 사라진다고 가정할 때, 갑과 을 그리고 병에서 생산된 비행조정장치가 시장에서 점유할 확률을 구하는 것이 극한분포를 구하는 목적이다.

본 절에서 마코프연쇄 $\{X_n : n \geq 0\}$의 상태공간은 $S = \{i_k : k = 0, \cdots, n\}$이고 초기조건은 $\{X_0 = k\} = p_k$이고 전이확률행렬은 $P = [p_{ij}]_{(n+1)\times(n+1)}$라고 하자. 그러면 마코프성질을 이용하면 $\{X_0 = i_0, X_1 = i_1, \cdots, X_n = i_n\}$의 확률은

$$\begin{aligned} &P\{X_0 = i_0\} \cdot P\{X_1 = i_1 | X_0 = i_0\} \\ &\cdots P\{X_{n-1} = i_{n-1} | X_{n-2} = i_{n-2}\} \cdot P\{X_n = i_n | X_{n-1} = i_{n-1}\} \end{aligned}$$

와 같다. 즉,

$$P\{X_0 = i_0,\ X_1 = i_1,\ \cdots,\ X_n = i_n\} = p_{i_0} \cdot P_{i_0 i_1} \cdot\ \cdots\ \cdot P_{i_{n-1} i_{n-2}} \cdot P_{i_n i_{n-1}}$$

이다. 여기서 $P\{X_0 = i_0\} = p_{i_0}$이고 $P_{i_{k-1} i_k} = P\{X_n = i_k | X_{n-1} = i_{k-1}\}$이다. 위 식은 마코프성질과 조건부 확률을 이용하여

$$\begin{aligned} P\{X_0 = i_0, X_1 = i_1, X_2 = i_2\} &= P\{X_2 = i_2 | X_1 = i_1, X_0 = i_0\} P\{X_1 = i_1, X_0 = i_0\} \\ &= P\{X_2 = i_2 | X_1 = i_1\} P\{X_1 = i_1 | X_0 = i_0\} P\{X_0 = i_0\} \end{aligned}$$

와 같은 방법으로 어렵지 않게 유도할 수 있다.

예제 10.6 비행조정장치에 대한 전이확률행렬 P_{FCU}을 이용하여
(1) $P\{X_0 = 1, X_1 = 0, X_2 = 2\}$와 (2) $P\{X_2 = 2, X_3 = 1|X_1 = 1\}$를 구하여라.

풀이

$$P\{X_0 = 1, X_1 = 0, X_2 = 2\} = P\{X_2 = 2|X_1 = 0\} \cdot P\{X_1 = 0|X_0 = 1\} \cdot P\{X_0 = 1\}$$
$$= 0.004$$

$P\{X_2 = 2, X_3 = 1|X_1 = 1\} = P\{X_3 = 2|X_2 = 2\} \cdot P\{X_2 = 2|X_1 = 1\} = 0.08$이다.

여기서 $P\{X_0 = 1\} = p_1$=0.2이다.

예제 10.7 대학생들이 제출한 과제를 잘함(1), 보통(2) 그리고 보충(3)으로 표시한 확률과정의 전이확률행렬이

$$P_{Re} = \begin{pmatrix} 0.5 & 0.4 & 0.1 \\ 0.2 & 0.5 & 0.3 \\ 0.1 & 0.2 & 0.7 \end{pmatrix}$$

와 같고, $P\{X_0 = 3\} = p_3$=0.2일 때,
(1) $P\{X_0 = 3, X_1 = 2, X_2 = 1\}$와 (2) $P\{X_2 = 2, X_3 = 3|X_1 = 2\}$ 를 구하여라.
답: (1) 0.003 (2) 0.015

마코프연쇄 $\{X_n : n \geqq 0\}$에 대하여 $p_{ij}^{(m+n)} = P\{X_{n+m} = j|X_0 = i\}$일 때,

$$p_{ij}^{(m+n)} = \sum_{k \in S} p_{ik}^{(m)} p_{kj}^{(n)}$$

가 성립한다. 이것을 **채프만-콜모고르프 방정식**(Chapman-Kolmogorov equation)이라 한다. 위 식을 이용하여 n단계 전이확률행렬 $P^{(n)} = \left[p_{ij}^{(n)}\right]$는

$$P^{(n+m)} = P^{(n)} P^{(m)} \text{와 } P^{(n)} = P \cdots P = P^n$$

을 만족한다. 즉, n-단계 전이확률행렬을 전이확률행렬을 n번 곱하여 구할 수 있다는 것이다.

이제 마코프연쇄 $\{X_n : n \geq 0\}$의 상태공간인 S의 원소를 분류하는 것을 생각하여 보자. 먼저 마코프연쇄 $\{X_n : n \geq 0\}$에서 상태공간 사이의 관계를 **방향성 그래프**(directed graph)로 표현한 것을 **상태전이그래프**(state transition graph)라고 한다. 마코프연쇄의 상태공간 사이에는 서로 도달할 수 있는 관계가 있지만, 두 상태가 서로 도달할 수 없는 상태도 있고 한 쪽에서만 도달할 수 있는 경우가 있다. 예제 10.8의 행렬 P_G에서 상태 1은 모든 상태에 도달할 수 있지만, 상태 4는 오직 상태 1에만 도달할 수 있다. 우리는 상태공간의 원소 사이를 다음과 같이 구분할 수 있다.

(1) 상태 i가 상태 j상태로 **도달가능**(accessible)이면 적당한 $n \geq 0$에 대해 $p_{ij}^{(n)} > 0$이다. 기호로는 $i \rightarrow j$로 표시한다.

(2) 상태 i와 상태 j가 **교통가능**(communicate)이면 적당한 $n \geq 0$과 $m \geq 0$에 대해 $p_{ij}^{(n)} > 0$이고 $p_{ij}^{(m)} > 0$이다. 기호로는 $i \leftrightarrow j$로 표시한다.

(3) 상태 i가 **흡수상태**(absorbing state)이면 $p_{ii} = 1$이다

예제 10.8 마코프연쇄 $\{X_n : n \geq 0\}$의 상태공간은 $S = \{1,2,3,4RIGHT$이고, 전이확률행렬은

$$P_G = \begin{pmatrix} 0.1 & 0.2 & 0.3 & 0.4 \\ 0 & 0.3 & 0.3 & 0.4 \\ 0 & 0 & 0.6 & 0.4 \\ 1 & 0 & 0 & 0 \end{pmatrix}$$

과 같을 때, 상태전이그래프를 그려라. 도달가능과 교통가능 그리고 흡수상태에 해당하는 상태를 찾아라.

풀이

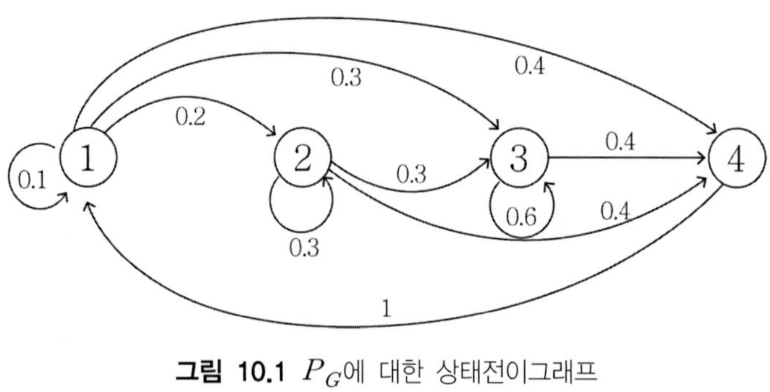

그림 10.1 P_G에 대한 상태전이그래프

상태 1은 상태 2와 3 그리고 4에 도달가능. 상태 1과 4는 교통가능흡수상태에 해당하는 상태공간의 원소는 없다.

예제 10.9 전이확률행렬이 P_{FCU}인 마코프연쇄에 대한 도달가능과 교통가능 그리고 흡수상태에 해당하는 상태를 찾아라.
답:상태 1과 2 그리고 상태 1과 3은 교통가능
상태 1과 2은 상태 3에 도달가능
흡수상태에 해당하는 상태공간의 원소는 없다.

마코프연쇄 $\{X_n : n \geq 0\}$의 n단계 전이확률행렬 $P^{(n)} = \left[p_{ij}^{(n)}\right]$이용하여 오랜 시간이 경과한 후, 특정한 상태가 일어날 확률을 생각하여 보자. 상태 j가 시간이 많이 흐른 후에는 초기 상태와 독립적이라면 우리는 $\lim_{n \to \infty} P\{X_n = j : X_0 = i\} = \lim_{n \to \infty} p_{ij}^{(n)} \equiv \pi_j$와 같이 표현할 수 있다.

정의 10.3 극한분포와 정상분포
(1) 집합 $\{\pi_k : k = 1, \cdots, n\}$가 마코프연쇄 $\{X_n : n \geq 0\}$의 **극한확률분포**(limiting probability distribution)이라면 $\lim_{n \to \infty} P\{X_n = j : X_0 = i\} = \pi_j > 0 (j \in S)$이고 $\sum_{k=1}^{n} \pi_j = 1$이다.
(2) 극한확률분포 $\{\pi_k : k = 1, \cdots, n\}$가 마코프연쇄 $\{X_n : n \geq 0\}$의 전이확률행렬에 대한 **정상 분포**(stationary distribution)라면 $\sum_{k=1}^{n} \pi_k P_{kj} = \pi_j (j \in S)$을 만족한다.

극한확률분포를 갖는 마코프연쇄 $\{X_n : n \geq 0\}$의 특성을 찾는 것은 중요하다. 시작 상태와 상관없이 각각의 상태가 발생할 확률을 유도할 수 있기 때문이다. 동일한 변화가 계속되는 환경에서 특정한 상태의 극한확률을 모두 구할 수 있는 것은 아니다. 일정한 시간이 지난 후에모든 상태가 서로서로 교통하는 마코프연쇄는 극한확률분포를 갖는다. 이것은 다음 정리가 설명하고 있다. 정리 10.1의 증명은 생략한다.

정리 10.1 마코프연쇄 $\{X_n : n \geq 0\}$의 전이확률행렬 P가 특정한 수 m에 대하여 $P^m > 0$

을 만족하면, 마코프연쇄 $\{X_n : n \geq 0\}$는 극한정상분포를 $\Pi = [\pi_1, \cdots, \pi_n]$을 갖는다. 즉, $\Pi = \Pi P$을 만족한다.

〈참고〉 특정한 수 m에 대하여 $P^m > 0$을 만족하는 행렬을 **정규**(regular)라고 한다.

예제 10.10 예제 10.8에서 소개된 전이확률행렬 P_G가 정규행렬임을 보이고, 행렬 P_G을 이용하여 극한정상분포를 구하여라.

풀이 (1) $P_G^3 > 0$이므로 정규행렬이다.

(2) $\pi_1 + 2\pi_2 + 3\pi_3 + 4\pi_4 = 10\pi_1$, $3\pi_2 + 3\pi_3 + 4\pi_4 = 10\pi_2$

$6\pi_3 + 4\pi_4 = 10\pi_3$, $\pi_1 = 4\pi_4$,

$$\pi_1 = \pi_2 = \pi_3 = \pi_4 = \frac{1}{4}$$

예제 10.11 전이확률행렬이 P_{FCU} 정규행렬임을 보이고, 행렬 P_{FCU}을 이용하여 극한정상분포를 구하여라.

풀이 $\pi_1 = \pi_2 = \pi_3 = \frac{1}{3}$

마코프연쇄의 성질을 정리하면 다음과 같다.

➔ Chapman−Kolmogorov equation

− Let $P_{ij}^{(n)} = P\{X_{n+m} = j | X_m = i\}$ be n−step transition probability.

(1) $p_{ij}^{(m+n)} = \sum_{k \in S} p_{ik}^{(m)} p_{kj}^{(n)}$

(2) $p_{ij}^{(n)} = \sum_{k \in S} p_{ik} p_{kj}^{(n-1)}$ where $P_{ij}^{(0)} = \begin{cases} 1, & \text{if } i = j \\ 0, & \text{if } i \neq j. \end{cases}$

− Let $P_j = P\{X_0 = j\}$ and $P_k^{(n)} = P\{X_n = j\}$. $P_k^{(n)} = \sum_{j=0}^{\infty} P_j P_{jk}^{(n-1)}$.

➔ Long run behavior of Markov Chain

− A transition probability matrix $P = [P_{ij}]$ is regular if $\exists k$ s.t. $P_{ij}^k > 0$ for all i

and j.

- For the regular T.P.M. P on the state $\{1,\cdots,N\}$, there exists the unique limiting distribution $\pi=(\pi_1,\cdots,\pi_N)$ such that $\sum_{k=0}^{N}\pi_k=1$ and $\pi=\pi P$.

연습문제 10.2

1. 전이확률행렬 $P_o=\begin{pmatrix}0.2 & 0.8\\ 0.6 & 0.4\end{pmatrix}$의 극한분포 π를 구하여라.

2. 예제 10.4에서 주어진 전이확률행렬 $P_3=\begin{pmatrix}1-p & p & 0 & 0 & \cdots\\ 1-p & 0 & p & 0 & \cdots\\ 1-p & 0 & 0 & p & \cdots\\ \vdots & \vdots & \vdots & \vdots & \vdots\end{pmatrix}$에 대한 극한정상분포 π가 존재하기 위한 필요충분조건을 구하여라.

3. 마코프연쇄 $\{X_n : n\geqq 0\}$의 상태공간은 $S=\{1,2,3\}$이고, 전이확률행렬은 $P_1=\begin{pmatrix}0.1 & 0.2 & 0.7\\ 0 & 0.6 & 0.4\\ 0.5 & 0 & 0.5\end{pmatrix}$와 같을 때, 다음 문제의 답을 구하여라.

   (1) $p_1=0.3$이고 $p_2=0.4$일 때, $P\{X_0=1, X_1=2, X_2=3\}$와 $P\{X_2=3, X_3=2|X_1=1\}$의 값을 구하여라.

   (2) P_1의 상태전이그래프를 그리고, 상태공간 S의 표본점을 분류하여라.

   (3) P_1가 정규행렬임을 보이고, $\pi=\pi P_1$을 만족하는 극한분포 π를 구하여라.

4. 다음 전이확률행렬이 극한분포를 가짐을 보이고, 극한정상분포를 구하여라.

(1) $\begin{pmatrix} \frac{1}{2} & \frac{1}{4} & \frac{1}{4} \\ \frac{2}{3} & 0 & \frac{1}{3} \\ \frac{3}{5} & \frac{2}{5} & 0 \end{pmatrix}$ (2) $\begin{pmatrix} q & p & 0 & 0 \\ 0 & 0 & q & p \\ q & p & 0 & 0 \\ 0 & 1 & 0 & 0 \end{pmatrix}$ 단, $p+q=1$. (3) $\begin{pmatrix} \frac{1}{2} & 0 & \frac{1}{2} & 0 & 0 \\ 0 & \frac{1}{4} & 0 & \frac{3}{4} & 0 \\ 0 & 0 & \frac{1}{3} & 0 & \frac{2}{3} \\ \frac{1}{4} & \frac{1}{2} & 0 & \frac{1}{4} & 0 \\ \frac{1}{3} & 0 & \frac{1}{3} & 0 & \frac{1}{3} \end{pmatrix}$

5. 마코프연쇄 $\{X_n : n \geqq 0\}$의 전이확률행렬 $P=\begin{pmatrix} 1-a & a \\ b & 1-b \end{pmatrix}$에 대하여 다음을 증명하라.

(1) $P^n = \frac{1}{a+b}\begin{pmatrix} b & a \\ b & a \end{pmatrix} + \frac{(1-a-b)^n}{a+b}\begin{pmatrix} a & -a \\ -b & b \end{pmatrix}$(수학적 귀납법을 이용하라)

(2) $\lim_{n\to\infty} P^n = \begin{pmatrix} \frac{b}{a+b} & \frac{a}{a+b} \\ \frac{b}{a+b} & \frac{a}{a+b} \end{pmatrix}$

○ 부록 A ○

Excel를 이용한 기술통계학

1. Excel에서 통계분석을 하기 위해, 데이터 분석을 추가할 필요가 있다. 데이터 분석을 추가하는 방법은

파일 - 옵션 -추가기능 이동 클릭 - 분석도구를 표시 후 확인을 클릭

과 같이 진행하면 된다. 엑셀에서

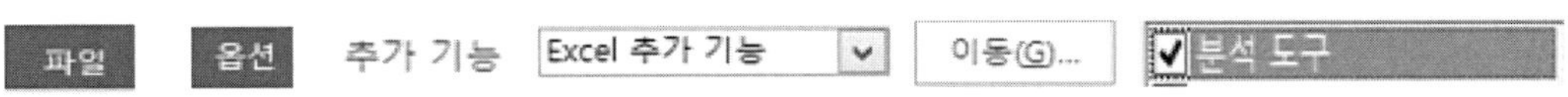

와 같이 진행한 후 데이터 탭을 클릭하면 데이터 분석 도구가 아래와 같이 추가된 것을 확인할 수 있다.

2. Excel에서 함수 마법사(f_x) 이용하기.

함수 마법사(f_x)를 클릭하여 아래와 같이 통계함수를 확인을 클릭한다.

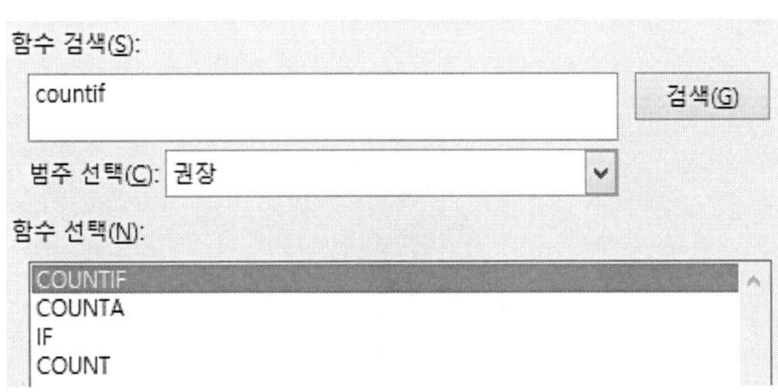

3. 그래프 그리기.

– 원그래프와 막대그래프: Excel 통계함수를 이용하여 빈도수 구하기

구분	통계함수	내용	비고
빈도수	COUNTIF	빈도수	원그래프
	COUNTIFS	조건을 만족하는 빈도수	막대그래프

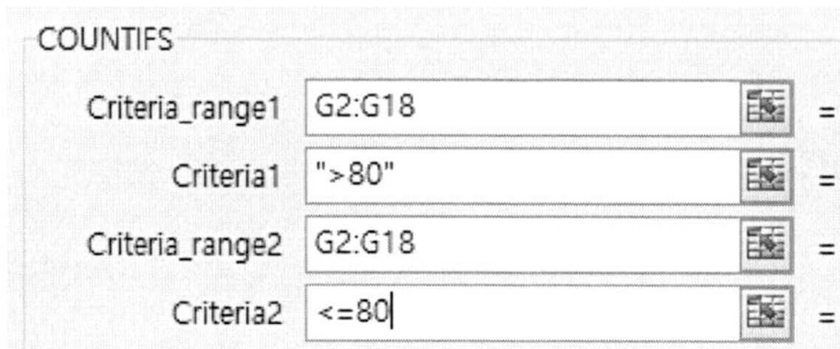

– 범위와 빈도수를 정한 후, 삽입과 챠트를 이용하여 그래프를 그리기.

직접입력: =COUNTIF(A2:A63,2)

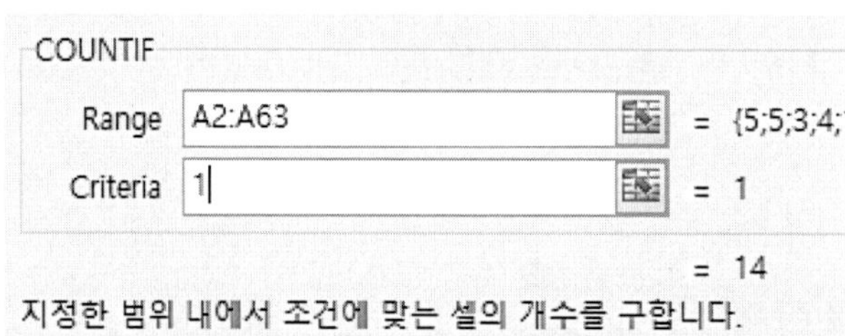

실습시간	빈도수
1	14
2	15
3	15
4	9
5	9

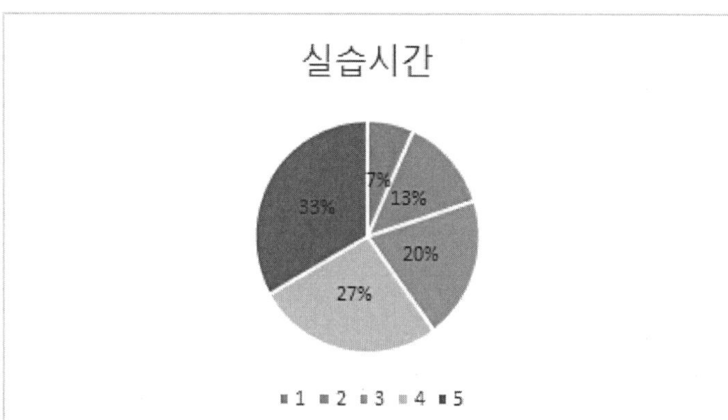

– 히스토그램: 그래프를 그리고자 하는 변수의 계급을 설정

데이터–데이터 분석–히스토그램

이륙 계급
60
70
80
90

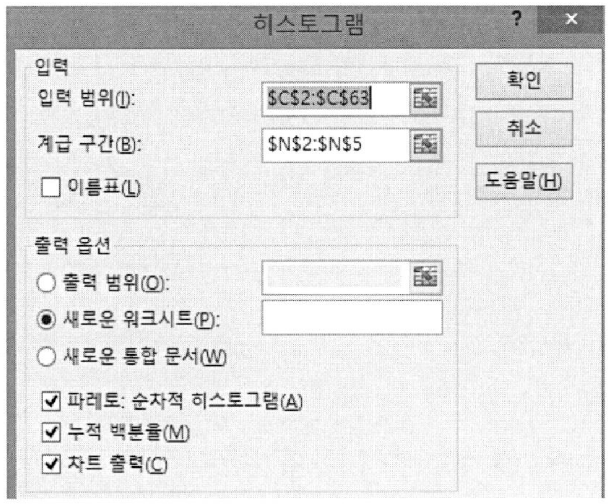

계급	빈도수	누적 %	계급	빈도수	누적 %
60	20	32.26%	70	28	45.16%
70	28	77.42%	60	20	77.42%
80	14	100.00%	80	14	100.00%
90	0	100.00%	90	0	100.00%
기타	0	100.00%	기타	0	100.00%

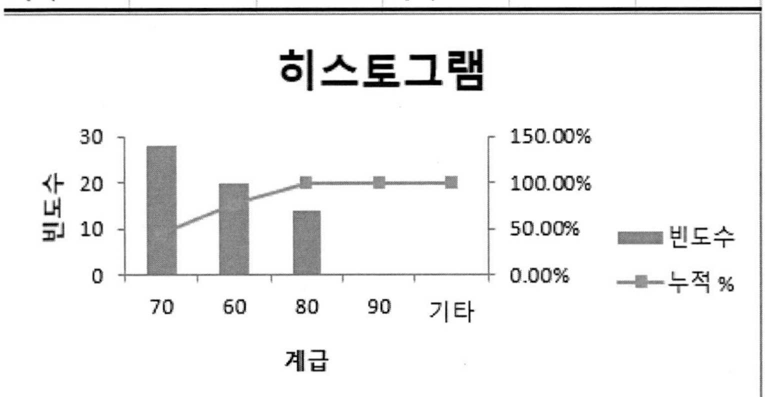

4. 함수 마법사(f_x)의 통계함수를 이용한 중심경향치

구분	통계함수	내용	비고
중심경향치	Average	평균	
	Median	중앙값	
	Mode	최빈값	다수의 값이 존재함

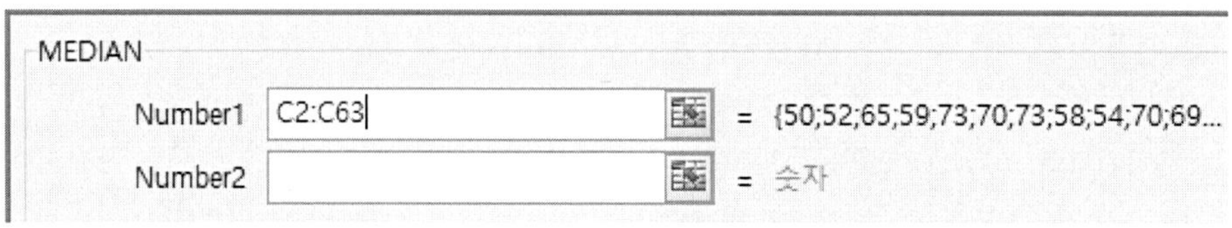

=MEDIAN(C2:C63)

5. 함수 마법사(f_x)의 통계함수를 이용한 산포도

구분	통계함수	내용	비고
산포도	Var	분산	
	Stdev	표준편차	
	Max–Min	범위	최댓값과 최솟값의 차
	Stdev/Average	변동계수	표준편차와 평균의 비
	Avedev	평균절대편차	

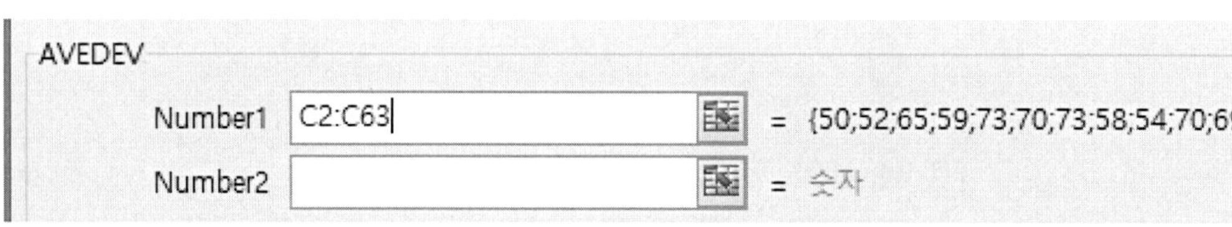

=AVEDEV(C2:C63)

6. 함수 마법사(f_x)의 통계함수를 이용한 분포도

구분	통계함수	내용	비고
분포도	Skew	왜도	
	Kurt	첨도	
	Percentile	백분위수	사분위수 포함 k의 값은 0과 1 사이

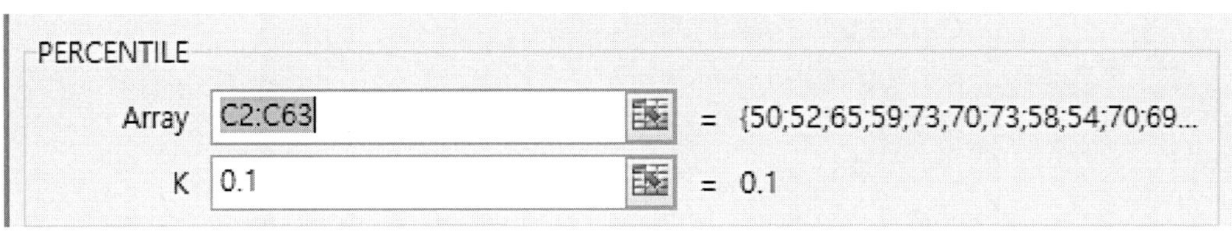

=PERCENTILE(C2:C63,0.1)

7. 데이터 분석의 기술 통계법 이용하기.

데이터 - 데이터 분석 - 기술통계학 순으로 클릭

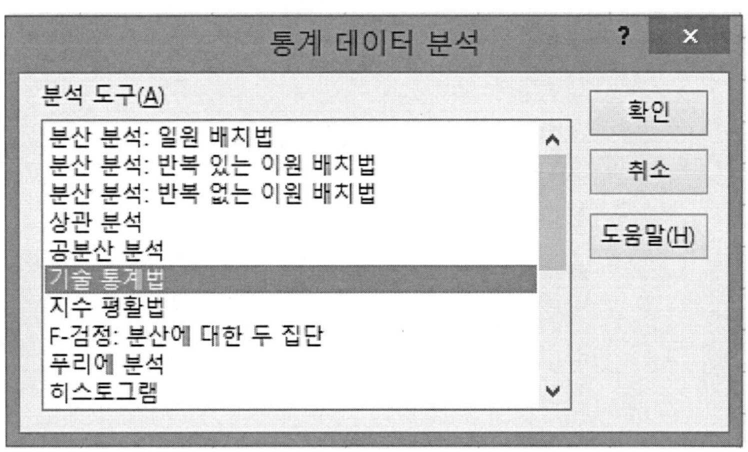

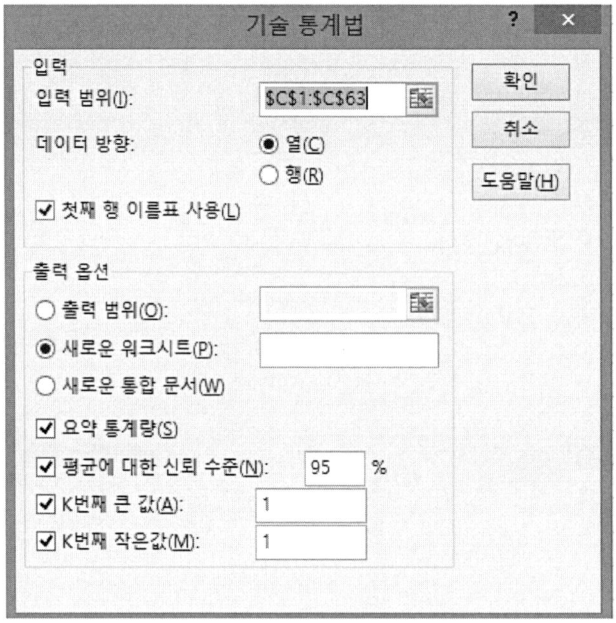

이륙	
평균	64.30645161
표준 오차	0.909317394
중앙값	65
최빈값	65
표준 편차	7.159972318
분산	51.2652036
첨도	-0.808411922
왜도	-0.371962557
범위	25
최소값	50
최대값	75
합	3987
관측수	62
가장 큰 값(1)	75
가장 작은 값(1)	50
신뢰 수준(95.0%)	1.818292507

8. 엑셀을 이용하여 표준정규표값과 T-분포값 이용하기.

(1) 표준정규분포의 확률밀도함수는

$$f(x,0,1)=\frac{1}{\sqrt{2\pi}}exp\left(-\frac{x^2}{2}\right),-\infty<x<\infty$$

와 같이 정의된다.

(2) 누적확률: NORM.S.DIST(z,1)= $\int_0^z f(x,0,1)dx$

$$\int_{\infty}^{z} f(x,0,1)dx = 0.5+\text{NORM.S.DIST(z,1)}$$

(3) 역누적확률: NORM.S.INV(α)=z_α, $\int_{-\infty}^{z_\alpha} f(x,0,1)dx=\alpha$.

NORM.S.INV(0.025)=-1.96.

(4) 자유도가 d인 t-분포의 확률밀도함수는

$$f_d(t)=\frac{\Gamma\left(\frac{d+1}{2}\right)}{\sqrt{d\pi}\,\Gamma\left(\frac{d}{2}\right)}\left(1+\frac{t^2}{d}\right),-\infty<t<\infty$$

와 같이 정의된다.

(5) 누적확률: T.DIST($t_\alpha,d,1$)= $\int_{-\infty}^{t_\alpha} f_d(t)dt$

역누적확률: TINV($2\alpha,d$)=$t_\alpha(d)$, $\int_{-\infty}^{t_\alpha(d)} f_d(t)dt=\alpha$.

[표준정규분포표]

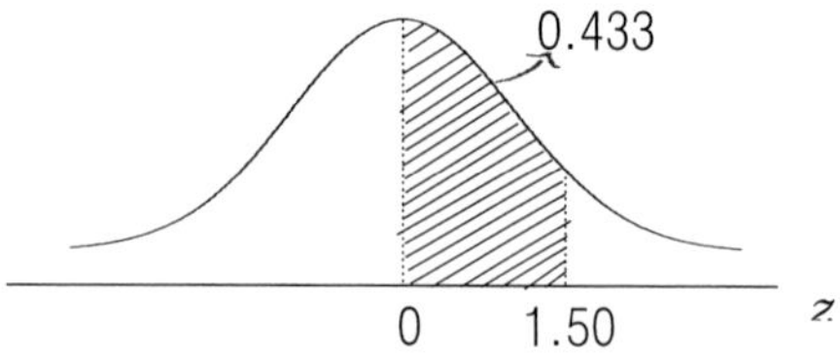

z	.00	.01	.02	.03	.04	.05	.06	.07	.08	.09
0.0	.0000	.0040	.0080	.0120	.0160	.0199	.0239	.0279	.0319	.0359
0.1	.0398	.0438	.0479	.0517	.0557	.0596	.0636	.0675	.0714	.0753
0.2	.0793	.0832	.0871	.0910	.0948	.0987	.1026	.1064	.1103	.1141
0.3	.1179	.1217	.1255	.1293	.1331	.1368	.1406	.1443	.1480	.1517
0.4	.1554	.1591	.1628	.1664	.1700	.1736	.1772	.1808	.1844	.1879
0.5	.1915	.1950	.1985	.2019	.2054	.2088	.2123	.2157	.2190	.2224
0.6	.2257	.2291	.2324	.2357	.2389	.2422	.2454	.2486	.2517	.2549
0.7	.2580	.2611	.2642	.2673	.2704	.2734	.2764	.2794	.2823	.2852
0.8	.2881	.2910	.2939	.2967	.2995	.3023	.3051	.3078	.3106	.3133
0.9	.3159	.3186	.3212	.3238	.3264	.3289	.3315	.3340	.3365	.3389
1.0	.3413	.3438	.3461	.3485	.3508	.3531	.3554	.3577	.3599	.3621
1.1	.3643	.3665	.3686	.3708	.3729	.3749	.3770	.3790	.3810	.3830
1.2	.3849	.3869	.3888	.3907	.3925	.3944	.3962	.3980	.3997	.4015
1.3	.4032	.4049	.4066	.4082	.4099	.4115	.4131	.4147	.4162	.4177
1.4	.4192	.4207	.4222	.4236	.4251	.4265	.4279	.4292	.4306	.4319
1.5	.4332	.4345	.4357	.4370	.4382	.4394	.4406	.4418	.4429	.4441
1.6	.4452	.4463	.4474	.4484	.4495	.4505	.4515	.4525	.4535	.4545
1.7	.4554	.4564	.4573	.4582	.4591	.4599	.4608	.4616	.4625	.4633
1.8	.4641	.4649	.4656	.4664	.4671	.4678	.4686	.4693	.4699	.4706
1.9	.4713	.4719	.4726	.4732	.4738	.4744	.4750	.4756	.4761	.4767
2.0	.4772	.4778	.4783	.4788	.4793	.4798	.4803	.4808	.4812	.4817
2.1	.4821	.4826	.4830	.4834	.4838	.4842	.4846	.4850	.4854	.4857
2.2	.4861	.4864	.4868	.4871	.4875	.4878	.4881	.4884	.4887	.4890
2.3	.4893	.4896	.4898	.4901	.4904	.4906	.4909	.4911	.4913	.4916
2.4	.4918	.4920	.4922	.4925	.4927	.4929	.4931	.4932	.4934	.4936
2.5	.4938	.4940	.4941	.4943	.4945	.4946	.4948	.4949	.4951	.4952
2.6	.4953	.4955	.4956	.4957	.4959	.4960	.4961	.4962	.4963	.4964
2.7	.4965	.4966	.4967	.4968	.4969	.4970	.4971	.4972	.4973	.4974
2.8	.4974	.4975	.4976	.4977	.4977	.4978	.4979	.4979	.4980	.4981
2.9	.4981	.4982	.4982	.4983	.4984	.4984	.4985	.4985	.4986	.4986
3.0	.4987	.4987	.4987	.4988	.4988	.4989	.4989	.4989	.4990	.4990

[t–분포표]

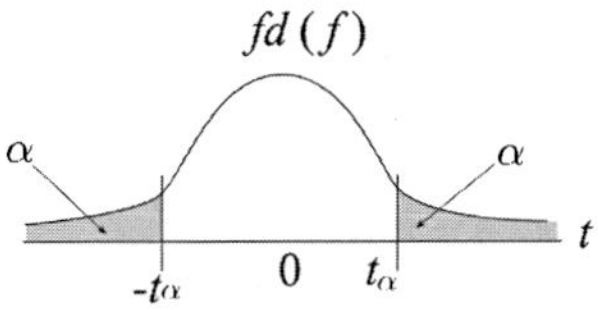

자유도	오른쪽 꼬리면적 α							
	.1	.05	.025	.01	.005	.0025	.001	.0005
1	3.078	6.314	12.706	31.821	63.657	127.32	318.31	636.62
2	1.886	2.920	4.303	6.965	9.925	14.089	22.327	31.598
3	1.638	2.353	3.182	4.541	5.841	7.453	10.214	12.924
4	1.533	2.132	2.776	3.747	4.604	5.598	7.173	8.610
5	1.476	2.015	2.571	3.365	4.032	4.773	5.893	6.869
6	1.440	1.943	2.447	3.143	3.707	4.317	5.208	5.959
7	1.415	1.895	2.365	2.998	3.499	4.029	4.785	5.408
8	1.397	1.860	2.306	2.896	3.355	3.833	4.501	5.041
9	1.383	1.833	2.262	2.821	3.250	3.690	4.297	4.781
10	1.372	1.812	2.228	2.764	3.169	3.581	4.144	4.587
11	1.363	1.796	2.201	2.718	3.106	3.497	4.025	4.437
12	1.356	1.782	2.179	2.681	3.055	3.428	3.930	4.318
13	1.350	1.771	2.160	2.650	3.012	3.372	3.852	4.221
14	1.345	1.761	2.145	2.624	2.977	3.326	3.787	4.140
15	1.341	1.753	2.131	2.602	2.947	3.286	3.733	4.073
16	1.337	1.746	2.120	2.583	2.921	3.252	3.686	4.015
17	1.333	1.740	2.110	2.567	2.898	3.222	3.646	3.965
18	1.330	1.734	2.101	2.552	2.878	3.197	3.610	3.922
19	1.328	1.729	2.093	2.539	2.861	3.174	3.579	3.883
20	1.325	1.725	2.086	2.528	2.845	3.153	3.552	3.850
21	1.323	1.721	2.080	2.518	2.831	3.135	3.527	3.819
22	1.321	1.717	2.074	2.508	2.819	3.119	3.505	3.792
23	1.319	1.714	2.069	2.500	2.807	3.104	3.485	3.767
24	1.318	1.711	2.064	2.492	2.797	3.091	3.467	3.745
25	1.316	1.708	2.060	2.485	2.787	3.078	3.450	3.725
26	1.315	1.706	2.056	2.479	2.779	3.067	3.435	3.707
27	1.314	1.703	2.052	2.473	2.771	3.057	3.421	3.690
28	1.313	1.701	2.048	2.467	2.763	3.047	3.408	3.674
29	1.311	1.699	2.045	2.462	2.756	3.038	3.396	3.659
30	1.310	1.697	2.042	2.457	2.750	3.030	3.385	3.646
40	1.303	1.684	2.021	2.423	2.704	2.971	3.307	3.551
60	1.296	1.671	2.000	2.390	2.660	2.915	3.232	3.460
120	1.289	1.658	1.980	2.358	2.617	2.860	3.160	3.373
	1.282	1.645	1.960	2.326	2.576	2.807	3.090	3.291

○ 부록 B ○

연습문제 해답

1장

1.1

1. 생략
2. 생략
3. 생략
4. 생략
5. 생략
6. 생략
7. 5개
8. 생략
9. 128개
10. 37명

1.2

1. 명제: (1), (2), (6)
2. 생략
3. $a \geq 1$
4. (2)
5. (2)
6. 생략
7. (1) 모든 말은 순하지 않다.
   (2) 모든 수학자는 사교적이다.
   (3) 어떤 대학생은 멋지지도 않고 똑똑하지도 않다.
   (4) 어떤 아기는 귀엽지 않다.
8. $-4 < a \leq 9$
9. 생략

2장

2.1

1. (a) $3^4 = 81$ 가지 (b) 5개.
2. (a) 정의역은 $x > 4$. (b) 정의역은 실수 전체.
3. (a) $(f+g)(x) = \sqrt{x-1} + \sqrt{x^2-1}$.
   (b) $(fg)(x) = \sqrt{x^3 - x^2 - x + 1}$.
   (c) $\left(\dfrac{f}{g}\right)(x) = \dfrac{1}{\sqrt{x+1}}$.

(d) $g(-x)=\sqrt{(-x)^2-1}=\sqrt{x^2-1}=g(x)$.따라서, $g(x)$ 는 우함수이다.

4. $y=\dfrac{2x-7}{x-3}$

5. $f(x)$는 기함수 이다.

6. 기함수가 된다.

2.2

1. $x\geq 0$에 대해, $(f\circ g)(x)=f(g(x))=f(\sqrt{x})=(\sqrt{x})^2=x$ 이다. 반면, 실수 x에 대해, $(g\circ f)(x)=g(f(x))=g(x^2)=\sqrt{x^2}=|x|$ 이다. 두 합성함수는 정의역이 서로 다르면서, $x\geq 0$인 경우에는 함숫값이 같다.

2. $y=\dfrac{-2x-1}{x-2}$

3. $y=(g\circ f)(x)=g(f(x))=g(2x-1)=(2x-1)^3$ 합성함수$(g\circ f)(x)$의 역함수는 $y=\dfrac{1}{2}\sqrt[3]{x}+\dfrac{1}{2}$

   각 함수의 역함수를 구하면, $y=f(x)=2x-1\rightarrow y=f^{-1}(x)=\dfrac{1}{2}x+\dfrac{1}{2}$,

   $y=g(x)=x^3\rightarrow y=g^{-1}(x)=\sqrt[3]{x}$

   합성함수 $(f^{-1}\circ g^{-1})(x)=\dfrac{1}{2}\sqrt[3]{x}+\dfrac{1}{2}$ 로 합성함수 $(f\circ g)(x)=(2x-1)^3$의 역함수와 같다. 일반적으로 두 함수가 역함수가 존재할 때, $(f\circ g)^{-1}=g^{-1}\circ f^{-1}$가 성립한다.

4. $g(x)=\dfrac{1}{4}x^2+\dfrac{1}{2}x+\dfrac{5}{4}$

5. $f(x)=g^{-1}(2x^2-1)=x^2+1$

6. 6개.

2.3

1.(a)0, (b)1, (c)$\dfrac{15}{14}$, (d) 3

2.(a) −2, (b)−1, (c)$\dfrac{1}{2}$

3. $x=0$ 근방을 아무리 작게 잡아도 항상 유리수와 무리수가 존재한다. 그러므로, $x=0$근방에서 유리수를 선택하면 0, 무리수를 선택하면 1이 나오기 때문에 한 값으로 접근시킬 수 없다.

4. No.

5. −1

6. 16

7. $g(x)=x^2-1$,$f(x)=1$

8. $f(x)=\begin{cases}1, & x\geq 0\\ 0, & x<0\end{cases}, g(x)=\begin{cases}0, & x\geq 0\\ 1, & x<0\end{cases}$

9. 조임정리 이용.

2.4

1.$-\dfrac{2}{9}$

2. $[0,1)\cup(1,\infty)$

3. $g_1(x)=\dfrac{1}{x}$, $g_2(x)=x-4$, $g_3(x)=\sqrt{x}$, $g_4(x)=x^2+7$

   $f(x)=(g_1\circ g_2\circ g_3\circ g_4)(x)$

   $(-\infty,-3)\cup(-3,3)\cup(3,\infty)$

4. 생략

5. 불연속이다.

6. 그러한 c는 존재하지 않을 수도 있다. 예를 들면, $f(x)=\begin{cases}1\ , & -1\leq x\leq 0\\ -1\ , & 0<x\leq 1\end{cases}$의 경우.

7. 연속/ 연속이 아닐 수도 있다.

3장

3.1

1. (a) $f'(x)=2x$, (b) $g'(x)=-\dfrac{2}{x^3}$, (c) $h'(x)=2x+2$

2. (a) $f''(x)=(f'(x))'=(2x)'=\lim\limits_{h\to 0}\dfrac{2(x+h)-2x}{h}=2$

$$\text{(b) } g''(x)=\lim_{h\to 0}\frac{\dfrac{-2}{(x+h)^3}-\left(-\dfrac{2}{x^3}\right)}{h}=\lim_{h\to 0}\frac{-2x^3+2(x+h)^3}{hx^3(x+h)^3}$$

$$=\lim_{h\to 0}\frac{6x^2h+6xh^2+2h^3}{hx^3(x+h)^3}=\lim_{h\to 0}\frac{6x^2+6xh+2h^2}{x^3(x+h)^3}=\frac{6}{x^4}$$

$$\text{(c) }\lim_{h\to 0}\frac{2(x+h)+2-(x^2+2)}{h}=\lim_{h\to 0}\frac{2(x+h)+2-(2x+2)}{h}=2$$

3. $(a+b)^n=\sum\limits_{k\geq 0}^{n}\binom{n}{k}a^kb^{n-k}$와 도함수의 정리를 이용하여 보일 수 있다.

4. 차가 정지하는데 걸리는 시간은 10초이며, 정지할 때까지 움직인 거리는 $S(10)=1000-500=500$ m이다.

5. $y=4x-1$

6. 미분 불가능이다.

7. 20

8. $f'(0)=1$

9. $x=0$에서 미분 불가능하다.

3.2

1. (a) $y'=\dfrac{1}{2}x^{-\frac{1}{2}}+\dfrac{2}{3}x^{-\frac{1}{3}}$ (b) $y'=6x+\dfrac{1}{2\sqrt{x}}$

   (c) $y'=8x^3+6x$ (d) $y'=\dfrac{2}{(x+1)^2}$

2. $y' = \dfrac{-f'(x)}{(f(x))^2}$, $(x^{-n})' =-nx^{-n-1}$

3. (a) $f'(x) = 36(4x-5)^8$

(b)$g'(x) = (2x-1)^4(x^2+x-1)^2(22x^2+10x-3)$

(c) $h'(x) = \dfrac{6(2x+1)^2(x-3)}{(3x-2)^3}$

4.생략.

5. (a) $g'(x) = f'(x+f(x+f(x))) \times [1+f'(x+f(x))(1+f'(x))]$

(b) $g'(x) = \dfrac{1}{2}(x+\sqrt{x+\sqrt{x}})^{-1/2}[1+\dfrac{1}{2}(x+\sqrt{x})^{-1/2}(1+\dfrac{1}{2}x^{-1/2})]$

6. $\dfrac{2024}{225}$

7. $f''(x) = \dfrac{-8}{x^{\frac{4}{3}}(6-x)^{\frac{5}{3}}}$

8. 생략

9. $f^{(n)}(x) = (-1)^n n! x^{-(n+1)}$

10. $f'(x) = \dfrac{x}{|x|}$

3.3

1. (a)$y' = \dfrac{-y+1}{x-1}$, (b) $y' = \dfrac{x^2-y}{-y^2+x}$, (c) $y' =-\dfrac{2x+y}{x+2y}$

2. 생략.

3. $y = \dfrac{1}{4}x + \dfrac{1}{2}$

4. $y'' = \dfrac{1}{3}x^{-4/3}y^{-1/3}$

5. $g'(2) =-1$

6. $(f^{-1})'(4) = \dfrac{1}{f'(0)} = \dfrac{1}{7}$

7. 생략.

8. 생략.

9. $(\dfrac{1}{4}, \dfrac{1}{4})$

3.4

1. (a) $f'(x) = \dfrac{3\ln 2}{2}\sqrt{x}\,2^{x\sqrt{x}}$ (b) $g'(x) = \dfrac{e^x - e^{-x}}{e^x + e^{-x}}$ (c) $h'(x) = \dfrac{-1}{x^2+1}$

(d) $y' = (1+\ln x)x^x$ (e) $y' = \dfrac{4(3x+16)(2x-1)^9}{(3x+2)^9}$ (f) $y' = \sec x$

2. $\sin(\tan^{-1}x) \equiv \dfrac{x}{\sqrt{1+x^2}}$

3. -1

4. $f'(x) = -\dfrac{\cos x}{|\cos x|}$

5. $f'(x) = -\sin(\sin(\tan x))\cos(\tan x)\sec^2 x$

6. $f'(x) = \dfrac{6x+2}{3x^2+2x-1}$

7. $f'(x) = (-\log_3 e)(1+\pi\tan(\pi x))$

8. -1

9. 9

10. $\dfrac{\pi}{6}$

11. $f'(x) = -\dfrac{\cos x \sin x}{|\cos x|}$

3.5

1. 12시 48분에 두 드론 사이의 거리는 최소가 된다.
2. (a) 1, (b) $\dfrac{2}{3}$, (c) 0, (d) $\dfrac{3}{2}$, (e) 0, (f) 1
3. 오후 3시 온도는 대략 34 도에서 35 도 사이이다.
4. 임계수는 $x=-1$과 $x=0$이다.

x		$x=-1$		$x=0$		$x=2$	
$f'(x)$	$-$	0	$+$	0	$+$	$+$	$+$
$f''(x)$	$+$	$+$	$+$	0	$-$	0	$+$
$f(x)$	감소, 위로 오목	극소	증가, 위로 오목	변곡점	증가, 아래로 오목	변곡점	증가, 위로 오목

5. No.
6. (a) 구간 $(0,b)$에서 f가 증가하고, 구간 (b,d)에서 f가 감소한다.
   (b) 구간 $(0,a)$와 구간 (c,d)에서 아래로 볼록이고, 구간 (a,c)에서 위로 볼록이다.
   (c) 변곡점은 $(a,f(a)),(c,f(c))$이다.
   (d) $f(b)$가 극댓값이다. 극솟값은 없다.

7.

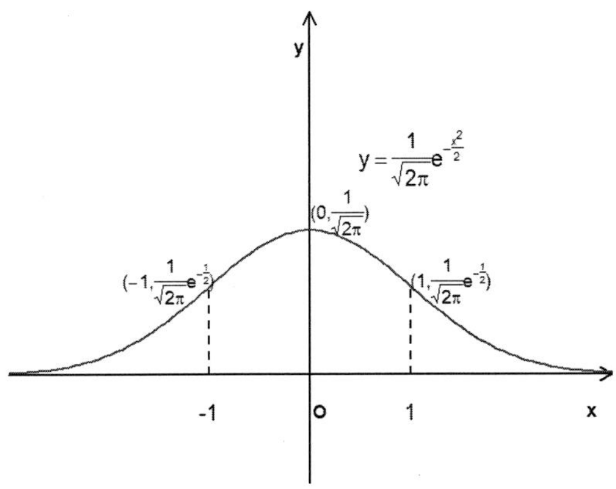

$y=f(x)$의 그래프

8. $\frac{2}{\sqrt{3}}$

9. $f(x)=2\sin x-3+3x$라 하자. 사잇값 정리를 이용하여 근의 존재성을 보이고, $f(x)$가 증가함수임을 보여서 정확하게 실근이 하나임을 설명한다.

10. 생략.

4장

4.1

1.(a) $\frac{4}{3}\tan^{-1}\left(\frac{x}{3}\right)+C$ (b) $2\ln(x^2+9)+C$ (c) $4x-12\tan^{-1}\left(\frac{x}{3}\right)+C$

(d) $\tan x-x+C$ (e) $x-2\ln|x|+C$ (f) $\frac{1}{3}x^3+\frac{2^x}{\ln 2}+\frac{1}{x}+C$

2. $x(t)=\frac{4}{15}t^2\sqrt{t}+1$

3. (a)$\ln|\sec x+\tan x|+C$, (b) $\ln|\csc x-\cot x|+C$

4. $f(x)=x+2\sqrt{x}+2$

5. $f(\pi)=1$

6. 이 금속용기는 깨지지 않는다.

4.2

1. (a) $\ln\sqrt{x^2+2x+2}+C$ (b) $-e^{\frac{1}{x}}+C$ (c) $\frac{1}{4}\tan^4 x+C$

(d) $-\sqrt{4-x^2}+2\sin^{-1}\left(\frac{x}{2}\right)+C$

2. 증명생략. $\int\frac{x}{x^2+9}dx=\ln\sqrt{x^2+9}+C$

3. $\frac{3}{8}x+\frac{1}{4}\sin 2x+\frac{1}{32}\sin 4x+C$

4. $-\frac{1}{9}\frac{\sqrt{9-x^2}}{x}+C$

5. $2\sqrt{x}+3(\ln|\sqrt{x}-3|-\ln(\sqrt{x}+3))+C$

6. $\frac{1}{8}\tan^8 x+\frac{1}{6}\tan^6 x+C$ 혹은 $\frac{1}{8}\sec^8 x-\frac{1}{3}\sec^6 x+\frac{1}{4}\sec^4 x+C$

7. $\frac{1}{2}(\ln x)^2+C$

8. $-\frac{1}{2(x^2+3)}-\frac{2\sqrt{3}}{9}\tan^{-1}(\frac{x}{\sqrt{3}})-\frac{2x}{3(x^2+3)}+C$

9. $\ln|\sqrt{\cos^2 x+1}+\cos x|+C$

10. $-\frac{1}{3}\cos^3 x+\frac{1}{5}\cos^5 x+C$

4.3

1. (a) $-x\cos x+\sin x+C$ (b) $\frac{1}{2}x^2\ln x-\frac{1}{4}x^2+C$

 (c) $x^2e^x-2xe^x+2e^x+C$ (d) $\frac{1}{2}\sec x\tan x+\frac{1}{2}\ln|\sec x+\tan x|+C$

2. 부분적분을 두 번 적용하여 보일 수 있다.

3. $-\frac{1}{10}\cos 5x-\frac{1}{2}\cos x+C$

4. $x\tan^{-1}x-\frac{1}{2}\ln(x^2+1)+C$

5. $-\frac{xe^x}{1+x}+e^x+C$

6. $x\tan^{-1}\left(\frac{1}{x}\right)+\frac{1}{2}\ln(x^2+1)+C$

7. $2\sqrt{x}\ln x-4\sqrt{x}+C$

8. $-x\csc x+\ln|\csc x-\cot x|+C$

9. 부분 적분법과 $\sin^2 x=1-\cos^2 x$를 이용하여 보일 수 있다.

10. $-x^3\cos x+3x^2\sin x+6x\cos x-6\sin x+C$

4.4

1. (a) $\frac{99}{4}$, (b) $\frac{2}{3}$, (c) -2, (d) $\frac{4}{3}+2\ln 2$, (e) $\frac{1}{2}\left(1-\frac{1}{e}\right)$, (f) $\frac{2}{5}(e^{\frac{\pi}{2}}+1)$

2. $1-\frac{1}{e^2}$

3. 0

4. $\frac{1}{2}$

5. $\frac{\pi^2}{2}$

6. $\frac{\pi}{2}$

7. 같다.

8. 극댓값이나 극솟값을 가질 수 없다.

9. $4+2\pi$

10. $y=x+1$

5장

5.1

1. (a) $\{(x,y)|x^2+y^2>9\}$, (b) $\{(x,y)|x\neq 0, y\neq 0\}$, (c) $\{(x,y)|\frac{x^2}{6^2}+\frac{y^2}{3^2}\leq 1\}$

2. (a) $z=k(-2\leq k\leq 2)$라 하면, $x^2+4y^2=36-9k^2\to x^2+4y^2=9(4-k^2)$으로 등고선은 타원이 나온다.
   (b) $z=k$(k는 실수)라 하면, $-xy=k$이므로 등고선은 쌍곡선이 나온다.

3. (a) 5, (b) 1

4. 곡선 $y=mx$를 따라서 접근하면, m 값에 따라서 다른 값이 나온다. 따라서, 극한이 존재하지 않는다.

5. $x=0$을 제외한 모든 (x,y)에서 연속이다.

6. 0

7. 서로 다른 경로 $x=1, x=y$를 생각해 보기.

5.2

1. (a) $f_x=2x+y$, $f_y=x$
   (b) $f_x=(1+2xy)e^{x^2y}$, $f_y=x^3e^{x^2y}$
   (c) $f_x=\sin y-y\sin x$, $f_y=x\cos y+\cos x$
   (d) $f_x=\frac{-2y}{(x-y)^2}$, $f_y=\frac{2x}{(x-y)^2}$

2. $z_{xx}=2e^{y^2}$, $z_{xy}=z_{yx}=4xye^{y^2}$, $z_{yy}=2x^2e^{y^2}+4x^2y^2e^{y^2}$.

3. $\frac{19}{5}$

4. $f_x(a,b)<0$, $f_y(a,b)>0$, $f_{xx}(a,b)<0$, $f_{yy}(a,b)>0$

5. $z=4x+4y-4$

6. $F_x=-x^2e^{3x}$, $F_y=y^2e^{3y}$

7. -2

8. $\frac{87}{40}$

9. $dz=\left(\frac{y^2}{1+x^2y^4}\right)dx+\left(\frac{2xy}{1+x^2y^4}\right)dy$

10. $\dfrac{36}{5}$

5.4

1.(a) $\dfrac{7}{6}$, (b) $\pi(e-1)$

2. $\dfrac{1}{24}$

3. $\dfrac{1}{3}$

4. $\displaystyle\int_0^1\int_{3y}^3 f(x,y)\,dxdy = \int_0^3\int_0^{x/3} f(x,y)\,dydx$

5. 0

6. 0

7. 12π

8. $\dfrac{\pi^2}{144}$

9. $\dfrac{\pi}{24}$

10. $\dfrac{1}{12}$

6장

6.1

1. (1) $\begin{bmatrix}6 & 3 & 2\\4 & 3 & 9\end{bmatrix}$ (2) $\begin{bmatrix}2 & 10 & -9\\4 & -12 & 1\end{bmatrix}$ (3) $\begin{bmatrix}27\\-25\end{bmatrix}$ (4) $\begin{bmatrix}0 & 0\\3 & 4\\1 & 2\end{bmatrix}$

2. 두 행렬은 대칭행렬이므로 $A^T=A$이고 $B^T=B$이다. 따라서
   행렬 A에서 $2a+3b=a$, $b=c-a$, $-c=2$이므로

$$c=-2,$$
$$b=c-a=-2-a,$$
$$2a+3b=a \Rightarrow a=-3b \Rightarrow a=-3\text{이고 } b=1$$

   이다.
   또한 행렬 B에서 $-5a-3b=2a+c$, $a+b=-c$, $-1=-b-c$이므로

$$b+c=1$$
$$a+b=-c \Rightarrow a=-b-c \Rightarrow a=-1$$
$$-5a-3b=2a+c \Rightarrow 7a=-3b-c \Rightarrow 3b+c=7$$

   또한 $b+c=1$이고 $3b+c=7$이므로 $2b=2 \Rightarrow b=3$ 이고 $c=-2$

   결국 A가 대칭행렬이려면 $a=-3$, $b=1$, $c=-2$
   B가 대칭행렬이려면 $a=-1$, $b=3$, $c=-2$

이다.

3. $A^T=\begin{bmatrix}1 & -1\\2 & 0\\3 & 2\end{bmatrix}$, $B^T=\begin{bmatrix}-1 & 0\\1 & -3\end{bmatrix}$, $(BA)^T=\begin{bmatrix}-2 & 3\\-2 & 0\\-1 & -6\end{bmatrix}=A^TB^T$

4. $X=\begin{bmatrix}1 & -1\\2 & -3\end{bmatrix}$

5. $AA^T=\begin{bmatrix}40 & -6\\-6 & 37\end{bmatrix}$, $A^TA=\begin{bmatrix}37 & -6\\-6 & 40\end{bmatrix}$

6. $\begin{bmatrix}-2s & -2t\\s & t\end{bmatrix}$, s, t는 모든 실수

7. ($\Rightarrow$) $AB=BA$라고 하자. $(AB)^T=B^TA^T$이고 A와 B는 대칭행렬이므로 $A^T=A$, $B^T=B$이다.
   즉, $(AB)^T=B^TA^T=BA$.
   그런데 가정에 의해 $(AB)^T=BA=AB$이다.
   따라서 AB는 대칭행렬이다.
   ($\Leftarrow$) AB가 대칭행렬이라고 하자. 그러면 $(AB)^T=AB$이다.
   그런데 $AB=(AB)^T=B^TA^T$이고 A와 B는 대칭행렬이므로 $A^T=A$, $B^T=B$가 되어
   $$AB=(AB)^T=B^TA^T=BA$$
   즉 $AB=BA$이다.

8. $A=\dfrac{A+A^T}{2}+\dfrac{A-A^T}{2}$임은 자명하다.
   그런데 $\left(\dfrac{A+A^T}{2}\right)^T=\dfrac{A^T+(A^T)^T}{2}=\dfrac{A+A^T}{2}$이므로 $\dfrac{A+A^T}{2}$는 대칭행렬이고
   $\left(\dfrac{A-A^T}{2}\right)^T=\dfrac{A^T-(A^T)^T}{2}=\dfrac{A^T-A}{2}=-\dfrac{A-A^T}{2}$이므로 $\dfrac{A-A^T}{2}$는 반대칭행렬이다.
   따라서 A는 대칭행렬과 반대칭행렬의 합으로 나타낼 수 있다.
   B_1과 B_2는 대칭행렬이고 C_1과 C_2는 반대칭행렬이고 $A=B_1+C_1=B_2+C_2$라고 하자.
   그러면 $B_1-B_2=C_2-C_1$이고
   $(B_1-B_2)^T=B_1^T-B_2^T=B_1-B_2$이므로 B_1-B_2는 대칭행렬이고
   $(C_2-C_1)^T=C_2^T-C_2^T=-C_2+C_1=-(C_2-C_1)$이므로 C_2-C_1은 반대칭행렬이다.
   즉 B_1-B_2와 C_2-C_1은 모두 대칭행렬인 동시에 반대칭행렬이다.
   즉 $(B_1-B_2)^T=B_1-B_2$이고 $(B_1-B_2)^T=-(B_1-B_2)$이다. 따라서 $B_1-B_2=O$ 즉 $B_1=B_2$이다.
   마찬가지로 $C_1=C_2$이다.
   따라서 대칭행렬과 반대칭행렬의 합으로 A를 표현하는 방법은 유일하다.

9. $A=\begin{bmatrix}0 & a\\b & 0\end{bmatrix}$이므로 $A^2=\begin{bmatrix}0 & a\\b & 0\end{bmatrix}\begin{bmatrix}0 & a\\b & 0\end{bmatrix}=\begin{bmatrix}ab & 0\\0 & ab\end{bmatrix}=abI$
   $A^3=A^2A=abI\begin{bmatrix}0 & a\\b & 0\end{bmatrix}=abA$
   $A^4=A^3A=abA^2=(ab)^2I$
   $\vdots$

따라서 $A^{2n}=(ab)^n I$이고 $A^{2n+1}=A^{2n}A=(ab)^n A$이다.

또한 $tr(A^{2n})=tr((ab)^n I)=n(ab)^n$이고 $tr(A^{2n+1})=tr((ab)^n A)=(ab)^n tr(A)=0$이다.

6.2

1. (1) $\begin{bmatrix}1&0&-14&0&6\\0&1&5&0&4\\0&0&0&1&-3\end{bmatrix}$ (2) $\begin{bmatrix}0&1&-1&0&0&\frac{17}{2}\\0&0&0&1&0&3\\0&0&0&0&1&-\frac{2}{3}\end{bmatrix}$ (3) $\begin{bmatrix}1&0&\frac{11}{3}&0&\frac{17}{6}\\0&1&\frac{1}{3}&0&\frac{2}{3}\\0&0&0&1&\frac{1}{2}\end{bmatrix}$

2. (1) 주어진 연립방정식을 덧붙인 행렬로 나타내면 $\begin{bmatrix}1&1&1&6\\1&-2&2&-2\\3&2&-4&8\end{bmatrix}$이고 이를 기약행사다리꼴로 변형하면 $\begin{bmatrix}1&0&0&2\\0&1&0&3\\0&0&1&1\end{bmatrix}$이다. 따라서 $x_1=2$, $x_2=3$, $x_3=1$이다.

(2) 주어진 연립방정식을 덧붙인 행렬로 나타내면 $\begin{bmatrix}1&2&1&7\\1&-1&-1&-4\end{bmatrix}$이고 이를 기약행사다리꼴로 변형하면 $\begin{bmatrix}1&0&-\frac{1}{3}&-\frac{1}{3}\\0&1&\frac{2}{3}&\frac{11}{3}\end{bmatrix}$이다. 따라서 $x_1=-\frac{1}{3}+\frac{1}{3}s$, $x_2=\frac{11}{3}-\frac{2}{3}s$, $x_3=s$ (단 $s\in\mathbb{R}$)이다.

(3) 주어진 연립방정식을 덧붙인 행렬로 나타내면 $\begin{bmatrix}1&1&2\\3&-1&2\\1&-1&0\end{bmatrix}$이고 이를 기약행사다리꼴로 변형하면 $\begin{bmatrix}1&0&1\\0&1&1\\0&0&0\end{bmatrix}$이다. 따라서 $x_1=1$, $x_2=1$이다.

(4) 주어진 연립방정식을 덧붙인 행렬로 나타내면 $\begin{bmatrix}1&1&3&-1&0\\1&1&1&1&1\\1&-2&1&1&1\\4&1&8&-1&0\end{bmatrix}$이고 이를 기약행사다리꼴로 변형하면 $\begin{bmatrix}1&0&0&0&-\frac{5}{2}\\0&1&0&0&0\\0&0&1&0&\frac{3}{2}\\0&0&0&1&2\end{bmatrix}$이다. 따라서 $x_1=-\frac{5}{2}$, $x_2=0$, $x_3=\frac{3}{2}$, $x_4=2$이다.

3. (1) $AX=X \Rightarrow (A-I)X=O$이므로 이를 덧붙인 행렬로 나타내면 $\begin{bmatrix}1&2&3&0\\1&1&1&0\\2&-2&0&0\end{bmatrix}$이고 이를 기약행사다리꼴로 변형하면 $\begin{bmatrix}1&0&0&0\\0&1&0&0\\0&0&1&0\end{bmatrix}$이므로 $X=O$이다.

(2) $(4I-A)X=O$을 덧붙인 행렬로 나타내면 $\begin{bmatrix} 2 & -2 & -3 & 0 \\ -1 & 2 & -1 & 0 \\ -2 & 2 & 3 & 0 \end{bmatrix}$이고 이를 기약행사다리꼴로 변형하

면 $\begin{bmatrix} 1 & 0 & -4 & 0 \\ 0 & 1 & -\frac{5}{2} & 0 \\ 0 & 0 & 0 & 0 \end{bmatrix}$이다. 따라서 $X=\begin{bmatrix} 4t \\ \frac{5}{2}t \\ t \end{bmatrix}=t\begin{bmatrix} 4 \\ \frac{5}{2} \\ 1 \end{bmatrix}$ (단 $t\in\mathbb{R}$)이다.

4. 주어진 연립방정식을 덧붙인 행렬로 나타내면 $\begin{bmatrix} 1 & -2 & -1 & 1 & a \\ 2 & -4 & 3 & -3 & 4 \\ 1 & -2 & 1 & -1 & -1 \end{bmatrix}$이고 이를 행사다리꼴로 변형

하면 $\begin{bmatrix} 1 & -2 & -1 & 1 & a \\ 0 & 0 & 1 & -1 & \frac{-1-a}{2} \\ 0 & 0 & 0 & 0 & \frac{13+a}{2} \end{bmatrix}$이다. 주어진 연립방정식이 해를 갖기 위해서는 행사다리꼴의 세

번째 행이 모두 0이어야 한다. 따라서 $a=-13$이면 해가 존재한다.

5. $a=5$, $b=7$

6. E_1A는 A의 1행과 2행의 위치가 바뀌었다.

E_2A는 A의 1행 성분이 모두 2배 되었다.

E_3A는 A의 1행에 3을 곱한 후 2행에 더한 결과로 2행이 바뀌었다.

7. $E_1=\begin{bmatrix} 0 & 0 & 1 \\ 0 & 1 & 0 \\ 1 & 0 & 0 \end{bmatrix}$, $E_2=\begin{bmatrix} 1 & 0 & 1 \\ 0 & -2 & 0 \\ 0 & 0 & 1 \end{bmatrix}$, $E_3=\begin{bmatrix} 1 & 0 & 0 \\ -1 & 1 & 0 \\ 0 & 0 & 1 \end{bmatrix}$

$E_1A=\begin{bmatrix} 7 & 8 & 9 \\ 4 & 5 & 6 \\ 1 & 2 & 3 \end{bmatrix}$, $E_2A=\begin{bmatrix} 1 & 2 & 3 \\ -8 & -10 & -12 \\ 7 & 8 & 9 \end{bmatrix}$, $E_3A=\begin{bmatrix} 1 & 2 & 3 \\ 3 & 3 & 3 \\ 7 & 8 & 9 \end{bmatrix}$

8. $A=LU$, 여기서 $L=\begin{bmatrix} 1 & 0 & 0 \\ -3 & 1 & 0 \\ 2 & -\frac{3}{2} & 1 \end{bmatrix}$, $U=\begin{bmatrix} 1 & 2 & -3 \\ 0 & 2 & 4 \\ 0 & 0 & 7 \end{bmatrix}$

6.3

1. 행렬 A의 한 행에 k를 곱해 만든 행렬을 B라고 하면 $\det B=k\det A$이다.

그런데 kA는 A의 모든 n개의 행에 k를 곱해서 만든 행렬이므로 $\det A=k^n\det A$이다.

2. (1) 13 (2) 1 (3) -132 (4) -57 (5) 28

3. (1) 1열과 3열이 교환되었으므로 $-t$

(2) 1행과 3행이 교환되고 행 하나에 모두 4가 곱해있으므로 $-4t$

(3) 1열의 -2배를 3열에 더했으므로 t

(4) 1열과 3열이 교환되었으므로 $-t$

(5) 1행에 2배, 3행에 3배 한 후, 2행의 -5배를 1행에 더하고, 또 2행의 -4배를 3행에 더했으므로 $6t$

4. (1) $M_{12}=-6$, $A_{12}=6$ (2) $M_{22}=-12$, $A_{22}=-12$

5. $B=\begin{bmatrix} -18 & -11 & -10 \\ 2 & 14 & -4 \\ 4 & 5 & -8 \end{bmatrix}$

6. 수학적 귀납법을 이용하여 증명하자.

$n=1$일 때는 자명하고 $n=2$일 때도 쉽게 확인할 수 있다.

$n=3$이면

$$\begin{vmatrix} 1 & 1 & 1 \\ x_1 & x_2 & x_3 \\ {x_1}^2 & {x_2}^2 & {x_3}^2 \end{vmatrix} = 1\begin{vmatrix} x_2 & x_3 \\ {x_2}^2 & {x_3}^2 \end{vmatrix} - x_1\begin{vmatrix} 1 & 1 \\ {x_2}^2 & {x_3}^2 \end{vmatrix} + {x_1}^2\begin{vmatrix} 1 & 1 \\ x_2 & x_3 \end{vmatrix}$$

$$= x_2x_3(x_3-x_2) - x_1({x_3}^2-{x_2}^2) + {x_1}^1(x_3-x_2)$$

$$= (x_3-x_2)({x_1}^2-(x_3+x_2)x_1+x_2x_3)$$

$$= (x_2-x_1)(x_2-x_3)(x_3-x_1)$$

이 성립한다.

이제 $n=k$일 때 성립한다고 가정하고 그 결과를 $V_k=(-1)^{\frac{(k-1)k}{2}}\prod_{1\le i<j\le k}(x_i-x_j)$이라고 하자.

그러면 $n=k+1$인 경우의 행렬식 $\begin{vmatrix} 1 & 1 & \cdots & 1 & 1 \\ x_1 & x_2 & \cdots & x_k & x_{k+1} \\ \vdots & \vdots & \ddots & \vdots & \vdots \\ x_1^k & x_2^k & \cdots & x_k^k & x_{k+1}^k \end{vmatrix}$을 구해보자. 행렬의 i행에 x_1을 곱한 후 $i+1$행에서 빼는 데 이를 k번째 행부터 시작하여 1행까지 진행하면 행렬식은

$$\begin{vmatrix} 1 & 1 & \cdots & 1 & 1 \\ 0 & (x_2-x_1) & \cdots & (x_k-x_1) & (x_{k+1}-x_1) \\ \vdots & \vdots & \ddots & \vdots & \vdots \\ 0 & x_2^{k-1}(x_2-x_1) & \cdots & x_k^{k-1}(x_k-x_1) & x_{k+1}^{k-1}(x_{k+1}-x_1) \\ 0 & x_2^k(x_2-x_1) & \cdots & x_k^k(x_k-x_1) & x_{k+1}^k(x_{k+1}-x_1) \end{vmatrix}$$

$$= \begin{vmatrix} (x_2-x_1) & \cdots & (x_k-x_1) & (x_{k+1}-x_1) \\ \vdots & \ddots & \vdots & \vdots \\ x_2^{k-1}(x_2-x_1) & \cdots & x_k^{k-1}(x_k-x_1) & x_{k+1}^{k-1}(x_{k+1}-x_1) \\ x_2^k(x_2-x_1) & \cdots & x_k^k(x_k-x_1) & x_{k+1}^k(x_{k+1}-x_1) \end{vmatrix}$$

이고 각 열은 x_2-x_1, x_3-x_1, …, $x_{k+1}-x_1$이 인수이므로 이를 묶어내면 행렬식은

$$(x_2-x_1)(x_3-x_1)\cdots(x_{k+1}-x_1)\begin{vmatrix} 1 & \cdots & 1 & 1 \\ x_2 & \cdots & x_k & x_{k+1} \\ \vdots & \ddots & \vdots & \vdots \\ x_2^k & \cdots & x_k^k & x_{k+1}^k \end{vmatrix} = (x_2-x_1)(x_3-x_1)\cdots(x_{k+1}-x_1)\,V_k$$

$$= V+_{k+1}$$

이다. 따라서 모든 자연수 n에 대하여 성립한다.

7.(1) 행렬 $A' = [A_{n\times m} | O_{n\times(n-m)}] = \begin{bmatrix} a_{11}\ a_{12} \cdots a_{1m}\ 0 \cdots 0 \\ \vdots \quad \ddots \quad\quad \vdots \\ a_{n1}\ a_{n2} \cdots a_{nm}\ 0 \cdots 0 \end{bmatrix}$이고 $B' = \begin{bmatrix} B_{m\times n} \\ ----- \\ O_{(n-m)\times n} \end{bmatrix} = \begin{bmatrix} b_{11}\ b_{12} \cdots b_{1n} \\ \vdots \quad \ddots \quad \vdots \\ b_{m1}\ b_{m2} \cdots b_{mn} \\ 0 \quad \cdots \quad 0 \\ \vdots \quad \ddots \quad \vdots \\ 0 \quad \cdots \quad 0 \end{bmatrix}$

이다. 행렬 A의 i번째 행을 A_i라하고 행렬 B의 j번째 열을 B_j라고 하면

$$A'B' = \begin{bmatrix} A_1B^1+O \cdots A_1B^n+O \\ \vdots \quad \ddots \quad \vdots \\ A_nB^n+O \cdots A_nB^n+O \end{bmatrix} = \begin{bmatrix} A_1B^1 \cdots A_1B^n \\ \vdots \quad \ddots \quad \vdots \\ A_nB^1 \cdots A_nB^n \end{bmatrix} = AB$$이다.

(2) (1)에서 $A'B' = AB$이므로 $\det(AB) = \det(A'B')$이고 A'과 B'은 영벡터를 행 또는 열로 가지고 있으므로 $\det(A') = \det(B') = 0$이다. 따라서

$$\det(AB) = \det(A'B') = 0$$

이다.

8. 생략 (힌트: 행에 대한 라플라스 전개를 열에 대한 라플라스 전개로 변환하여 구해볼 것)

9. 생략 (힌트: 모든 성분이 0인 행을 이용하여 라플라스 전개 이용)

10. 생략 (힌트: 기본행연산 각가에 대한 기본행렬에 대하여 행렬식을 구해볼 것)

6.4

1. (1) 덧붙인 행렬 $\left[\begin{array}{ccc|ccc} 2 & -3 & 2 & 1 & 0 & 0 \\ 3 & 5 & -4 & 0 & 1 & 0 \\ 1 & 2 & -1 & 0 & 0 & 1 \end{array}\right]$을 기약행사다리꼴로 변형하면

$$\left[\begin{array}{ccc|ccc} 1 & 0 & 0 & \frac{3}{11} & \frac{1}{11} & \frac{2}{11} \\ 0 & 1 & 0 & -\frac{1}{11} & -\frac{4}{11} & \frac{14}{11} \\ 0 & 0 & 1 & \frac{1}{11} & -\frac{7}{11} & \frac{19}{11} \end{array}\right].\ \text{따라서 역행렬은} \begin{bmatrix} \frac{3}{11} & \frac{1}{11} & \frac{2}{11} \\ -\frac{1}{11} & -\frac{4}{11} & \frac{14}{11} \\ \frac{1}{11} & -\frac{7}{11} & \frac{19}{11} \end{bmatrix}$$

(2) 덧붙인행렬 $\left[\begin{array}{ccc|ccc} 0 & 1 & 2 & 1 & 0 & 0 \\ 2 & 0 & 1 & 0 & 1 & 0 \\ 1 & 2 & 0 & 0 & 0 & 1 \end{array}\right]$을 기약행사다리꼴로 변형하면

$$\left[\begin{array}{ccc|ccc} 1 & 0 & 0 & -\frac{2}{9} & \frac{4}{9} & \frac{1}{2} \\ 0 & 1 & 0 & \frac{1}{9} & -\frac{1}{9} & \frac{4}{9} \\ 0 & 0 & 1 & \frac{4}{9} & \frac{1}{9} & -\frac{2}{9} \end{array}\right].\ \text{뜨라서 역행렬은} \begin{bmatrix} -\frac{2}{9} & \frac{4}{9} & \frac{1}{2} \\ \frac{1}{9} & -\frac{1}{9} & \frac{4}{9} \\ \frac{4}{9} & \frac{1}{9} & -\frac{2}{9} \end{bmatrix}$$

(3) 덧붙인 행렬 $\left[\begin{array}{cccc|cccc} 0 & 1 & 0 & 1 & 1 & 0 & 0 & 0 \\ -2 & 1 & 0 & -1 & 0 & 1 & 0 & 0 \\ 1 & 0 & -1 & 0 & 0 & 0 & 1 & 0 \\ 3 & 0 & -1 & 1 & 0 & 0 & 0 & 1 \end{array}\right]$을 기약행사다리꼴로 바꾸면

$$\left[\begin{array}{cccc|cccc} 1 & 0 & 0 & 0 & -\frac{1}{2} & \frac{1}{2} & -1 & 1 \\ 0 & 1 & 0 & 0 & 0 & 1 & -1 & 1 \\ 0 & 0 & 1 & 0 & -\frac{1}{2} & \frac{1}{2} & -2 & 1 \\ 0 & 0 & 0 & 1 & 1 & -1 & 1 & -1 \end{array}\right]$$

2. (1) $\begin{vmatrix} 2 & 4 & -1 \\ -3 & -6 & -1 \\ 1 & 3 & 2 \end{vmatrix} = 2(-12-(-3)) - 4(-6-(-1)) + (-1)(-9-(-6)) = 5$

$C_{11} = -9,\ C_{12} = 5,\ C_{13} = -3$

$C_{21} = -11,\ C_{22} = 5,\ C_{23} = -2$

$C_{31} = -10,\ C_{32} = 5,\ C_{33} = 0$

따라서 역행렬은 $\frac{1}{5}\begin{bmatrix} -9 & -11 & -10 \\ 5 & 5 & 5 \\ -3 & -2 & 0 \end{bmatrix}$이다.

(2) $\begin{vmatrix} 3 & -3 & -1 \\ 6 & -5 & -3 \\ -2 & 2 & 1 \end{vmatrix} = 3(-5+6)-(-3)(6-6)+(-1)(12-10)=1$

$C_{11}=1$, $C_{12}=0$, $C_{13}=2$

$C_{21}=1$, $C_{22}=1$, $C_{23}=0$

$C_{31}=4$ $C_{32}=3$, $C_{33}=3$

따라서 역행렬은 $\begin{bmatrix} 1 & 1 & 4 \\ 0 & 1 & 3 \\ 2 & 0 & 3 \end{bmatrix}$이다.

(3) 1행과 4행, 2행과 3행의 자리를 바꾸면 $\begin{vmatrix} 1 & 1 & 1 & 1 \\ 1 & 1 & 1 & 0 \\ 1 & 1 & 0 & 0 \\ 1 & 0 & 0 & 0 \end{vmatrix} = \begin{vmatrix} 1 & 0 & 0 & 0 \\ 1 & 1 & 0 & 0 \\ 1 & 1 & 1 & 0 \\ 1 & 1 & 1 & 1 \end{vmatrix} = 1$이다. (삼각행렬의 행렬식은 주대각선의 곱) 우선 $\begin{vmatrix} 1 & 1 & 1 \\ 1 & 1 & 0 \\ 1 & 0 & 0 \end{vmatrix} = -1$임을 이용하고 영벡터를 열 혹은 행으로 가지고 있으면 행렬식이 0임을 이용하면,

$C_{11}=C_{12}=C_{13}=0$, $C_{14}=1$,

$C_{21}=0$, $C_{22}=0$ (같은 행이 두 개), $C_{23}=1$, $C_{24}=-1$,

$C_{31}=0$, $C_{32}=1$, $C_{33}=-1$, $C_{34}=0$ (같은 행이 두 개),

$C_{41}=1$, $C_{42}=-1$, $C_{43}=0$ (같은 행이 두 개), $C_{44}=0$ (같은 행이 두 개)

따라서 역행렬은 $\begin{bmatrix} 0 & 0 & 0 & 1 \\ 0 & 0 & 1 & -1 \\ 0 & 1 & -1 & 0 \\ 1 & -1 & 0 & 0 \end{bmatrix}$이다.

3. (1) $\begin{bmatrix} a & b \\ c & d \end{bmatrix}^2 = \begin{bmatrix} a^2+bc & ab+bd \\ ac+cd & bc+d^2 \end{bmatrix} = \begin{bmatrix} a & b \\ c & d \end{bmatrix}$이어야 하므로 $a^2+bc=a$, $b(a+d)=b$, $c(a+d)=c$, $bc+d^2=d$이어야 한다. 이러한 행렬 중 3개만 제시하면 되므로 적당한 a, b, c, d에 대하여 행렬을 구해보자. $a=0$이면 $bc=0$이고 $b=0$ 또는 $c=0$이다. 그런데 $b=0$이면 $d=0$ 또는 $d=1$이다. $d=1$이면 c는 모든 실수가 가능하므로 행렬은 $\begin{bmatrix} 0 & 0 \\ 1 & 1 \end{bmatrix}$, $\begin{bmatrix} 0 & 0 \\ 2 & 1 \end{bmatrix}$ 등이 있다. 또 $d=0$이면 $c=0$이어야 하므로 $\begin{bmatrix} 0 & 0 \\ 0 & 0 \end{bmatrix}$뿐이다.

(2) $A^2=A$라고 하면 $O=A^2-A=A(A-I)$이다. 그런데 A는 가역이므로 $A-I=O$이므로 $A=I$이다.

4. $A^T=A$라고 하자. 그러면 $(A^{-1})^T A^T=(AA^{-1})^T=I^T=I$이므로 $(A^{-1})^T=(A^T)^{-1}$이다.

5. AB가 가역이므로 $\det(AB)\neq 0$이다 $\det(AB)=(\det A)(\det B)\neq 0$이므로 $\det A\neq 0$이고 $\det B\neq 0$이다. 따라서 행렬 A와 B는 모두 가역이다.

6. (1) 계수 행렬을 A라고 하면 $\det A=3$이다.

상수벡터를 A의 i열에 대입하여 만든 행렬을 A_i라고 하면

$\det A_1 = \begin{vmatrix} 1 & -5 & -2 \\ 4 & 1 & -1 \\ 5 & 2 & 1 \end{vmatrix} = 42$

$$\det A_2 = \begin{vmatrix} 3 & 1 & -2 \\ 1 & 4 & -1 \\ -1 & 5 & 1 \end{vmatrix} = 9$$

$$\det A_3 = \begin{vmatrix} 3 & -5 & 1 \\ 1 & 1 & 4 \\ -1 & 2 & 5 \end{vmatrix} = 39$$

이다. 따라서 $x_1 = \dfrac{\det A_1}{\det A} = 14$, $x_2 = \dfrac{\det A_2}{\det A} = 3$, $x_3 = \dfrac{\det A_3}{\det A} = 13$이다.

(2) 계수 행렬을 A라고 하면 $\det A = -256$이다.

상수벡터를 A의 i열에 대입하여 만든 행렬을 A_i라고 하면

$$\det A_1 = \begin{vmatrix} 5 & 0 & 2 & 0 \\ 1 & 4 & 0 & -5 \\ 0 & 0 & -2 & 1 \\ 5 & 4 & 8 & 0 \end{vmatrix} = -328$$

$$\det A_2 = \begin{vmatrix} 3 & 5 & 2 & 0 \\ 0 & 1 & 0 & -5 \\ 1 & 0 & -2 & 1 \\ 0 & 5 & 8 & 0 \end{vmatrix} = -24$$

$$\det A_3 = \begin{vmatrix} 3 & 0 & 5 & 0 \\ 0 & 4 & 1 & -5 \\ 1 & 0 & 0 & 1 \\ 0 & 4 & 5 & 0 \end{vmatrix} = -148$$

$$\det A_4 = \begin{vmatrix} 3 & 0 & 2 & 5 \\ 0 & 4 & 0 & 1 \\ 1 & 0 & -2 & 0 \\ 0 & 4 & 8 & 5 \end{vmatrix} = 32$$

이다. 따라서

$$x = \frac{\det A_1}{\det A} = \frac{41}{32},\ y = \frac{\det A_2}{\det A} = \frac{3}{32},\ z = \frac{\det A_3}{\det A} = \frac{37}{64},\ w = \frac{\det A_4}{A} = -\frac{1}{8}$$

이다.

7. 생략(힌트: 역행렬의 정의를 이용할 것)

8. 생략

7장

7.1

1. (1)

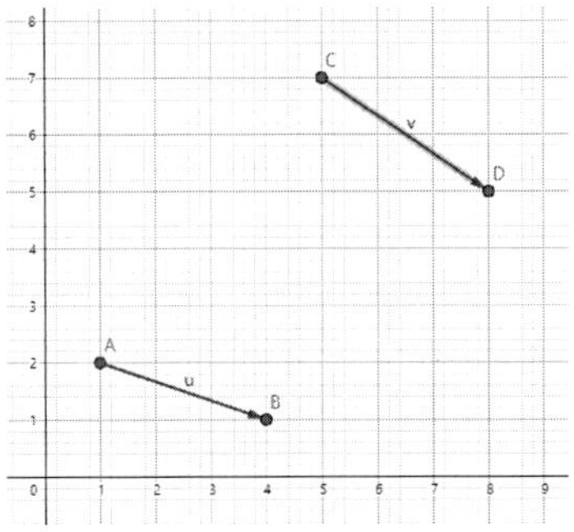

(2) $\overrightarrow{AB} = <3,-1>$이고 $\overrightarrow{CD} = <3,-2>$이므로 같은 벡터가 아니다.

2. (1)

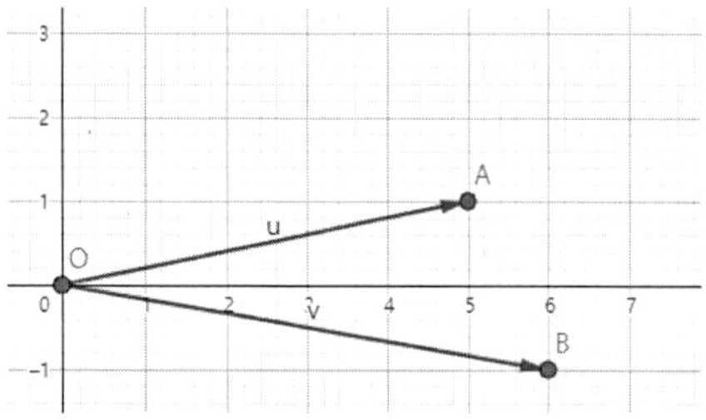

(2)

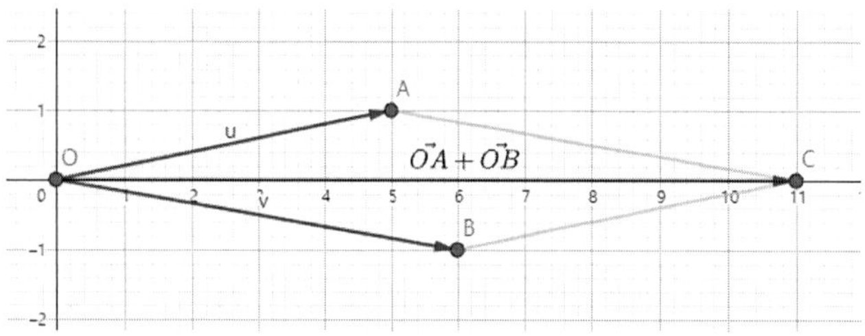

$\overrightarrow{OA} = <5,1>$이고 $\overrightarrow{OB} = <6,-1>$이므로 $\overrightarrow{OA} + \overrightarrow{OB} = <5+6,\ 1+(-1)> = <11,\ 0>$이다.

3. $\mathrm{a} = <1,3>$, $\mathrm{b} = <-2,5>$이므로

   (1) $-2\mathrm{a} = 2<1,3,> = <2,6>$

   (2) $3\mathrm{a}+2\mathrm{b} = 3<1,3>+2<-2,5> = <3,9>+<-4,10> = <-1,19>$

   (3) $\mathrm{a}-2\mathrm{b} = <1,3>-2<-2,5> = <1,3>-<-4,10> = <5,-7>$

4. $\mathrm{a} = <3,0,2>$, $\mathrm{b} = <1,2,-2>$이므로

   (1) $\mathrm{a}+\mathrm{b} = <3,0,2>+<1,2,-2> = <4,2,0>$

   (2) $2\mathrm{a}+3\mathrm{b} = 2<3,0,2>+3<1,2,-2> = <6,0,4>+<3,6,-6> = <9,6,-2>$

   (3) $3\mathrm{a}-4\mathrm{b} = 3<3,0,2>-4<1,2,-2> = <9,0,6>-<4,8,-8> = <5,-8,14>$

5. (1) $<18,\ -21,\ -13>$　　(2) $<-5,\ -39,\ 54>$

6. (1) $\begin{bmatrix} 27 \\ 5 \\ -24 \end{bmatrix}$　　(2) $\begin{bmatrix} 3 \\ -29 \\ -6 \end{bmatrix}$

7. $x=2$, $y=1$

8. $c_1=-6$, $c_2=3$, $c_3=2$

7.2

1. (1) $-3-12=-15$　　(2) $8+12+3-20-8=-5$

2. $\mathrm{a} \cdot \mathrm{b} = <1,2> \cdot <-2,k> = -2+2k = 0$ 따라서 $k=1$

3. $\mathrm{proj}_{\mathrm{a}}\mathrm{b} = \dfrac{\mathrm{a} \cdot \mathrm{b}}{\mathrm{a} \cdot \mathrm{a}}\mathrm{a}$임을 이용하자.

   (1) $\mathrm{a} = <-1,4>$, $\mathrm{b} = <1,-2>$이므로

$$\mathrm{proj}_{\mathrm{a}}\mathrm{b} = \frac{<-1,4> \cdot <1,-2>}{<-1,4> \cdot <-1,4>}<-1,4> = \frac{-1-8}{1+16}<-1,4> = -\frac{9}{17}<-1,4> = \left\langle \frac{9}{17}, -\frac{36}{17} \right\rangle$$

(2) a=< 0,1,−1 >, b=< 1,3,4 >이므로

$$\text{proj}_{a}b=\frac{<0,1,-1>\cdot<1,3,4>}{<0,1,-1>\cdot<0,1-1>}<0,1-1>=\frac{0+3-4}{0+1+1}<0,1,-1>$$

$$=-\frac{1}{2}<0,1,-1>=\left\langle 0,-\frac{1}{2},\frac{1}{2}\right\rangle$$

4. $\triangle PQR$에서 $\overrightarrow{PQ}=<-3,1,-5>$, $\overrightarrow{PR}=<0,-5,-5>$이므로 $\triangle PQR$의 넓이는

$$\frac{1}{2}|\overrightarrow{PQ}\times\overrightarrow{PR}|=\frac{1}{2}\left\|\begin{vmatrix} i & j & k \\ -3 & 1 & -5 \\ 0 & -5 & -5 \end{vmatrix}\right\|=\frac{1}{2}|(-5-25)i-(15-0)j+(15-0)k|$$

$$=\frac{1}{2}\sqrt{(-30)^2+(-15)^2+15^2}=\frac{1}{2}\sqrt{900+225+225}=\frac{1}{2}\sqrt{1350}=\frac{15}{2}\sqrt{6}$$

5. 세 벡터 a=< 1,4,−7 >, b=< 2,−1,4 >, x=$< x_1, x_2, x_3 >$가 한 평면 위에 있으려면 세 벡터의 스칼라 삼중적이 0이어야 한다. 즉 x · (a× b) = 0이어야 한다. 따라서

$$0=x\cdot(a\times b)=\begin{vmatrix} x_1 & x_2 & x_3 \\ 1 & 4 & -7 \\ 2 & -1 & 4 \end{vmatrix}=(16-7)x_1-(4+14)x_2+(-1-8)x_3$$

$$=9x_1-18x_2-9x_3$$

이다. 즉 $x_1-2x_2-x_3=0$이다.

6. 네 점 $P(-2,1,0)$, $Q(2,3,2)$, $R(1,4,-1)$, $S(3,6,1)$에 대하여 세 선분 PQ, PR, PS를 이웃하는 세 변으로 한 평행육면체의 부피는 세 벡터

$$\overrightarrow{PQ}=<4,2,2>,\ \overrightarrow{PR}=<3,3,-1>,\ \overrightarrow{PS}=<5,5,1>$$

의 스칼라 삼중적의 절댓값으로 구할 수 있다.

따라서 주어진 평행육면체의 부피는

$$|\overrightarrow{PQ}\cdot(\overrightarrow{PR}\times\overrightarrow{PS})|=\left\|\begin{vmatrix} 4 & 2 & 2 \\ 3 & 3 & -1 \\ 5 & 5 & 1 \end{vmatrix}\right\|=|(12+(-10)+30)-(30+6+(-20))|$$

$$=16$$

7. 생략 (힌트: cosine 법칙을 이용하여 설명할 수 있음.)
8. 생략 (힌트: dot product의 정의로부터 쉽게 보일 수 있음.)
9. 생략 (힌트: 모든 실수 t에 대하여 $(ta-b)\cdot(ta-b)\ge 0$임과 2차 방정식의 판별식을 활용하여 보일 수 있음)
10. (1) < 5, 8, −6 > (2) <−7, −18, 5 > (3) 0

7.3

1. $v_1=<-1,0,1>$, $v_2=<0,-1,2>$, $v_3=<1,2,3>$이므로

(1) v를 v_1, v_2, v_3의 일차결합으로 나타내면

$$<-1,4,1>=a<-1,0,1>+b<0,-1,2>+c<1,2,3>$$

이고 이를 연립방정식의 덧붙인 행렬로 나타내면

$$\left[\begin{array}{ccc|c} -1 & 0 & 1 & -1 \\ 0 & -1 & 2 & 4 \\ 1 & 2 & 3 & 1 \end{array}\right]$$

이다. 이를 가우스−조던 소거법으로 풀면

$$\left[\begin{array}{ccc|c} 1 & 0 & 0 & 2 \\ 0 & 1 & 0 & -2 \\ 0 & 0 & 1 & 1 \end{array}\right]$$

이다. 따라서 $a=2$, $b=-1$, $c=1$이고

$\mathrm{v}=2\mathrm{v}_1-\mathrm{v}_2+\mathrm{v}_3$

이다.

(2) v를 v_1, v_2, v_3의 일차결합으로 나타내면

$<-1,7,-1>=a<-1,0,1>+b<0,-1,2>+c<1,2,3>$

이고 이를 연립방정식의 덧붙인 행렬로 나타내면

$$\left[\begin{array}{ccc|c} -1 & 0 & 1 & -1 \\ 0 & -1 & 2 & 7 \\ 1 & 2 & 3 & -1 \end{array}\right]$$

이다. 이를 가우스-조던 소거법으로 풀면

$$\left[\begin{array}{ccc|c} 1 & 0 & 0 & \frac{5}{2} \\ 0 & 1 & 0 & -4 \\ 0 & 0 & 1 & \frac{3}{2} \end{array}\right]$$

이다. 따라서 $a=\frac{5}{2}$, $b=-4$, $c=\frac{3}{2}$이고

$\mathrm{v}=\frac{5}{2}\mathrm{v}_1-4\mathrm{v}_2+\frac{3}{2}\mathrm{v}_3$

이다.

(3) v를 v_1, v_2, v_3의 일차결합으로 나타내면

$<-4,4,4>=a<-1,0,1>+b<0,-1,2>+c<1,2,3>$

이고 이를 연립방정식의 덧붙인 행렬로 나타내면

$$\left[\begin{array}{ccc|c} -1 & 0 & 1 & -4 \\ 0 & -1 & 2 & 4 \\ 1 & 2 & 3 & 4 \end{array}\right]$$

이다. 이를 가우스-조던 소거법으로 풀면

$$\left[\begin{array}{ccc|c} 1 & 0 & 0 & 5 \\ 0 & 1 & 0 & -2 \\ 0 & 0 & 1 & 1 \end{array}\right]$$

이다. 따라서 $a=5$, $b=-2$, $c=1$이고

$\mathrm{v}=5\mathrm{v}_1-2\mathrm{v}_2+\mathrm{v}_3$

이다.

2. (1) $a\mathrm{v}_1+b\mathrm{v}_2+c\mathrm{v}_3=0$인 a, b, c를 구하면

$$\left[\begin{array}{ccc|c} 6 & -2 & -4 & 0 \\ 2 & -4 & -7 & 0 \\ -3 & 1 & 2 & 0 \end{array}\right] \rightarrow \left[\begin{array}{ccc|c} 1 & 0 & -\frac{1}{10} & 0 \\ 0 & 1 & \frac{7}{10} & 0 \\ 0 & 0 & 0 & 0 \end{array}\right]$$

이 되어 무수히 많은 해를 가진다. 따라서 세 벡터 v_1, v_2, v_3는 일차 종속이다.

(2) $<0,0,1>=a<6,2,-3>+b<-2,-4,1>+c<-4,-7,2>$를 풀면

$$\left[\begin{array}{rrr|r} 6 & -2 & -4 & 0 \\ 2 & -4 & -7 & 0 \\ -3 & 1 & 2 & 1 \end{array}\right] \rightarrow \left[\begin{array}{ccc|c} 1 & 0 & -\frac{1}{10} & 0 \\ 0 & 1 & \frac{7}{10} & 0 \\ 0 & 0 & 0 & 1 \end{array}\right]$$

이므로 해가 존재하지 않는다. 즉, $<0,0,1> \notin \text{span}\{\mathbf{v}_1, \mathbf{v}_2, \mathbf{v}_3\}$이다.

(3) $<2,0,-1>=a<6,2,-3>+b<-2,-4,1>+c<-4,-7,2>$를 풀면

$$\left[\begin{array}{rrr|r} 6 & -2 & -4 & 2 \\ 2 & -4 & -7 & 0 \\ -3 & 1 & 2 & -1 \end{array}\right] \rightarrow \left[\begin{array}{ccc|c} 1 & 0 & -\frac{1}{10} & \frac{2}{5} \\ 0 & 1 & \frac{7}{10} & \frac{1}{5} \\ 0 & 0 & 0 & 0 \end{array}\right]$$

이므로 해가 무수히 많은 해를 가진다. 따라서 벡터 $<2,0,-1>$을 $\mathbf{v}_1$, $\mathbf{v}_2$, $\mathbf{v}_3$의 일차결합으로 나타내는 방법은 무수히 많다.

3. $\mathbb{R}^3$의 세 벡터 $\mathbf{v}_1$, $\mathbf{v}_2$, $\mathbf{v}_3$이 일차종속이라고 하자. 그러면 $c_1\mathbf{v}_1+c_2\mathbf{v}_2+c_3\mathbf{v}_3=\mathbf{0}$인 c_1, c_2, c_3 중 적어도 하나는 0이 아니다. 일반성을 잃지 않고 우리는 $c_1 \neq 0$라 할 수 있다. 그러면

   $c_1\mathbf{v}_1=-c_2\mathbf{v}_2-c_3\mathbf{v}_3$

   이고, $c_1 \neq 0$이므로

   $$\mathbf{v}_1=-\frac{c_2}{c_1}\mathbf{v}2-\frac{c_3}{c_1}\mathbf{v}_3$$

   가 된다. 따라서 세 벡터 중 적어도 하나의 벡터는 다른 벡터의 합으로 나타낼 수 있다.

4. $c_1\mathbf{u}+c_2(\mathbf{u}+\mathbf{v})+c_3(\mathbf{u}+\mathbf{v}+\mathbf{w})=\mathbf{0}$이라 하자. 그러면 $(c_1+c_2+c_3)\mathbf{u}+(c_2+c_3)\mathbf{v}+c_3\mathbf{w}=\mathbf{0}$이다. 그런데 $B=\{\mathbf{u}, \mathbf{v}, \mathbf{w}\}$는 $\mathbb{R}^3$의 기저이므로 $\mathbf{u}$, $\mathbf{v}$, $\mathbf{w}$는 일차 독립이고 $c_1+c_2+c_3=0, c_2+c_3=0$, $c_3=0$이다. 따라서 $c_1=c_2=c_3=0$이다. 결국 세 벡터 $\mathbf{u}$, $\mathbf{u}+\mathbf{v}$, $\mathbf{u}+\mathbf{v}+\mathbf{w}$는 일차독립인 $\mathbb{R}^3$의 벡터이다. 그런데 $\mathbb{R}^3$의 세 벡터가 일차독립이면 $\mathbb{R}^3$의 기저이므로 $\{\mathbf{u}, \mathbf{u}+\mathbf{v}, \mathbf{u}+\mathbf{v}+\mathbf{w}\}$도 $\mathbb{R}^3$의 기저이다.

5. $A=\begin{bmatrix} 2 & 1 & -1 & 1 \\ 1 & -1 & -2 & 5 \\ 5 & 1 & -4 & 7 \end{bmatrix}$를 기약행사다리꼴로 변형하면 $\begin{bmatrix} 1 & 0 & -1 & 2 \\ 0 & 1 & 1 & -3 \\ 0 & 0 & 0 & 0 \end{bmatrix}$이다.

   따라서 $A\mathbf{x}=\mathbf{0}$를 풀면

   $$\mathbf{x}=s\begin{bmatrix} 1 \\ -1 \\ 1 \\ 0 \end{bmatrix}+t\begin{bmatrix} -2 \\ 3 \\ 0 \\ 1 \end{bmatrix}, \; s, \; t\text{는 모든 실수}$$

   이다. 결국 $null(A)$의 기저는 $\left\{\begin{bmatrix} 1 \\ -1 \\ 1 \\ 0 \end{bmatrix}, \begin{bmatrix} -2 \\ 3 \\ 0 \\ 1 \end{bmatrix}\right\}$이고 $nullity(A)=2$이다.

   그리고 A의 기약행사다리꼴의 선행 1의 개수가 2이므로 $rank(A)=2$이다.
   (혹은 계수정리를 이용하여 $rank(A)=4-nullity(A)$로 계산할 수도 있다.)

6. 생성하지 않는다. (세 벡터는 일차종속)
7. 일차종속

8. 차원은 3
9. 기저 $\{<1, 0, -1>, <0, 1, -1>\}$, $\dim W=2$
10. 생략 (힌트: n차원 벡터공간에서 선택할 수 있는 일차독립인 벡터들의 최대 개수를 이용하여 두 집합의 원소가 같음을 보일 수 있다.)

7.4

1.(1) 두 벡터 $\mathbf{x}=<1,1>$, $\mathbf{y}=<1,2>$에 대하여 $\mathbf{x}+\mathbf{y}=<2, 3>$이다. 그리고

$$T(\mathbf{x})=<3-1,1^2>=<2,1>$$
$$T(\mathbf{y})=<3-2,2^2>=<1,4>$$
$$T(\mathbf{x}+\mathbf{y})=<6-3,3^2>=<3,9>$$

이다. 그런데 $T(1,1)+T(1,2)=<3,5>\neq<3,9>=T(2,3)=T(<1,1>+<1,2>)$이다.
따라서 선형변환이 아니다.

(2) 임의의 두 벡터 $\mathbf{x}=<x_1,x_2,x_3>$, $\mathbf{y}=<y_1,y_2,y_3>$에 대하여,

$\mathbf{x}+\mathbf{y}=<x_1+y_1, x_2+y_2, x_3+y_3>$

이다. 그리고

$$\begin{aligned} T(\mathbf{x}+\mathbf{y}) &= T(x_1+y_1, x_2+y_2, x_3+y_3) \\ &=<(x_1+y_1)-5(x_2+y_2), x_3+y_3, x_1+y_1, 0> \\ &=<x_1-5x_2, x_3, x_1, 0>+<y_1-5y_2, y_3, y_1, 0> \\ &= T(\mathbf{x})+T(\mathbf{y}) \end{aligned}$$

이다. 또한 임의의 스칼라 k에 대하여

$k\mathbf{x}=<kx_1, kx_2, kx_3>$

이고

$$\begin{aligned} T(k\mathbf{x}) &= T(kx_1, kx_2, kx_3) \\ &=<kx_1-5kx_2, kx_3, kx_1, 0>=k<x_1-5x_2, x_3, x_1, 0> \\ &=kT(\mathbf{x}) \end{aligned}$$

이다. 따라서 선형변환이다.

(3) 벡터 $\mathbf{x}=<1, 0, 0>$에 대하여 $2\mathbf{x}=<2, 0, 0>$이고

$T(\mathbf{x})=<1, 7, 1, 0>$

$T(2\mathbf{x})=<2, 7, 2, 0>$

이다. 그런데

$2T(\mathbf{x})=2<1, 7, 1, 0>=<2, 14, 2, 0>\neq<2, 7, 2, 0>=T(2\mathbf{x})$

이므로 선형변환이 아니다.

2. (1) 표현행렬은 기저의 벡터들이 어떤 벡터에 대응되며 그 벡터가 공역의 기저들의 좌표로 어떻게 표현되는지를 구하면 된다.
정의역과 공역의 기저가 모두 $\{<1,0,0>, <0,1,0>, <0,0,1>\}$이므로 T의 표현행렬은

$$\left[T\left(\begin{bmatrix}1\\0\\0\end{bmatrix}\right) \middle| T\left(\begin{bmatrix}0\\1\\0\end{bmatrix}\right) \middle| T\left(\begin{bmatrix}0\\0\\1\end{bmatrix}\right) \right]=\begin{bmatrix}0&1&0\\1&0&0\\0&0&1\end{bmatrix}$$

이다.

(2) 표현행렬은 기저의 벡터들이 어떤 벡터에 대응되며 그 벡터가 공역의 기저들의 좌표로 어떻게 표현되는지를 구하면 된다.

정의역의 기저 벡터들의 표준기저에서의 좌표가 $< 1,1,0 >$, $< 0,1,1 >$, $< 1,0,1 >$이므로

$T(1,1,0) =< 1,1,0 >$

$T(0,1,1) =< 1,0,1 >$

$T(1,0,1) =< 0,1,1 >$

으로 대응되며 이들은 변환된 벡터를 공역의 기저 $\{< 1,0,0 >, < 0,1,0 >, < 0,0,1 >\}$에 대한 좌표로 나타낸 것과 같으므로 구하는 표현행렬은

$$\left[T\left(\begin{bmatrix}1\\1\\0\end{bmatrix}\right) \middle| T\left(\begin{bmatrix}0\\1\\1\end{bmatrix}\right) \middle| T\left(\begin{bmatrix}1\\0\\1\end{bmatrix}\right) \right] = \begin{bmatrix}1 & 1 & 0\\1 & 0 & 1\\0 & 1 & 1\end{bmatrix}$$

이다.

(3) 표현행렬은 기저의 벡터들이 어떤 벡터에 대응되며 그 벡터가 공역의 기저들의 좌표로 어떻게 표현되는지를 구하면 된다. 정의역의 기저 벡터들의 표준기저에서의 좌표가 $< 1,1,0 >$, $< 0,1,1 >$, $< 1,0,1 >$이므로

$T(1,1,0) =< 1,1,0 >$

$T(0,1,1) =< 1,0,1 >$

$T(1,0,1) =< 0,1,1 >$

이다. 이제 이를 공역의 기저인 $\{(1,1,0), (0,1,1), (1,0,1)\}$에 대한 좌표를 구하기 위해서는

$T(1,1,0) =< 1,1,0 >= c_{11} < 1,1,0 >+ c_{21} < 0,1,1 >+ c_{31} < 1,0,1 >$

$T(0,1,1) =< 1,0,1 >= c_{12} < 1,1,0 >+ c_{22} < 0,1,1 >+ c_{32} < 1,0,1 >$

$T(1,0,1) =< 0,1,1 >= c_{13} < 1,1,0 >+ c_{23} < 0,1,1 >+ c_{33} < 1,0,1 >$

인 $\begin{bmatrix}c_{11} & c_{12} & c_{13}\\c_{21} & c_{22} & c_{23}\\c_{31} & c_{32} & c_{33}\end{bmatrix}$를 구하면 된다.

그런데

$T(1,1,0) =< 1,1,0 >= 1 < 1,1,0 >+ 0 < 0,1,1 >+ 0 < 1,0,1 >$

$T(0,1,1) =< 1,0,1 >= 0 < 1,1,0 >+ 0 < 0,1,1 >+ 1 < 1,0,1 >$

$T(1,0,1) =< 0,1,1 >= 0 < 1,1,0 >+ 1 < 0,1,1 >+ 0 < 1,0,1 >$

이므로 T의 표현행렬은

$$\begin{bmatrix}1 & 0 & 0\\0 & 0 & 1\\0 & 1 & 0\end{bmatrix}$$

이다.

3. 우선 $T: \mathbb{R}^n \to \mathbb{R}^m$가 선형변환이라고 가정하자. 그러면 선형성에 의해

$$\begin{aligned} T(a_1\mathbf{x}+a_2\mathbf{y}) &= T(a_1\mathbf{x}) + T(a_2\mathbf{y}) \\ &= a_1 T(\mathbf{x}) + a_2 T(\mathbf{y}) \end{aligned}$$

이 성립한다.

역으로 $\mathbb{R}^n$의 임의의 두 벡터 $\mathbf{x}$, $\mathbf{y}$와 임의의 두 실수 a_1, a_2에 대하여

$T(a_1\mathbf{x}+a_2\mathbf{y}) = a_1 T(\mathbf{x}) + a_2 T(\mathbf{y})$

가 성립한다고 가정하자.
그러면 $a_1=1=a_2$이면 $T(\mathrm{x}+\mathrm{y})=T(\mathrm{x})+T(\mathrm{y})$이고, $a_2=0$이면 임의의 a_1에 대하여 $T(a_1\mathrm{x})=a_1T(\mathrm{x})$가 성립하여 T는 선형변환이다.

4. (1) $range(T)$는 $\mathbb{R}^m$의 부분집합임은 자명하다. 또한 T는 선형변환이므로 $T(0)=0$이고 $0\in range(T)$이다. 임의의 y_1, $\mathrm{y}_2\in range(T)=\{T(\mathrm{x})|\mathrm{x}\in\mathbb{R}^n\}$에 대하여 $\mathbb{R}^n$에 $T(\mathrm{x}_1)=\mathrm{y}_1$인 x_1과 $T(\mathrm{x}_2)=\mathrm{y}_2$인 x_1과 x_2가 존재한다. T는 선형변환이므로 $\mathrm{y}_1+\mathrm{y}_2=T(\mathrm{x}_1)+T(\mathrm{x}_2)=T(\mathrm{x}_1+\mathrm{x}_2)$이고 $\mathrm{x}_1+\mathrm{x}_2$는 $\mathbb{R}^n$의 벡터이므로 $\mathrm{y}_1+\mathrm{y}_2\in range(T)$이다. T는 선형변환이므로 임의의 실수 k에 대하여 $k\mathrm{y}_1=kT(\mathrm{x}_1)=T(k\mathrm{x}_1)$이고 $k\mathrm{x}_1$ 역시 $\mathbb{R}^n$의 벡터이므로 $k\mathrm{y}_1\in range(T)$이다.
따라서 $range(T)$는 $\mathbb{R}^m$의 부분공간이다.
(2) 집합 $\{\mathrm{x}|T(\mathrm{x})=0\}$은 $\mathbb{R}^n$의 부분집합이다. 또한 T는 선형변환이므로 $T(0)=0$이고 $0\in\{\mathrm{x}|T(\mathrm{x})=0\}$이다. 임의의 x_1, $\mathrm{x}_2\in\{\mathrm{x}|T(\mathrm{x})=0\}$에 대하여 $T(\mathrm{x}_1)=0$이고 $T(\mathrm{x}_2)=0$이다. T는 선형변환이므로 $T(\mathrm{x}_1+\mathrm{x}_2)=T(\mathrm{x}_1)+T(\mathrm{x}_2)=0$이다. T는 선형변환이므로 임의의 실수 k에 대하여, $T(k\mathrm{x}_1)=kT(\mathrm{x}_1)=0$이다. 따라서 $\{\mathrm{x}|T(\mathrm{x})=0\}$는 $\mathbb{R}^n$의 부분공간이다.

5. $\begin{bmatrix}1 & 1 & 1\\ 2 & -3 & 4\end{bmatrix}$

6. 생략 (힌트: 선형성을 보일 때, u_i들이 기저벡터임을 이용하여 $F(u)=a_1\mathrm{v}_1+a_2\mathrm{v}_2+\cdots+a_n\mathrm{v}_n$임을 보이고, 이를 이용하여 선형성을 보인다. 그리고 유일성은 문제의 조건을 만족하는 함수가 하나 더 존재한다고 할 때 모든 벡터에서 대하여 F의 함숫값과 G의 함숫값이 같음을 보인다.)

7. $\dim\mathrm{range}(F)=2$, $\dim\ker(F)=2$

8. 치역의 기저 $\{<1,1,3>, <0,1,2>\}$
핵의 기저 $\{<1,-2,1,0>, <-7,3,0,1>\}$

7.5

1.(1) $\det(A-\lambda I)=\begin{vmatrix}3-\lambda & 8\\ 0 & -1-\lambda\end{vmatrix}=\lambda^2-2\lambda-3=(\lambda-3)(\lambda+1)=0$ 따라서 고윳값은 3, -1이다.

① $\lambda=3$일 때,
$\begin{bmatrix}0 & 8\\ 0 & -4\end{bmatrix}\rightarrow\begin{bmatrix}0 & 1\\ 0 & 0\end{bmatrix}$
이므로 고유벡터는 $\begin{bmatrix}1\\ 0\end{bmatrix}$이다.

② $\lambda=-1$일 때,
$\begin{bmatrix}4 & 8\\ 0 & 0\end{bmatrix}\rightarrow\begin{bmatrix}1 & 2\\ 0 & 0\end{bmatrix}$
이므로 고유벡터는 $\begin{bmatrix}-2\\ 1\end{bmatrix}$이다.

(2) $\det(A-\lambda I)=\begin{vmatrix}1-\lambda & 3 & -2\\ 2 & 1-\lambda & 0\\ 0 & 0 & -4-\lambda\end{vmatrix}=-\lambda^3-2\lambda^2+13\lambda+20=-(\lambda+4)(\lambda^2-2\lambda-5)=0$

따라서 고윳값은 $\lambda=-4$, $\lambda=1-\sqrt{6}$, $\lambda=1+\sqrt{6}$이다.

① $\lambda=-4$일 때

$$\begin{bmatrix} 5 & 3 & -2 \\ 2 & 5 & 0 \\ 0 & 0 & 0 \end{bmatrix} \to \begin{bmatrix} 1 & 0 & -\frac{10}{19} \\ 0 & 1 & \frac{4}{19} \\ 0 & 0 & 0 \end{bmatrix}$$

이므로 고유벡터는 $\begin{bmatrix} 10 \\ -4 \\ 19 \end{bmatrix}$ 이다.

② $\lambda = 1 - \sqrt{6}$ 일 때

$$\begin{bmatrix} \sqrt{6} & 3 & -2 \\ 2 & \sqrt{6} & 0 \\ 0 & 0 & -5+\sqrt{6} \end{bmatrix} \to \begin{bmatrix} 1 & \sqrt{\frac{3}{2}} & 0 \\ 0 & 0 & 1 \\ 0 & 0 & 0 \end{bmatrix}$$

이므로 고유벡터는 $\begin{bmatrix} -\sqrt{\frac{3}{2}} \\ 1 \\ 0 \end{bmatrix}$ 이다.

③ $\lambda = 1 + \sqrt{6}$ 일 때

$$\begin{bmatrix} -\sqrt{6} & 3 & -2 \\ 2 & -\sqrt{6} & 0 \\ 0 & 0 & -5-\sqrt{6} \end{bmatrix} \to \begin{bmatrix} 1 & -\sqrt{\frac{3}{2}} & 0 \\ 0 & 0 & 1 \\ 0 & 0 & 0 \end{bmatrix}$$

이므로 고유벡터는 $\begin{bmatrix} \sqrt{\frac{3}{2}} \\ 1 \\ 0 \end{bmatrix}$ 이다.

(3) $\det(A - \lambda I) = \begin{vmatrix} 15-\lambda & 0 & -25 \\ 1 & 5-\lambda & 0 \\ 5 & 0 & -10-\lambda \end{vmatrix} = -\lambda^3 + 10\lambda^2 - 125 = -(\lambda-5)(\lambda^2 - 5\lambda - 25) = 0$

따라서 고윳값은 $\lambda = 5$, $\lambda = \frac{5+5\sqrt{5}}{2}$, $\lambda = \frac{5-5\sqrt{5}}{2}$ 이다.

① $\lambda = 5$일 때

$$\begin{bmatrix} 10 & 0 & -25 \\ 1 & 0 & 0 \\ 5 & 0 & -15 \end{bmatrix} \to \begin{bmatrix} 1 & 0 & 0 \\ 0 & 0 & 1 \\ 0 & 0 & 0 \end{bmatrix}$$

이므로 고유벡터는 $\begin{bmatrix} 0 \\ 1 \\ 0 \end{bmatrix}$ 이다.

② $\lambda = \frac{5+5\sqrt{5}}{2}$ 일 때

$$\begin{bmatrix} \frac{25-5\sqrt{5}}{2} & 0 & -25 \\ 1 & \frac{5-5\sqrt{5}}{2} & 0 \\ 5 & 0 & \frac{-25-5\sqrt{5}}{2} \end{bmatrix} \to \begin{bmatrix} 1 & 0 & \frac{-5-\sqrt{5}}{2} \\ 0 & 1 & \frac{-5-3\sqrt{5}}{10} \\ 0 & 0 & 0 \end{bmatrix}$$

이므로 고유벡터는 $\begin{bmatrix} \dfrac{5+\sqrt{5}}{2} \\ \dfrac{5+3\sqrt{5}}{10} \\ 1 \end{bmatrix}$ 이다.

③ $\lambda=\dfrac{5-5\sqrt{5}}{2}$ 일 때

$$\begin{bmatrix} \dfrac{25+5\sqrt{5}}{2} & 0 & -25 \\ 1 & \dfrac{5+5\sqrt{5}}{2} & 0 \\ 5 & 0 & \dfrac{-25+5\sqrt{5}}{2} \end{bmatrix} \to \begin{bmatrix} 1 & 0 & \dfrac{-5+\sqrt{5}}{2} \\ 0 & 1 & \dfrac{-5+3\sqrt{5}}{10} \\ 0 & 0 & 0 \end{bmatrix}$$

이므로 고유벡터는 $\begin{bmatrix} \dfrac{5-\sqrt{5}}{2} \\ \dfrac{5-3\sqrt{5}}{10} \\ 1 \end{bmatrix}$ 이다.

2. (1) 행렬 $A=\begin{bmatrix} 0 & -3 \\ 2 & 5 \end{bmatrix}$ 와 $B=\begin{bmatrix} 0 & -5 \\ 1 & 6 \end{bmatrix}$ 에 대하여 $A+B=\begin{bmatrix} 0 & -8 \\ 3 & 11 \end{bmatrix}$ 이다.

그런데

$$\det(A-\lambda I)=\begin{vmatrix} -\lambda & -3 \\ 2 & 5-\lambda \end{vmatrix}=(\lambda-3)(\lambda-2)=0 \Rightarrow \lambda=2,\ 3$$

$$\det(B-\mu I)=\begin{vmatrix} -\mu & -5 \\ 1 & 6-\mu \end{vmatrix}=(\mu-1)(\mu-5)=0 \Rightarrow \mu=1,\ 5$$

$$\det((A+B)-\eta I)=\begin{vmatrix} -\eta & -8 \\ 3 & 11-\eta \end{vmatrix}=(\eta-3)(\eta-8)=0 \Rightarrow \eta=3,\ 8$$

이다.

따라서 $\lambda=3$고 $\mu=1$은 각각 A와 B의 고윳값이지만 $\lambda+\mu=4$는 $A+B$의 고윳값은 아니다.

(2) 행렬 $A=\begin{bmatrix} 0 & -3 \\ 2 & 5 \end{bmatrix}$ 와 $B=\begin{bmatrix} 0 & -5 \\ 1 & 6 \end{bmatrix}$ 에 대하여 $AB=\begin{bmatrix} -3 & -18 \\ 5 & 20 \end{bmatrix}$ 이다.

그런데

$$\det(A-\lambda I)=\begin{vmatrix} -\lambda & -3 \\ 2 & 5-\lambda \end{vmatrix}=(\lambda-3)(\lambda-2)=0 \Rightarrow \lambda=2,\ 3$$

$$\det(B-\mu I)=\begin{vmatrix} -\mu & -5 \\ 1 & 6-\mu \end{vmatrix}=(\mu-1)(\mu-5)=0 \Rightarrow \mu=1,\ 5$$

$$\det((AB)-\eta I)=\begin{vmatrix} -3-\eta & -18 \\ 5 & 20-\eta \end{vmatrix}=(\eta-2)(\eta-15)=0 \Rightarrow \eta=2,\ 15$$

이다.

따라서 $\lambda=3$고 $\mu=1$은 각각 A와 B의 고윳값이지만 $\lambda\mu=3$은 AB의 고윳값은 아니다.

(3) $A\mathbf{x}=\lambda\mathbf{x}$이고 $B\mathbf{x}=\mu\mathbf{x}$라 하자. 그러면

$(A+B)\mathbf{x}=A\mathbf{x}+B\mathbf{x}=\lambda\mathbf{x}+\mu\mathbf{x}=(\lambda+\mu)\mathbf{x}$

이다. 따라서 $\lambda+\mu$는 $A+B$의 고윳값이다.

또한

$(AB)\mathbf{x} = A(B\mathbf{x}) = A(\mu\mathbf{x}) = \mu A\mathbf{x} = \mu\lambda\mathbf{x}$

이다. 따라서 $\lambda\mu$는 AB의 고윳값이다.

3. 적당한 $m>1$에 대하여 행렬 A는 $A^m=O$가 된다고 가정하자. λ가 A의 고윳값이라고 하면 이때 고유벡터 $\mathbf{x}$에 대하여 $A\mathbf{x}=\lambda\mathbf{x}$이다. 또한

$A^m\mathbf{x} = A^{m-1}(A\mathbf{x}) = A^{m-1}(\lambda\mathbf{x}) = \lambda(A^{m-1}\mathbf{x}) = \cdots = \lambda^m\mathbf{x}$

이다. 그런데 $A^m=O$이므로 영벡터가 아닌 모든 벡터 $\mathbf{y}$에 대하여 $A^m\mathbf{y}=O\mathbf{y}=\mathbf{0}$이다.

따라서 $A^m\mathbf{x}=\lambda^m\mathbf{x}=\mathbf{0}=0\mathbf{x}$, 즉 $\lambda^m=0 \Leftrightarrow \lambda=0$이다.

따라서 $\lambda=0$은 A의 유일한 고윳값이다.

4. (1) $\det(A-\lambda I) = \begin{vmatrix} -\lambda & -2 & -3 \\ -1 & 1-\lambda & -1 \\ 2 & 2 & 5-\lambda \end{vmatrix} = -(\lambda-1)(\lambda-2)(\lambda-3) = 0$ 따라서 고윳값은 1, 2, 3이다.

그런데 $\begin{bmatrix} -1 & -2 & -3 \\ -1 & 0 & -1 \\ 2 & 2 & 4 \end{bmatrix} \to \begin{bmatrix} 1 & 0 & 1 \\ 0 & 1 & 1 \\ 0 & 0 & 0 \end{bmatrix}$ 이므로 고윳값 1에 대한 고유벡터는 $\begin{bmatrix} -1 \\ -1 \\ 1 \end{bmatrix}$이다.

그리고 $\begin{bmatrix} -2 & -2 & -3 \\ -1 & -1 & -1 \\ 2 & 2 & 3 \end{bmatrix} \to \begin{bmatrix} 1 & 1 & 0 \\ 0 & 0 & 1 \\ 0 & 0 & 0 \end{bmatrix}$이므로 고윳값 2에 대한 고유벡터는 $\begin{bmatrix} -1 \\ 1 \\ 0 \end{bmatrix}$이다.

또한 $\begin{bmatrix} -3 & -2 & -3 \\ -1 & -2 & -1 \\ 2 & 2 & 2 \end{bmatrix} \to \begin{bmatrix} 1 & 0 & 1 \\ 0 & 1 & 0 \\ 0 & 0 & 0 \end{bmatrix}$이므로 고윳값 3에 대한 고유벡터는 $\begin{bmatrix} -1 \\ 0 \\ 1 \end{bmatrix}$이다.

따라서 행렬 A는 대각화 가능하고 행렬 $P = \begin{bmatrix} -1 & -1 & -1 \\ -1 & 1 & 0 \\ 1 & 0 & 1 \end{bmatrix}$이다.

(2) $\det(A-\lambda I) = \begin{vmatrix} i-\lambda & 1 \\ 2 & -i-\lambda \end{vmatrix} = (\lambda-1)(\lambda+1) = 0$

따라서 고윳값은 1, -2이다.

그런데

$$\begin{bmatrix} i-1 & 1 \\ 2 & -i-1 \end{bmatrix} \to \begin{bmatrix} 1 & \dfrac{-1-i}{2} \\ 0 & 0 \end{bmatrix}$$

이므로 고윳값 1에 대한 고유벡터는 $\begin{bmatrix} 1+i \\ 2 \end{bmatrix}$이다.

그리고

$$\begin{bmatrix} i+1 & 1 \\ 2 & -i+1 \end{bmatrix} \to \begin{bmatrix} 1 & \dfrac{1-i}{2} \\ 0 & 0 \end{bmatrix}$$

이므로 고윳값 -1에 대한 고유벡터는 $\begin{bmatrix} -1+i \\ 2 \end{bmatrix}$이다.

따라서 행렬 A는 대각화 가능하고 $P = \begin{bmatrix} 1+i & -1+i \\ 2 & 2 \end{bmatrix}$이다.

5. 답은 고유벡터를 어떤 것을 선택하냐에 따라 여러 가지가 있을 수 있고, 대각행렬에서 고윳값을 나열하는 순서에 따라 여러 가지가 있을 수 있음. 다음은 여러 가지 가능한 행렬들 중 하나의 예임.

$D = \begin{bmatrix} 2 & 0 \\ 0 & -5 \end{bmatrix}$, $P = \begin{bmatrix} 4 & 1 \\ 1 & 2 \end{bmatrix}$

6. $\begin{bmatrix} 2 & 1 \\ -1 & 1 \end{bmatrix}\begin{bmatrix} 1 & 0 \\ 0 & 4 \end{bmatrix}\begin{bmatrix} \frac{1}{3} & -\frac{1}{3} \\ \frac{1}{3} & \frac{2}{3} \end{bmatrix} = \frac{1}{3}\begin{bmatrix} 4^{10}+2 & 2(4^{10}-1) \\ 4^{10}-1 & 2\cdot 4^{10}+1 \end{bmatrix}$

7. 대각화 가능. 이유는 서로 일차독립인 고유벡터 3개가 존재함.

8. 생략 (힌트: 고유다항식을 이용하여 행렬식과 고윳값의 관계를 생각해본다.)

9. 생략 (힌트: 고윳값과 고유벡터의 정의를 이용할 것.)

10. 존재. $P^TP=I$

8장

8.1

1. 표본공간 $\Omega=\{HHH, HHT, \cdots, TTH, TTT\}$
   표본점 $\omega=HTH$
   사건 E={앞면이 두 개 이상}
   F={뒷면이 두 개 이상}
   $p(E\cap F)=0, p(E\cup F)=1$

2. $p((A\cup B)^c)$를 이용하라.

3. $p(A)=\frac{44}{70}, p(B)=\frac{3}{70}, p(C)=\frac{22}{70}, p(D)=\frac{1}{70}$.

4. $p(F)=0.25$이고 $p(B)=0.4$일 때, $p(F\cup B)=0.55$이다.

5. 불량률을 $p(D)$라고 하면, $p(D)=0.037$이고 $p(A|D)=\frac{15}{37}$.

6. (1) $p(B|A)=1$ (2) $p(B|A)=0$

7. $p=\frac{58}{135}$

8. $p=\frac{3}{4}$

9. $p=\frac{3}{11}$

8.2

1. 확률변수 X는 앞면의 수라고 하자. 그러면 $R_X=\{0,1,2,3\}$, $f(0)=f(3)=\frac{1}{8}$이고 $f(1)=f(2)=\frac{3}{8}$이다. $E(X)=\frac{3}{2}$이고 $V(X)=\frac{3}{4}$이다.

2. $f_X(x)=\dfrac{\binom{3}{x}\binom{7}{3-x}}{\binom{10}{3}}$

3. $\binom{5}{3}(0.6)^4(0.4)^2$

4. $E(X)=V(X)=\lambda$

6. $9a+6k=2, (a,k)=(-4/9,1)$.

7. $E(X)=\frac{31}{16}=1.9$

8. $E(X)=4.47, V(X)=E(X^2)-(E(X))^2=21.97-(4.47)^2$

9. $k=(\ln 2+1.5)^{-1},\ p\{Y\geq 1.5\}=\frac{7k}{8}$.

9.1

2. (1) 승률에 대한 히스토그램과 상자도표

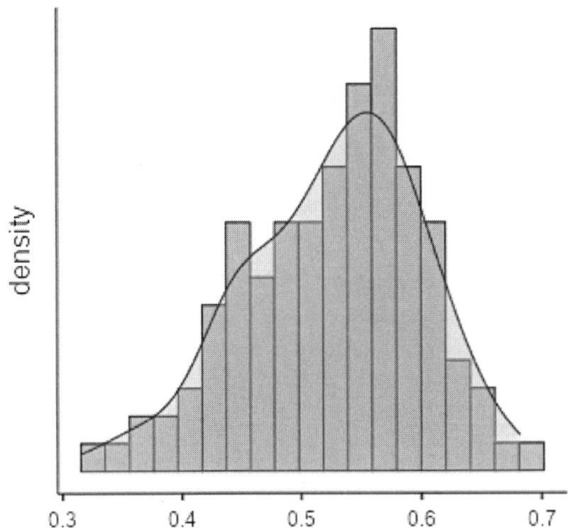

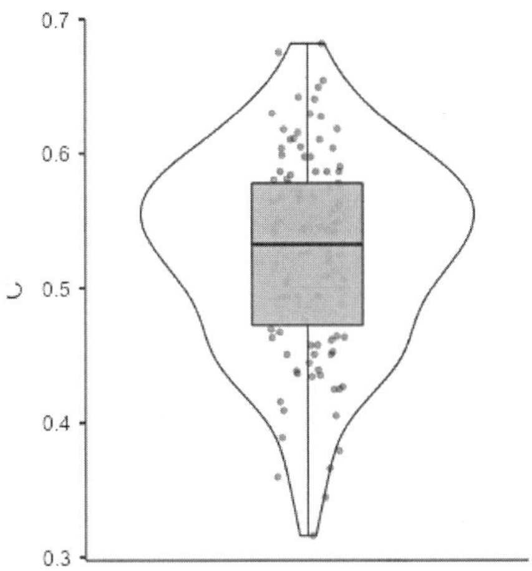

중심경향치	산술평균	중위수	최빈값
득점	4.31	4.34	4.93
실점	4.08	4.02	3.35
승률	0.526	0.532	0.532

산포도	범위	분산	표준편차	평균절대편차	변동계수
득점	3.73	0.444	0.667	0.061	15.48
실점	2.78	0.323	0.568	0.052	13.92
승률	0.366	0.005	0.074	0.007	13.88

분포도	왜도	첨도	Q_1	Q_2	Q_3	IQR
득점	−0.016	0.192	3.93	4.34	4.34	0.83
실점	0.519	−0.016	3.63	4.02	4.44	0.805
승률	−0.413	−0.12	0.472	0.532	0.578	0.106

5. 득점(x)과 승률(y)에 대한 그래프
실점(x)과 승률(y)에 대한 그래프

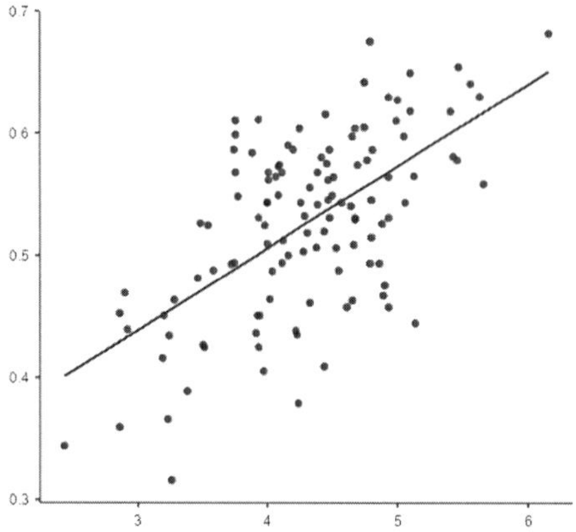

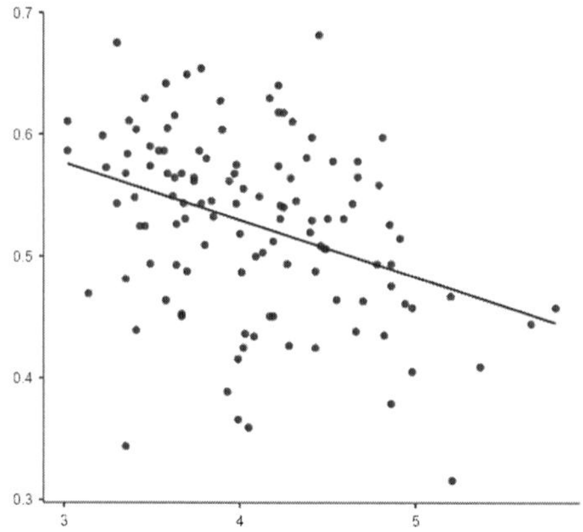

6. 실습시간에 각자 확인하기.

9.2

항목	2. 농도	3. 공중조작	4. 승률
표본평균	7.025	88.861	0.526
표준편차	0.044	6.332	0.074
95% 신뢰구간	[6.9935, 7.0562]	[87.053, 90.269]	[0.513, 0.54]
귀무가설	$H_o : \mu = 7.0$	$H_o : \mu = 87$	$H_o : \mu = 0.53$
T 값	1.8	2.07	−0.56
P 값	0.106	0.043	0.579

5. 귀무가설의 값이 신뢰구간에 포함되면, P값이 0.05보다 작다.
6. 실습시간에 각자 확인하기.

10장

10.1

1. (1) 음수, (3) 정방행렬이 아님

5. $\begin{pmatrix} 1\,0\,0\,0\,0\,0\,0\,0 \\ p\,0\,q\,0\,0\,0\,0\,0 \\ 0\,p\,0\,q\,0\,0\,0\,0 \\ 0\,0\,p\,0\,q\,0\,0\,0 \\ 0\,0\,0\,p\,0\,q\,0\,0 \\ 0\,0\,0\,0\,p\,0\,q\,0 \\ 0\,0\,0\,0\,0\,p\,0\,q \\ 0\,0\,0\,0\,0\,0\,0\,1 \end{pmatrix}$

7. $\begin{pmatrix} 0.2 & 0.8 & 0 & 0 \\ 0.2 & 0 & 0.8 & 0 \\ 0.2 & 0 & 0 & 0.8 \\ 0 & 0 & 0 & 1 \end{pmatrix}$

10.2

1. $(\pi_0, \pi_1) = \left(\frac{8}{14}, \frac{3}{7}\right)$
2. $p < q$
3. (1) 0.3*0.2*0.4, 0.2*0.4 (3) $(\pi_0, \pi_1, \pi_3) = \left(\frac{10}{33}, \frac{5}{33}, \frac{18}{33}\right)$
4. (2) $(\pi_0, \pi_1, \pi_3, \pi_4) = \left(\frac{q^2}{1+p^2}, \frac{pq}{1+p^2}, \frac{p}{1+p^2}, \frac{p^2}{1+p^2}\right)$

영어 참고문헌

1. A. Hayter. Probability and Statistics for Engineers and Scientists. Brooks/Cole. 2013.
2. David Poole, Linear Algebra A Modern Introduction, 3rd ed., Cengage Learning, 2011.
3. H. Anton and C. Rorres, Elementary Linear Algebra with Supplemental Applications, 11th ed., Wiley, 2014.
4. James Stewart. Essential Calculus Early Transcendentals. Brooks/Cole Cengage Learning. 2013. 2nd edition.
5. M. A. Pinsky and S. Karlin. An introduction to stochastic Modeling. Academic Press. 2011.
6. R. Larson, Elementary Linear Algebra, 8th ed.., Cengage Learing, 2017.

한글 참고문헌

1. 김응태, 박승안, 선형대수학 제5판, 경문사, 2016.
2. 김해경, 최승회. 통계적 자료분석의 이론과 실제. 경문사, 2002.
3. 김해경, 박경옥. 확률과 통계. 경문사, 2009.
4. 해들리 위컴, 개럿 그롤문드 지음. 김설기,최혜민 옮김. R을 활용한 데이터 과학. 인사이트. 2019.
5. 최기헌 지음. R을 활용한 미적분의 이해와 계산. 자유아카데미. 2017.
6. 박승안, 윤병호, 조태근, 대학수학, 경문사, 2005.
7. 신양우. 확률과정입문. 경문사. 2011.
8. 유동선, 최승회. 간추린 통계학. 교우사. 2003.
9. 연세대학교수학과. 미분적분학과 벡터해석. 청문사. 2004.
10. James Stewart 지음, 한빛수학교재연구소 옮김. 미분적분학 바이블. 한빛아카데미. 2018.

찾아보기

ㅊ

ㅋ

ㅌ

ㅍ

저자소개

박영자(YoungJa Park)는 연세대학교에서 조합론으로 이학박사학위를 받았다. 현재 연세대학교와 한국항공대학교에서 기초 수학 과목을 강의하고 있다. 최근에는 프로그래밍 언어를 이용한 기초 수학 수업개발에 관심을 가지고 있다.

정민석(Minseok Cheong)은 서강대학교에서 조합수학으로 이학박사학위를 받았다. 현재 한국항공대학교에서 미분적분학, 선형대수학 과목을 강의하고 있다. 관심분야는 순서집합이론과 그래프이론, 암호학, 부호이론이다.

최승회(Seung Hoe Choi)는 수리통계학을 전공하여 연세대학교에서 이학박사학위를 받았으며, 한국항공대학교에서 수학과 통계학 과목을 강의하고 있다. 현재는 수학적 불확실성과 수리심리학에 관심을 가지고 연구를 하고 있다.

대학기초수학

초판발행 2022년 3월 2일

지은이 박영자 · 정민석 · 최승회
펴낸이 오판근
펴낸곳 (주) 교우
주　소 서울시 동대문구 약령시로 8 교우빌딩 2층 (주)교우
전　화 02-925-2861 / **팩　스** 02-925-2860. **편집부** 02-925-2825
홈페이지&북스토어 www.kyowoo.co.kr / 이메일 kyowoo@kyowoo.co.kr

등　록 1994년 3월 24일 제1994-000013호
ISBN 979-11-251-0334-9 (93410)

Published by Kyowoo Co., Ltd. Printed in Korea

(주) 교우는 보다 혁신적이고 참신한 도서를 다양하게 기획하고 있습니다.
책으로 펴내고자 하는 아이디어나 원고는 메일로 보내주세요.
(주) 교우는 전과정을 책임지고 최선을 다하겠습니다.

값 24,000원

교우미디어는 (주) 교우의 Imprint 사입니다.
수학정원·과학정원은 (주) 교우의 새로운 브랜드명입니다.

잘못된 책은 구입하신 서점에서 교환해 드립니다.